高职高专国家示范性院校电子信息类教材

电工电子技术项目教程

主　　编　陈高锋

副 主 编　刘　方　　卫小伟

参　　编　刘鑫尚　　王兵利

主　　审　殷锋社

西安电子科技大学出版社

内 容 简 介

本书为适应高等职业技术教育人才培养的需要,采用项目—任务的结构构建知识体系,以学习任务—知识点为主线组织教学内容,突出学生实践技能的培养和知识的综合运用,将理论与实践、知识与技能有机融合。

本书分为电工技术和电子技术两大部分,电工技术由 4 个项目组成,分别为直流电路、正弦交流电路、磁路与电机、常用低压电气元器件;电子技术由 6 个项目组成,分别为半导体二极管及其作用、晶体管及其作用、集成运算放大器、数字电路基础、组合逻辑电路、触发器与时序逻辑电路。

本书可作为高职高专院校机电设备类、自动化类、机械类、汽车类等相关专业电工电子技术课程的教学用书,也可供相关工程技术人员参考使用。

图书在版编目(CIP)数据

电工电子技术项目教程/陈高锋主编. —西安:西安
电子科技大学出版社,2018.12(2021.10 重印)
ISBN 978 - 7 - 5606 - 5130 - 9

Ⅰ. ① 电⋯ Ⅱ. ① 陈⋯ Ⅲ. ① 电工技术—教材 ② 电子技术—教材
Ⅳ. ① TM ② TN

中国版本图书馆 CIP 数据核字(2018)第 248138 号

策划编辑 李惠萍
责任编辑 唐小玉 雷鸿俊
出版发行 西安电子科技大学出版社(西安市太白南路 2 号)
电 话 (029)88202421 88201467 邮 编 710071
网 址 www.xduph.com 电子邮箱 xdupfxb001@163.com
经 销 新华书店
印刷单位 陕西日报社
版 次 2018 年 12 月第 1 版 2021 年 10 月第 2 次印刷
开 本 787 毫米×1092 毫米 1/16 印张 15
字 数 353 千字
印 数 3001~5000 册
定 价 36.00 元

ISBN 978 - 7 - 5606 - 5130 - 9/TM

XDUP 5432001 - 2

* * * 如有印装问题可调换 * * *

前　言

　　本书是作者在多年教学积累的基础上，根据高等职业技术教育人才培养目标和相关专业教学标准要求，依据社会发展对职业技术人员的需要和目前高职院校的教学改革形势，以培养高素质技术技能人才为目标，本着"必需、够用"、加强基本知识的掌握和基本技能训练的教学思想，采用理论和实践相结合的方式，按照高等职业技术教育非电类专业电工电子技术课程标准的要求精心编写而成。

　　本书针对高等职业教育的特点，采用项目—任务的结构构建知识体系，以学习任务—知识点为主线组织教学内容，每个任务由"任务引入"、"教学目标"、"相关知识"、"知识拓展"、"技能训练"等模块组成，将基本知识的掌握和基本技能的训练融入其中。全书分为电工技术和电子技术两大部分，电工技术由4个项目组成，分别为直流电路、正弦交流电路、磁路与电机、常用低压电气元器件；电子技术由6个项目组成，分别为半导体二极管及其作用、晶体管及其作用、集成运算放大器、数字电路基础、组合逻辑电路、触发器与时序逻辑电路。

　　本书的特点有：

　　（1）依据技术发展的需要和高职教育教学的特点，以非电类专业电工电子技术课程标准为依据，以必需、够用为度，尽量减小理论知识的比重，突出对学生实践技能的培养和知识的融会贯通；

　　（2）将理论与实践、知识与技能有机融合，在知识点的阐述上，将深奥的知识通过通俗易懂的语言和鲜活的案例展示出来；

　　（3）注重对学生方法能力、专业能力和团队协调能力的全面培养，使学生具有较强的思考、分析、解决问题的能力。

　　本书可作为高职高专院校机电设备类、自动化类、机械类、汽车类等相关专业电工电子技术课程的教学用书，也可供相关工程技术人员参考使用。在教学过程中，老师可根据各自专业培养目标的需要和课时安排，有侧重点地选择相应内容进行讲解。

　　书中项目1、3由杨凌职业技术学院刘鑫尚编写，项目2由杨凌职业技术学院王兵利编写，项目4由陕西交通职业技术学院卫小伟编写，项目5、6、7由杨凌职业技术学院刘方编写，项目 8、9、10 由杨凌职业技术学院陈高锋编写，全书由陈高锋担任主编并统稿，由刘方和卫小伟担任副主编。全书由陕西工业职业技术学院殷锋社教授主审。杨凌职业技术学院白乃平教授在本书的编写过程中提出了许多具体和宝贵的意见与建议，在此表示衷心的感谢。

由于作者水平有限，书中难免会有疏漏和不当之处，殷切希望使用本书的师生给予批评指正。

编　者

2018 年 8 月

目　录

项目 1　直 流 电 路

任务 1.1　直流电路基础知识

一、任务引入

手电筒是我们日常生活中常见的一种手持式照明工具。典型的手电筒由一个经由电池供电的灯泡、聚焦反射镜和供手持用的手把式外壳组成，其外形和结构如图 1-1(a)、1-1(b) 所示。对灯泡、干电池等元件进行抽象之后，就得到了手电筒电路的理想化模型，如图 1-1(c) 所示。手电筒具有结构简单、体积小、重量轻等特点，被广泛应用于日常生活中。

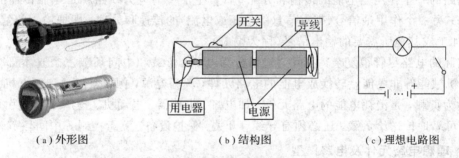

（a）外形图　　　　　　　（b）结构图　　　　　　　（c）理想电路图

图 1-1　手电筒电路

本任务主要介绍电路的组成和基本概念、电压和电流及其参考方向、电阻和电源、电路的三种工作状态、基尔霍夫电压和电流定理。

二、教学目标

 知识目标

☆ 理解电路的基本概念；
☆ 理解电压和电流参考方向、关联参考方向和非关联参考方向的概念；
☆ 掌握电源和电阻的特性及其电气符号；
☆ 掌握电路的基本定律；
☆ 理解不同类型电源的相互转换。

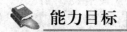
能力目标

☆ 能够根据电路概念辨别电路的各个组成部分；
☆ 能够分辨元件上电压和电流的参考方向及其关系；
☆ 能够建立实际电路的理想化模型；
☆ 能够根据基尔霍夫定律分析简单的电路。

素质目标

☆ 培养学生资料查阅和自主学习的能力；
☆ 培养学生的逻辑思维能力以及对实际问题的分析能力。

三、相关知识

(一) 电路的基本概念

1. 电路及电路的功能

若干个电路元件按照一定方式连接起来，构成电流的通路，称为电路，又名网络。在电路中随着电流的通过实现能量的转换、传输和分配。

电路的一个作用是电能的传输和分配，日常生活中的电力线路就是电能传输的重要组成部分；另一个作用是信号(带有信息的电压或电流)的传递和处理，即把输入的信号(称为激励)加工成其他所需要的输出信号(称为响应)。

实际的电路尽管很复杂，但可把它划分为电源、负载和中间环节三个基本部分。将化学能、机械能等非电能量转换成电能的电路元件，称为电源，例如蓄电池和发电机。用电设备也称为负载，是消耗电能的电路元件，如电灯、电热器、电动机、扬声器等。为了把电能安全、可靠地传送给负载，还必须有导线、开关、保护设备、测量控制等中间环节。

2. 理想电路元件及电路模型

在实际电路分析中，需要将实际电路抽象为理想化的电路模型，然后对其进行分析，抽象过程需要引入一些理想化的电路元件，以简化电路分析。常用的理想电路元件有电阻、电感、电容、恒压源和恒流源，前三种称为无源元件，后两者称为有源元件。在电路理论中研究的电路，都是由理想电路元件组成的。在分析图 $1-1(c)$ 所示的手电筒电路时，需要根据其结构特点构建电路模型，通过分析其对应的电路模型，实现对实际电路的分析。

(二) 电压和电流及其参考方向

1. 电流及其参考方向

电荷的定向移动形成电流，规定正电荷定向移动的方向为电流的方向，电流的大小以单位时间内通过导体横截面的电荷量来衡量。

设在时间 dt 内通过导体截面的电荷量为 dq，则电流为 $i = \dfrac{dq}{dt}$。当电流的大小和方向都不随时间变化时，则 $\dfrac{dq}{dt}$ 为常数，这种电流称为直流电流，简称直流(DC)。直流电流常用大

写字母 I 表示,上式在直流时可写成 $I=\dfrac{q}{t}$。大小和方向随时间按照周期性变化的电流,称为交流电流(AC),常用小写字母 i 表示。

在国际单位制(SI)中,电流的单位是安(培),符号为 A。常用的有千安(kA)、毫安(mA)、微安(μA)等,它们之间的换算关系是:

$$1\ \text{kA}=10^{3}\ \text{A}=10^{6}\ \text{mA}=10^{9}\ \mu\text{A}$$

电流的流动是有方向的。在分析电路的时候,必须要在电路图中用箭头或"+""−"号标出电流的方向和极性。关于电流的方向,有实际方向和参考方向之分,要加以区分。

在分析电路时,某些支路电流的实际方向往往无法事先判明。而对于交流电路,由于电流的方向随时间变化,某一瞬时电流的实际方向更无法判明。为此,在电路分析时,首先必须对每一支路任意假定某一方向作为该支路电流的参考方向。电流的参考方向可以用箭头标注,如图 1−2 所示。当电流的实际方向与选定的参考方向相同时,如图 1−2(a)所示,则电流为正值;若两者方向相反,如图 1−2(b)所示,则电流为负值。

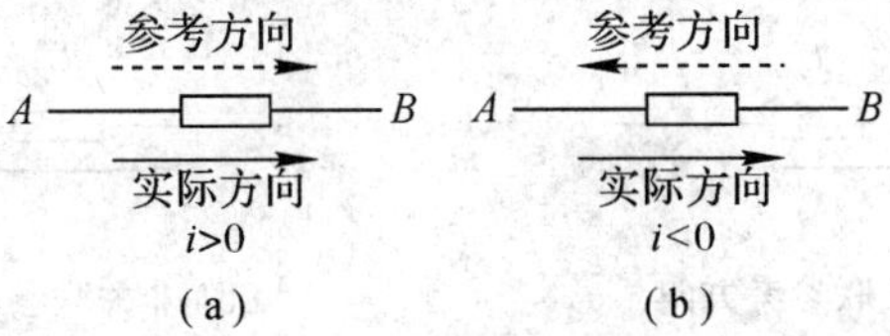

图 1−2 电流的参考方向

2. 电压及其参考方向

在电路中,电荷在电场力的作用下运动,电场力对电荷做功。为了衡量电场力对电荷做功的能力,引入电压这个物理量。电路中 A、B 两点间的电压,在数值上等于电场力将单位正电荷从 A 点移到 B 点所做的功,AB 间的电压用 u_{AB} 表示,即

$$u_{AB}=\frac{\mathrm{d}w}{\mathrm{d}q}$$

式中,$\mathrm{d}q$ 是电荷由 A 点移到 B 点的电荷量;$\mathrm{d}w$ 是电场力移动电荷所做的功,并规定:如果正电荷由 A 移到 B 时能量减少,则此两点间电压的方向为从 A 指向 B。

在国际单位制中,能量的单位为焦耳(简称焦,符号为 J),电荷量的单位为库(仑),符号为 C;电压的单位为伏(特),符号为 V,常用的有千伏(kV)、毫伏(mV)、微伏(μV)等,它们之间的换算关系为

$$1\ \text{kV}=10^{3}\ \text{V}=10^{6}\ \text{mV}=10^{9}\ \mu\text{V}$$

大小和方向都不随时间变化的电压,称为直流电压,用大写字母 U 表示;大小或方向随着时间变化的电压,称为交流电压,用小写字母 u 表示。

与电流类似,在电路分析中往往并不知道元件上电压的实际方向,此时需要引入电压的参考方向,通常用三种方式表示:

(1) 采用正(+)、负(−)极性表示,称为参考极性,如图 1−3(a)所示。这时,从正极性端指向负极性端的方向就是电压的参考方向。

(2) 采用实线箭头表示,如图 1−3(b)所示。

(3) 采用双下标表示,如 U_{AB} 表示电压的参考方向由 A 指向 B。

图 1-3(a)表示电压的参考方向(极性)和电压的实际方向(极性)一致,$U_{AB}>0$;图 1-3(b)表示电压的参考方向(极性)和电压的实际方向(极性)相反,$U_{AB}<0$。

图 1-3 电压的参考方向

一个元件上的电流或电压的参考方向可以独立地任意指定。如果指定流过元件的电流的参考方向是从所标电压参考方向的正极性端流入元件,从元件的负极性端流出,即认为两者的参考方向一致,则把电流和电压的这种参考方向称为关联参考方向,如图 1-4(a)所示;如果流过元件的电流参考方向是从所标电压参考方向的负极性端流入元件,从元件的正极性端流出,即认为两者的参考方向不一致,则把电流和电压的这种参考方向称为非关联参考方向,如图 1-4(b)所示。

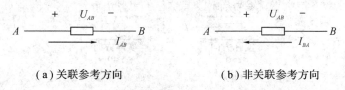

(a)关联参考方向   (b)非关联参考方向

图 1-4 关联参考方向和非关联参考方向

3. 电位

分析电路时,经常使用电位这一概念。在电路中任选一点为参考点,则某点的电位就是由该点到参考点的电压。如果参考点为 o,则 a 点的电位 $V_a=U_{ao}$。

在一个连通的系统中只能选择一个参考点,参考点电位为零。如果已知 a、b 两点的电位各为 V_a、V_b,则此两点间的电压为

$$U_{ab}=U_{ao}+U_{ob}=U_{ao}-U_{bo}=V_a-V_b$$

即两点间的电压等于这两点的电位之差,所以电压又叫电位差。

同一电路中,参考点选择不同,同一点的电位就相应不同,但电压是两点电位的相对值,与参考点的选择无关。电位参考点可以任意选取,常选择大地、设备外壳或接地点作为参考点,常用符号"⊥"表示。电路中任意两点间的电压是一定的,是绝对的;而电位值会随着电路中参考点的不同而发生变化,是相对的。

电位和电压的关系,类似于实际生活中高程和高度的关系。高程指以海平面为参考点,某个物体或某点到参考点沿铅垂线方向的垂直距离,这里所说的海平面参考点就类似电路中的参考点。高度指高低的程度,即从地面或基准面向上到某处的距离。例如,某个人的身高,指从他的头顶到脚底的距离,也可以表述为头顶的高程减去脚底的高程。

(三)电阻与电源

电路是由元件连接组成的,研究电路时需要了解各电路元件的特性。

电阻元件是一种常见的电路元件,其反映的是对电流的阻碍程度,电阻在电路中起分压、分流和负载等作用。

1. 电阻

电阻元件种类繁多，结构形式各有不同，常见的电阻如图 1-5 所示，它的特性可以用元件中电流与电压(指元件两端电压，简称端电压)的代数关系表示，这个关系称为电压电流关系(VCR)。由于电压、电流在国际单位制中的单位是伏特和安培，所以电压、电流关系也叫伏安特性。在 i-u 坐标平面上表示元件伏安特性的曲线称为伏安特性曲线。电阻元件的伏安特性曲线为通过坐标原点的直线，这个关系称为欧姆定律。

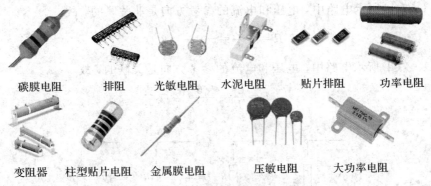

碳膜电阻　　排阻　　光敏电阻　　水泥电阻　　贴片排阻　　功率电阻

变阻器　柱型贴片电阻　金属膜电阻　　压敏电阻　　大功率电阻

图 1-5 电阻外形图

若电阻的电流和电压参考方向为关联参考方向，电阻元件的伏安特性如图 1-6 所示，欧姆定律的表示式为

$$U = IR \tag{1-1}$$

式中，R 表示电阻的大小。

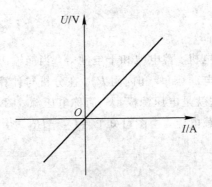

图 1-6 电阻的伏安特性曲线

电阻反映了对电流所起的阻碍作用。电阻确定后，其值是一个常数。如果电阻元件的电流、电压是非关联参考方向，则欧姆定律的表达式为

$$U = -IR \tag{1-2}$$

电阻的单位是欧姆(Ω)，简称欧，常用的有千欧($k\Omega$)、兆欧($M\Omega$)，$1\ M\Omega = 10^6\ \Omega$，$1\ k\Omega = 10^3\ \Omega$。

电阻 R 的倒数称为电导 G，$G = 1/R$。电导的单位是西门子(S)，简称西。在电流和电压关联参考方向下，任何瞬间电阻元件的功率为

$$P = UI = I^2R = \frac{U^2}{R} = GU^2 \tag{1-3}$$

【例 1-1】 应用欧姆定律列写出下面电路中的式子，并求出电阻 R。

解 在图 1-7(a)所示电路中，电压和电流的参考方向是关联的，故

$$R = \frac{U}{I} = \frac{6}{3} = 2 \ \Omega$$

在图 1-7(b)所示电路中，电压和电流的参考方向是非关联的，故

$$R = -\frac{U}{I} = -\frac{6}{-3} = 2 \ \Omega$$

在图 1-7(c)所示电路中，电压和电流的参考方向是非关联的，故

$$R = -\frac{U}{I} = -\frac{-6}{3} = 2 \ \Omega$$

在图 1-7(d)所示电路中，电压和电流的参考方向是关联的，故

$$R = \frac{U}{I} = \frac{-6}{-3} = 2 \ \Omega$$

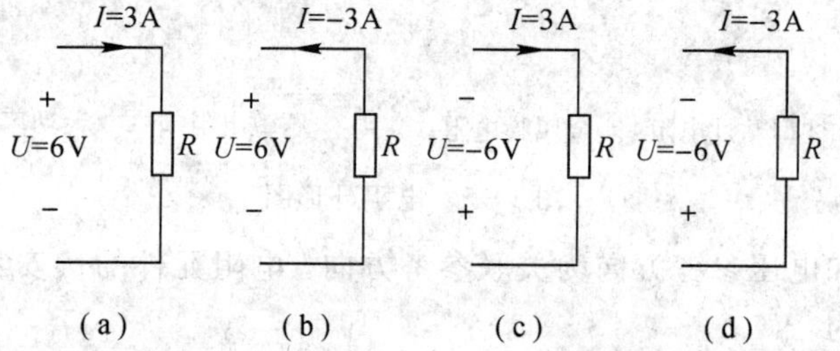

图 1-7 例 1-1 电路图

2. 电源

1) 电压源

电路中的电源，例如发电机、蓄电池和干电池等，当能输出稳定的电压时，该电源称为电压源。任何电压源都含有电动势 U_S 和内阻 R_0。在分析与计算电路时，可以将其抽象成如图 1-8 所示的电路模型，这就是电压源模型，简称电压源。图 1-8 中，U 是电压源的端电压，R_L 是负载电阻，I 是负载电流，由图可知 $U = U_S - IR_0$，由此可作出电压源的外特性曲线如图 1-9 所示。

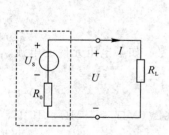

图 1-8 电压源电路图

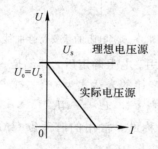

图 1-9 电压源的伏安特性曲线

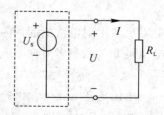

图 1-10 理想电压源电路

内阻越小，则直线越平。当 $R_0 = 0$ 时，电压 U 恒等于电动势 U_S，是一定值；而其中的电流 I，由负载电阻 R_L 及电压 U 本身确定，这样的电压源称为理想电压源或恒压源，其符号及电路模型如图 1-10 所示，它的外特性曲线是与横轴平行的一条直线，如图 1-9

所示。

如果一个电压源的电压 $U_S = 0$，则此电压源的伏安特性曲线是与电流轴重合的直线，相当于短路，即电压为零的电压源相当于短路。由此，我们也可以发现，若使电压源 U_S 对外不输出电压 U，可将其短路，即起到"置零"的作用。

2）电流源

电流源是向电路输出稳定电流的电源，图 1-11 是其电流源模型，简称电流源。当电阻 $R_0 = \infty$ 时，负载电流 I 恒等于电源电流 I_S，这样的电源称为理想电流源或者恒流源。

电流源的伏安特性如图 1-12 所示，是一条与电压轴平行且横坐标为 I_S 的直线，表明其电流恒等于 I_S，与电压大小无关。

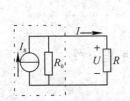

图 1-11　电流源电路图

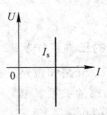

图 1-12　电流源的伏安特性曲线

如果一个电流源的电流 $I_S = 0$，则此电流源的伏安特性曲线是与电压轴重合的直线，它相当于开路，即电流为零的电流源相当于开路，由此可知，若使电流源 I_S 对外不输出电流，可将其开路，即起到"置零"的作用。

3）电压源与电流源的等效变换

实际电压源模型和电流源模型能够相互转换，其转换形式为

$$I_S = \frac{U_S}{R_0}, \ U_S = I_S R_0$$

转换过程如图 1-13 所示。在电压源转换为电流源的过程中，转换后的电流源电流 I_S 为电压源电压 U_S 和其内阻 R_0 的比值，转换前后的内阻不变。

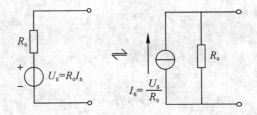

图 1-13　电压源和电流源的转换

等效变换时应注意：

（1）电压源中电压 U_S 正极性端与电流源 I_S 的流出端相对应；

（2）理想电压源和理想电流源所串联或并联的电阻不仅局限于电源的内阻。

蓄电池是一种将化学能转换为电能的电源。汽车电路通常由蓄电池来供电，其输出电压一般有 12 V 和 24 V 两种直流电源。汽油车普遍采用 12 V 电源，柴油车多采用 24 V 电源，其外形与结构如图 1-14 所示。

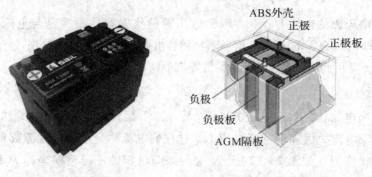

（a）外形图　　　　　　　　　（b）剖析图

图 1-14　汽车用蓄电池

（四）电路的三种工作状态

电路有有载、开路和短路三种工作状态。现以直流电路为例，分析此三种工作状态下电流、电压和功率的关系。

1. 有载工作状态

当电源和负载连通时，电路中有电流流通的状态称为有载工作状态。

将图 1-15 中的开关 S 闭合，接通电源与负载，电路进入有载工作状态。

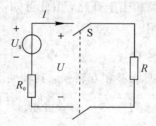

图 1-15　电源有载工作图

1）电压与电流

由欧姆定律可知

$$I = \frac{U_s}{R_0 + R}$$

电阻两端的电压为

$$U = IR$$

综合两式可知

$$U = U_s - IR_0 \tag{1-4}$$

由式（1-4）可知，电源端电压小于电动势，两者之差为电流通过电源内阻所产生的电压降 IR_0。电流越大，则电源内阻上的电压降就越大。

2）功率

在式（1-4）等号两边同时乘以电流 I，可得到功率平衡式

$$UI = U_s I - I^2 R_0$$

故电源的输出功率为

$$P = P_E - \Delta P$$

式中：$P_E = U_S I$，为电源产生的功率；$\Delta P = I^2 R_0$，为电源内阻上损耗的功率。

在国际单位制（SI）中，功率的单位为瓦（特），简称瓦，符号为 W，常用的有千瓦（kW）、兆瓦（MW）和毫瓦（mW）等，它们之间的换算关系是

$$10^{-6} \text{ MW} = 10^{-3} \text{ kW} = 1 \text{ W} = 10^3 \text{ mW}$$

在电路中，电路元件传递转换能量的大小称为电能。从 t_0 到 t 时间段内，电路吸收（消耗）的电能为

$$W = \int_{t_0}^{t} p \, \mathrm{d}t$$

直流电路中，电能为

$$W = P(t - t_0)$$

电能的国际单位是焦（耳），符号为 J，在实际生活中还采用千瓦小时（kW·h）作为电能的单位，也简称为度。它们之间的换算关系为

$$1 \text{ kW·h} = 1 \times 10^3 \times 3600 = 3.6 \times 10^6 \text{ J}$$

能量转换与守恒定律是自然界的基本规律之一，电路当然遵循这一规律。一个电路中，每一瞬间，接收电能的各元件功率的总和等于发出电能的各元件功率的总和；或者说，所有元件接收或发出的功率总和为零，这个结论叫做电路的功率平衡。

【例 1-2】 如图 1-15 所示电路，其中 $U_S = 12$ V，$R = 9$ Ω，内阻 $R_0 = 1$ Ω。当开关 S 闭合时，求出各个元件的功率，并说明功率是否平衡。

解 电路中的电流为

$$I = \frac{U_S}{R + R_0} = \frac{12}{9 + 1} = 1.2 \text{ A}$$

电源内阻上损耗的功率为

$$\Delta P = I^2 R_0 = 1.2^2 \times 1 = 1.44 \text{ W}$$

电源产生的功率为

$$P_E = U_S I = 12 \times 1 = 12 \text{ W}$$

负载电阻 R 上消耗的功率为

$$P = I^2 \times R = 1.2^2 \times 9 = 10.56 \text{ W}$$

由此可见，在这个电路中，$P = P_E - \Delta P$，故电源产生的功率与负载消耗的功率是相等的。

3）元件性质的判定

在分析电路时，不但要分析电路中各元件上物理量的数值，还要判别电路中元器件是吸收功率还是发出功率。判别方法如下：

(1) 根据 U 和 I 的实际方向判别。

U 和 I 的实际方向相反，即电流从"＋"端流出，"－"端流入，发出功率，即为电源。

U 和 I 的实际方向相同，即电流从"＋"端流入，"－"端流出，吸收功率，即为负载。

(2) 根据 U 和 I 的参考方向判别。

当元件的 U 和 I 参考方向为关联参考方向时，通过计算，如果 $P = UI > 0$，说明该元件

在吸收功率；如果 $P=UI<0$，说明该元件在发出功率。当元件的 U 和 I 参考方向非关联时，通过计算，如果 $P=-UI>0$，说明该元件在吸收功率；如果 $P=-UI<0$，说明该元件在发出功率。例如在给手机充电时，手机电池是负载，在吸收功率；在正常使用时，电池为手机正常使用提供能量，此时电池为电源，发出功率。

【例 1-3】 2013 年 9 月 20 日，哈密南—郑州±800 kV 特高压直流(DC)输电线路全线架通。2014 年 1 月 18 日，该工程全线运营。该线路的运行电压为 800 kV，电流为 1.8 kA，如图 1-16 所示。计算哈密南传输线终端的功率，并说明该功率为发出功率还是吸收功率。

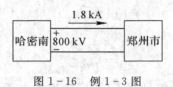

图 1-16　例 1-3 图

解　哈密南传输线终端的电压、电流为非关联参考方向，故

$$P=-UI=-800 \text{ kV}\times1.8 \text{ kA}=-1440\times10^6 \text{ W}=-1440 \text{ MW}<0$$

说明电路中哈密南终端在向郑州市线路终端发出功率，发出功率的大小为 1440 MW。

2. 开路状态

将图 1-17 中的开关 S 打开，电源与负载断开，此时电路称为开路(断路)状态。开路时外电路的电阻对电源来说为无穷大，因此电路中电流为零。这时电源的端电压(称为开路电压 U_0)等于电源电动势，电源不输出电能。

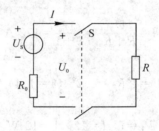

图 1-17　电源开路图

如上所述，电源开路时的特征可以表示如下

$$\begin{cases} I=0 \\ U_0=U_s \\ P=0 \end{cases}$$

3. 短路状态

在图 1-18 中所示的电路中，如果电源两端由于某种原因连在一起，此时电路称为短路状态。电源短路时，外电路的电阻为零(理想状态下，导线电阻很小，可近似视作零)，电流有捷径可通，不再流过负载，在电流的回路中仅有很小的电源内阻 R_0，所以电流很大，此时的电流称为短路电流。短路电流可能会使电源遭受机械(产生很大的电磁力，可能损坏发电机或变压器的绕组)与热的损伤或损坏。短路时电源所产生的电能全部被内阻所消耗，电源的电动势全部降在内阻上。

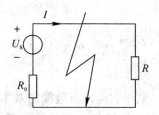

图1-18 电源短路图

如上所述，电源短路时的特征为

$$\begin{cases} U=0 \\ I=\dfrac{U_{\mathrm{S}}}{R_0} \\ P_{\mathrm{E}}=\Delta P=I^2 R_0, \ P=0 \end{cases}$$

短路现象除了发生在电源处之外，还会出现在负载端或线路的任何位置。

短路是系统常见的严重故障，系统发生短路的原因很多，主要有：

(1) 电气设备、元件损坏。

(2) 自然原因，如由于大风、低温导线覆冰引起架空线倒杆断线等。

(3) 人为事故，如工作人员违反操作规程带负荷拉闸，造成相间弧光短路；人为疏忽接错线造成短路，或运行管理不善造成小动物进入带电设备内形成短路事故等。

【例1-4】 电路如图1-17所示，电路中的电源电压 $U_{\mathrm{S}}=50$ V，电源内阻 $R_0=0.5$ Ω。当电路发生短路现象时，其电路如图1-18所示，试求此时的电流。

解 由于电路发生短路，因此负载被短路，故电路中的电流为

$$I=\frac{U_{\mathrm{S}}}{R_0}=\frac{50}{0.5}=100 \text{ A}$$

【例1-5】 有一直流电压源，其额定功率 $P_{\mathrm{N}}=200$ W，额定电压 $U_{\mathrm{N}}=50$ V，内阻 $R_0=0.5$ Ω，负载电阻 R_{L} 可以调节，其电路如图1-19所示。

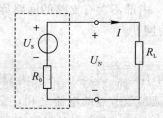

图1-19 例1-5电路图

试求：(1) 额定工作状态下的电流及负载电阻 R_{L} 的大小；

(2) 电源电压 U_{S}；

(3) 电源短路时的电流。

解 (1) 根据欧姆定律和计算功率公式可得

$$I_{\mathrm{N}}=\frac{P_{\mathrm{N}}}{U_{\mathrm{N}}}=\frac{200}{50}=4 \text{ A}, \quad R_{\mathrm{L}}=\frac{U_{\mathrm{N}}}{I_{\mathrm{N}}}=\frac{50}{4}=12.5 \text{ Ω}$$

(2) 电源电压 U_{S} 为

$$U_{\mathrm{S}}=U_{\mathrm{N}}+I_{\mathrm{N}}R_0=50+4\times0.5=52 \text{ V}$$

（3）电源短路时的电流为

$$I_{sc} = \frac{U_s}{R_0} = \frac{52}{0.5} = 104 \text{ A}$$

（五）基尔霍夫定律

基尔霍夫（电路）定律是电路中电压和电流所遵循的基本规律，是分析和计算较为复杂电路的基础，1845 年由德国物理学家古斯塔夫·罗伯特·基尔霍夫（Gustav Robert Kirchhoff）提出。基尔霍夫（电路）定律既可以用于直流电路的分析，也可以用于交流电路的分析，还可以用于含有电子元件的非线性电路的分析。

基尔霍夫定律有两条：一是电流定律，反映电路中任一节点上各支路电流之间的相互关系；二是电压定律，反映任一回路中各段电压之间的相互关系。

在说明基尔霍夫定律前，先介绍一下电路中常用的几个名词。

· 支路：电路中由一个元件或若干个元件串联，流过同一电流的无分支部分叫支路，如图 1-20 中有 $aefb$、ab 和 $acdb$ 三条支路。

· 节点：三条或三条以上支路的连接点称为节点，如图 1-20 中有 a 和 b 两个节点。

· 回路：由支路构成的闭合路径叫回路。在图 1-20 中，有 $abfea$、$acdba$ 和 $eacdbfe$ 三个回路。

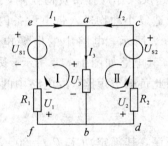

图 1-20　示例电路图

· 网孔：将电路画在平面上，内部不含有支路的回路称为网孔，它是一种特殊的回路。如图 1-20 中，$abfea$ 和 $acdba$ 为网孔。

1. 基尔霍夫电流定律（KCL）

根据电流连续性原理，电路中任一点（包括节点在内）均不能堆积电荷。因此，流入任意一个节点的电流之和必定等于流出该节点的电流之和，或者说任一时刻任一节点的电流代数和为零。这就是基尔霍夫电流定律，简写为 KCL，表示为

$$\sum I = 0 \tag{1-5}$$

图 1-20 所示电路中各支路电流的参考方向如图中所示，并规定流入节点的电流取"＋"号，流出节点的电流取"－"号（若反之也可），则对于节点 a，可列出节点电流方程为

$$I_1 + I_2 - I_3 = 0$$

基尔霍夫电流定律还可以推广应用到任意假想封闭曲面，或称广义节点。对于任意封闭面，其上流入流出电流的代数和为零。图 1-21 所示封闭面所包围的电路，有三条支路与电路的其余部分（未画出）连接，其上电流为 I_1、I_2、I_3，它们的方向都是参考方向，则 $I_1 + I_2 + I_3 = 0$。

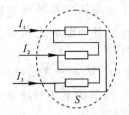

图 1-21   KCL 应用于一个封闭面

由以上得出，基尔霍夫电流定律是电荷能量守恒定律的体现，这是因为对于一个节点或封闭面来说，它不可能储存电荷。

KCL 反映了电路中任一节点处各支路电流必须服从的约束关系，与各支路上是什么元件无关。

2. 基尔霍夫电压定律(KVL)

对于电路中的任一闭合路径而言，在任何一个时间，沿任一回路绕行方向(顺时针方向或逆时针方向都可以)，回路中各段电压的代数和恒等于零，用公式表示为

$$\sum U = 0 \tag{1-6}$$

在写出式(1-6)时，先要任意规定回路绕行的方向，凡支路电压的参考方向与回路绕行方向一致的，此电压前面取"+"号；支路电压的参考方向与回路绕行方向相反的，则电压前面取"-"号。

在图 1-20 所示回路 I 中，各段电压的参考极性如图所示，按顺时针方向绕行，则有

$$U_3 + U_1 - U_{S1} = 0$$

回路 II 中，各段电压的参考极性如图所示，按逆时针方向绕行，则有

$$U_3 + U_2 - U_{S2} = 0$$

KVL 也可以推广应用到求电路中的开路电压。例如在图 1-22 中，可以假想有回路 I 和 II，其中 ab 段并未画出支路。假想回路 I，按顺时针方向绕行，则有

$$U_{ab} + U_1 - U_{S1} = 0$$

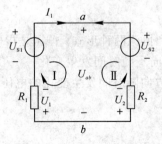

图 1-22   KVL 扩展电路图

对于假想回路 II，按逆时针方向绕行，则有

$$U_{ab} + U_2 - U_{S2} = 0 \tag{1-7}$$

由以上可知，电路中任意两点间(例如 a、b)的电压等于该两点沿任意路径各段电压的代数和。可见 KVL 规定了电路中任一回路内电压必须服从的约束关系，与回路内是什么元件无关。

列写方程时，不论是应用基尔霍夫定律还是欧姆定律，首先都要在电路图上标注电流和电压的参考方向，因为所列写方程中各项前的正负号是由它们的参考方向决定的。如果参考方向选的相反，则会相差一个负号。

【例 1-6】 图 1-20 所示电路中，$R_1 = 10\ \Omega$，$R_2 = 2\ \Omega$，$R_3 = 1\ \Omega$，$U_{S1} = 3$ V，$U_{S2} = 1$ V。求各个支路上的电流和电阻 R_3 两端的电压 U_3。

解 根据假定回路绕行方向，对于网孔 Ⅰ：

应用 KVL，有

$$U_1 + U_3 - U_{S1} = 0$$
$$I_1 R_1 + I_3 R_3 - U_{S1} = 0 \rightarrow 10 I_1 + I_3 = 3 \qquad \qquad ①$$

根据假定回路绕行方向，对于网孔 Ⅱ：

应用 KVL，有

$$U_3 + U_2 - U_{S2} = 0 \rightarrow I_3 R_3 + I_2 R_2 - U_{S2} = 0$$
$$I_3 + 2 I_2 = 1 \qquad \qquad ②$$

对于节点 a，有

$$I_1 + I_2 = I_3 \qquad \qquad ③$$

联立方程①、②、③，求之得

$$\begin{cases} I_1 = \dfrac{1}{4}\ \text{A} \\[2mm] I_2 = \dfrac{1}{4}\ \text{A} \\[2mm] I_3 = \dfrac{1}{2}\ \text{A} \end{cases}$$

根据欧姆定律可得

$$U_3 = I_3 R_3 = \frac{1}{2}\ \text{V}$$

四、知识拓展

1. 直流与交流

直流电简称 DC，包括恒压和恒流两种形式。恒压是指电压的大小和方向不随时间发生变化；恒流是指电流的大小和方向不随时间发生变化。

交流电简称 AC，指大小和方向随时间发生变化的电压或电流。

2. 安全用电

1）安全用电的意义

在使用电能的过程中，如果不注意用电安全，可能造成人身触电伤亡事故或者电气设备的损坏，甚至影响到电力系统的安全运行，造成大面积的停电事故，给生产和生活造成很大的影响，使国家和人民财产遭受损失。因此，我们在使用电能时，必须注意用电安全，以保证人身、设备、电力系统三方面的安全，防止事故发生。

用电安全主要包括人身安全和设备安全两个方面，人身安全是指电气工作的过程中人员的安全；设备安全是指电气设备及相关其他设备的安全。为了防止人身触电事故，通常采用的技术防护措施有电气设备的接地和接零、安装低压触电保护器等措施。

2）电流对人体的伤害

当人们不慎触及到带电体时会产生触电事故，触电将使人体受到各种不同的伤害，其主要体现在电流对人体的伤害上。电流对人体造成的伤害有两种类型，即电伤和电击。

（1）电伤：电伤是指电流的热效应、化学效应、机械效应等作用造成的人体伤害。电伤会在人体皮肤表面留下明显的伤痕，常见的有灼伤、电烙伤和皮肤金属化等现象。

（2）电击：电击是指电流通过人体内部，破坏人体内部组织，影响呼吸系统、心脏及神经系统的正常功能，甚至危及生命。电击常有电标、电纹和电流斑等特征，如图1-23所示。电击能致人死亡，其原因为：流过心脏的电流过大，持续时间过长，引起心室纤维性颤动而致死；使人产生窒息（中枢神经被破坏）而死亡；使心脏停止跳动而死亡。

（a）电标 （b）电纹 （c）电流斑

图1-23 电击的特征

我国规定36 V以下的电压为安全电压。

五、技能训练

常用电工工具的使用

电工常用工具是指电工经常使用的工具。能否正确使用和维护电工工具直接关系到电工的工作质量、工作效率和操作的安全性。

1. 低压验电器

低压验电器又称试电笔或电笔，是检验低压导体和电气设备是否带电的一种常用工具，其检验范围为60～500 V。图1-24为钢笔式低压验电器的结构，图1-25为螺丝刀式低压验电器。

笔尖 电阻 氖管 弹簧 笔屋金属体

图1-24 钢笔式低压验电器　　　　　　图1-25 螺丝刀式低压验电器

低压验电器的使用方法和注意事项如下：

（1）正确握笔，手指（或某部位）应触及笔尾的金属体（钢笔式）或测电笔顶部的螺丝钉（螺丝刀式），如图1-26所示；要防止笔尖金属体触及皮肤，以免触电。

（2）使用前先要在有电的导体上检查电笔能否正常发光。

（3）应避光检测，看清氖管的辉光。

（4）电笔的金属探头虽与螺丝刀相同，但它只能承受很小的扭矩，使用时应注意以防损坏。

（5）电笔不可受潮，不可随意拆装或受到剧烈震动，以保证测试可靠。

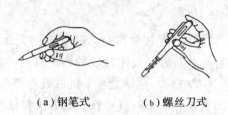

（a）钢笔式　　　（b）螺丝刀式

图 1-26　低压验电器的握法

2. 钢丝钳

钢丝钳又名克丝钳，是一种夹钳和剪切工具，常用来剪切、钳夹或弯绞导线、拉剥电线绝缘层和紧固及拧松螺钉等。通常剪切导线用刀口，剪切钢丝用侧口，扳螺丝母用齿口，弯绞导线用钳口，其结构和用途如图 1-27 所示，常用的规格有 150 mm、175 mm 和 200 mm 三种。电工所用的钢丝钳，在钳柄上必须套有耐压 500 V 以上的绝缘套。

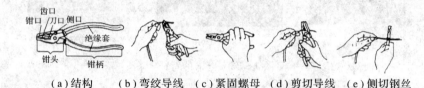

（a）结构　　（b）弯绞导线　　（c）紧固螺母　　（d）剪切导线　　（e）侧切钢丝

图 1-27　钢丝钳的结构和用途

钢丝钳的使用方法及注意事项如下：

（1）钳柄须有良好的保护绝缘，否则不能带电操作。

（2）使用时须使钳口朝内侧，便于控制剪切部位。

（3）剪切带电导体时，须单根进行，以免造成短路事故。

（4）钳头不可当锤子用，以免变形；钳头的轴、销应经常加机油润滑。

3. 尖嘴钳

尖嘴钳的头部尖细，适用于在狭小的空间操作。刀口用于剪断细小的导线、金属丝等，钳头用于夹持较小的螺钉、垫圈、导线和将导线端头弯曲成所需形状，其外形如图 1-28 所示，其规格按全长分为 130 mm、160 mm、180 mm 和 200 mm 四种。电工用尖嘴钳手柄必须套有耐压 500 V 的绝缘套。

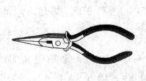

图 1-28　尖嘴钳

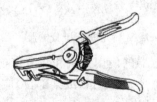

图 1-29　剥线钳

4. 剥线钳

剥线钳用于剥削直径在 3 mm（截面积为 6 mm²）以下的塑料或橡胶绝缘导线的绝缘层，其钳口有 0.5～3 mm 多个直径切口，以适应不同规格的线芯剥削，其外形如图 1-29 所示。它的规格以全长表示，常用的有 140 mm 和 180 mm 两种。剥线钳柄上必须套有耐压 500 V 的绝缘套管。

使用时需注意：电线必须放在大于其芯线直径的切口上切削，以免切伤芯线。

5. 螺钉旋具

螺钉旋具俗称螺丝刀，又称改锥，用来紧固和拆卸各种带槽螺钉。螺丝刀按其头部形状不同分为一字形和十字形两种，如图 1-30 所示。一字形螺丝刀用来紧固或拆卸带一字槽的螺钉，其规格用柄部以外的体部长度来表示，常用的有 50 mm、150 mm 两种。十字形螺丝刀是用来紧固或拆卸带十字槽的螺钉，其规格常有四种：Ⅰ号适用的螺钉直径为 2~2.5 mm，Ⅱ号为 3~5 mm，Ⅲ号为 6~8 mm，Ⅳ号为 10~12 mm。

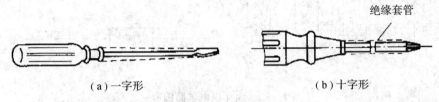

（a）一字形　　　　　　　　　　（b）十字形

图 1-30　螺丝刀

螺丝刀的使用方法及注意事项如下：

（1）螺丝刀上的绝缘柄应绝缘良好，以免造成触电事故。

（2）螺丝刀的正确握法如图 1-31 所示。

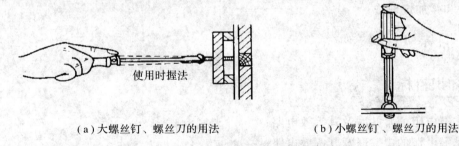

（a）大螺丝钉、螺丝刀的用法　　　　　（b）小螺丝钉、螺丝刀的用法

图 1-31　螺丝刀的使用

（3）螺丝刀头部形状和尺寸应与螺钉尾部的槽形和大小相匹配。不能用小螺丝刀去拧大螺钉，以防拧豁螺钉尾槽或损坏螺丝刀头部；同样也不能用大螺丝刀去拧小螺钉，以防因力矩过大而导致小螺钉滑扣。

（4）使用时应使螺丝刀头部顶紧螺钉槽口，以防打滑而损坏槽口。

任务 1.2　直流电路分析与计算

一、任务引入

现用三盏吸顶灯给大厅供电，每盏灯的额定功率和额定电压均是 100 W 和 220 V，但不能确定吸顶灯如何与电源相连。如图 1-32 所示，是使用左边的连接方式合适还是使用右边的连接方式合适？二者有何区别？

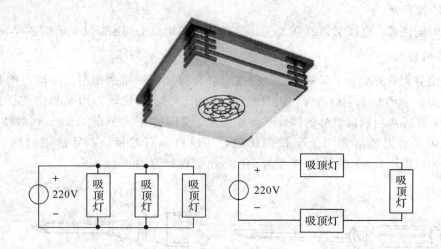

图 1-32 大厅供电电路图

　　两个方案中的吸顶灯可以抽象为电阻，由于每个吸顶灯的功率相等，所以有相同的电阻。在这两个电路模型中，存在电阻的串联或者并联情况，需要对电路进行抽象化简，这样才能更好地分析其工作情况，这就需要掌握电路的化简及其分析方法。

　　本任务主要介绍电阻的串并联、理想电源的串并联和电路的两种基本分析方法——支路电流法和叠加定理法。

二、教学目标

知识目标

☆ 掌握电阻的串并联及其等效电路；
☆ 掌握电源的串并联及其等效电路；
☆ 掌握支路电流法分析电路的方法；
☆ 理解用叠加定理分析电路的方法。

能力目标

☆ 能够应用相关知识对电路进行化简；
☆ 能够应用支路电流法分析电路；
☆ 能够应用叠加定理分析电路。

素质目标

☆ 培养学生严谨的逻辑推理和思维能力；
☆ 培养学生对实际问题进行抽象和分析的能力。

三、相关知识

(一) 电阻的串并联

在电路中，电阻的连接形式是多种多样的，其中最常见的是电阻的串联与并联。

1. 电阻的串联

在电路中，把几个电阻元件依次首尾连接起来，中间没有分支，在电源的作用下流过各电阻的是同一电流，这种连接方式叫做电阻的串联。

图 1-33 所示电路为 n 个电阻 R_1、R_2、$\cdots$、R_n 的串联组合，则有

$$U=U_1+U_2+\cdots+U_n=R_1 I+R_2 I+\cdots+R_n I=(R_1+R_2+\cdots+R_n)I$$

其中，总电阻为

$$R_{eq}=R_1+R_2+\cdots+R_n=\sum_{k=1}^{n}R_k \tag{1-8}$$

电阻串联时，流过各电阻的电流相等，各电阻上的电压为

$$U_k=R_k I=R_k\frac{U}{R_{eq}}=\frac{R_k}{R_{eq}}U \qquad k=1,2,\cdots,n \tag{1-9}$$

由式(1-9)可知，串联电阻上电压的分配与电阻大小成正比。当其中某个电阻较其他电阻小时，在它两端的电压也较其他电阻上的电压小。

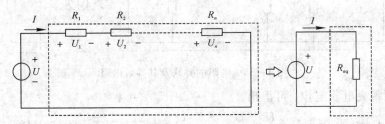

图 1-33 电阻的串联及其等效电阻

电阻串联的应用很多，比如在负载的额定电压低于电源电压的情况下，通常需要给负载串联一个电阻，以分配一部分电压。有时为了限制负载中通过过大的电流，也可以给负载串联一个限流电阻。如果需要调节电路中的电流，一般也可以在电路中串联一个变阻器来进行调节。另外，改变串联电阻的大小可以得到不同的输出电压。

【例 1-7】 如图 1-34 所示，用一个满刻度偏转电流为 $50\ \mu A$、电阻 R_g 为 $2\ k\Omega$ 的表头制成 $100\ V$ 量程的直流电压表，应串联多大的附加电阻 R_f？

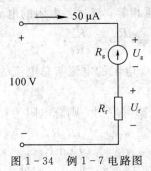

图 1-34 例 1-7 电路图

解 满刻度时表头电压为

$$U_g = R_g I = 2 \times 10^3 \times 50 \times 10^{-6} = 0.1 \text{ V}$$

附加电阻电压为

$$U_f = 100 - 0.1 = 99.9 \text{ V}$$

将 U_f 和 U 代入式(1-9)中，得

$$99.9 = \frac{R_f}{R_f + R_g} \times 100 = \frac{R_f}{R_f + 2} \times 100$$

解得 $R_f = 1998 \text{ k}\Omega$

★ **温馨提示**：在求 R_f 的等式中，右边分式分母中 2 的单位是 kΩ，故 $R_f = 1998$ 的单位也是 kΩ。

2. 电阻的并联

在电路中，把几个电阻元件首端与尾端分别连接起来，中间没有分支，在电源的作用下各电阻的电压是同一电压，这种连接方式叫做电阻的并联。

如图 1-35 所示电路为 n 个电阻 R_1、R_2、$\cdots R_n$ 的并联组合电路。

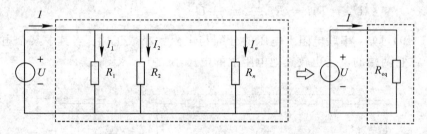

图 1-35 电阻的并联及其等效电阻

根据基尔霍夫电流定律，可得出

$$I = I_1 + I_2 + \cdots + I_n = \frac{U}{R_1} + \frac{U}{R_2} + \cdots + \frac{U}{R_n} = \left(\frac{1}{R_1} + \frac{1}{R_2} + \cdots + \frac{1}{R_n} \right) U = \frac{1}{R_{eq}} U$$

其中，总电阻 R_{eq} 满足

$$\frac{1}{R_{eq}} = \frac{1}{R_1} + \frac{1}{R_2} + \cdots + \frac{1}{R_n} \tag{1-10}$$

通常，将电阻的倒数称为电导，表示对电流的导通能力，用字母 G 来表示，即 $G = 1/R$，则电阻并联的总电导为

$$G_{eq} = \frac{1}{R_{eq}} \tag{1-11}$$

电阻并联时，各电阻上的电压相等，流过各电阻的电流为

$$I_k = \frac{U}{R_k} = \frac{I R_{eq}}{R_k} = \frac{R_{eq}}{R_k} I \quad k = 1, 2, \cdots, n \tag{1-12}$$

由式(1-12)可知，并联的每个电阻的电流与总电流的比等于总电阻与该电阻的比，即并联分流。

当电路中只有 R_1、R_2 两个电阻并联时，则总电阻为

$$R_{eq} = \frac{R_1 R_2}{R_1 + R_2}$$

一般负载都是并联运行。负载并联运行时，它们处于同一电压之下，任何一个负载的

工作情况都不受其他负载的影响。

并联的负载越多(负载增加),则总电阻愈小,电路中总电流和总功率越大,但是流过每个负载的电流和其消耗的功率却没有变动。

3. 电阻的混联

电阻采取串联和并联相结合的连接方式称为电阻的混联。只有一个电源作用的电阻混联电路,可用电阻串联、并联化简的方法,将其化简成一个等效电阻和电源组成的单回路,这种电路又称简单电路。反之,不能用串联、并联等效变换化简为单回路的电路则称为复杂电路。

简单电路的计算步骤是:首先将电阻逐步化简成一个总的等效电阻,算出总电流(或总电压),然后用分流(或分压)的办法逐步计算出化简前原电路中流过各电阻的电流和各电阻上的电压,再计算出功率。

【例 1-8】 进行电工实验时,常用滑动变阻器接成分压器电路来调节负载电阻上电压的高低。图 1-36 中,R_1 和 R_2 是滑动变阻器,R_L 是负载电阻。已知滑动变阻器的额定电阻值是 100 Ω,额定电流是 3 A,a、b 端输入电压 $U_1 = 220$ V,$R_L = 50$ Ω。试问:

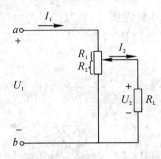

图 1-36 例 1-8 电路图

(1) 当 $R_2 = 50$ Ω 时,输出电压 U_2 是多少?

(2) 当 $R_2 = 75$ Ω 时,输出电压 U_2 是多少?滑动变阻器能否安全工作?

解 (1) 当 $R_2 = 50$ Ω 时,R_{ab} 为 R_2 和 R_L 并联后与 R_1 串联而成的等效电阻,故 a、b 端的等效电阻 R_{ab} 为

$$R_{ab} = R_1 + \frac{R_2 R_L}{R_2 + R_L} = 50 + \frac{50 \times 50}{50 + 50} = 75 \ \Omega$$

滑动变阻器 R_1 段流过的电流为

$$I_1 = \frac{U_1}{R_{ab}} = \frac{220}{75} = 2.93 \ \text{A}$$

负载电阻流过的电流为

$$I_2 = \frac{R_2}{R_2 + R_L} \times I_1 = \frac{50}{50 + 50} \times 2.93 = 1.47 \ \text{A}$$

负载电阻两端电压为

$$U_2 = R_L I_2 = 50 \times 1.47 = 73.5 \ \text{V}$$

(2) 当 $R_2 = 75$ Ω 时,计算方法同上,可得

$$R_{ab} = 25 + \frac{75 \times 50}{75 + 50} = 55 \ \Omega, \quad I_1 = \frac{220}{55} = 4 \ \text{A}$$

$$I_2 = \frac{75}{75+50} \times 4 = 2.4 \text{ A}, \quad U_2 = 50 \times 2.4 = 120 \text{ V}$$

因 $I_1 = 4$ A，大于滑动变阻器的额定电流 3 A，故 R_1 段电阻有被烧坏的危险。

判别电路的串并联关系及进行电路分析时，一般应掌握以下几点：

(1) 判断电阻的串并联关系。判断时，首先看电路的结构特点，若两电阻是首尾相联则其就是串联，若是首首尾尾相联则其就是并联。其次看电压电流关系，若流经两电阻的电流是同一个电流，那它们就是串联；若两电阻上承受的是同一个电压，那它们就是并联。

(2) 对复杂电路作变形等效。如左边的支路可以扭到右边，上面的支路可以翻到下面，弯曲的支路可以拉直等；对电路中的短路线可以任意压缩与伸长；对多点接地可以用短路线相连。一般如果真正是电阻串并联电路的话，都可以判别出来。

(3) 利用等电位关系分析电路。若能判断某两点是等电位点，则根据电路等效的概念，一是可以用短接线把等电位点连起来，二是可以把连接等电位点的支路断开（因支路中无电流），从而得到电阻的串并联关系。

【例 1-9】 求图 1-37(a) 所示电路中 a、b 两点间的等效电阻的 R_{ab}。

解 (1) 先将无电阻导线 d、d' 缩成一点用 d 表示，则得图 1-37(b)；

(2) 并联化简，将图 1-37(b) 变为图 1-37(c)；

(3) 将图 1-37(c) 中 3 Ω、7 Ω 电阻串联后与 15 Ω 电阻并联，最后再与 4 Ω 电阻串联，由此得 a、b 两点间等效电阻为

$$R_{ab} = 4 + \frac{15 \times (3+7)}{15+3+7} = 4 + 6 = 10 \text{ Ω}$$

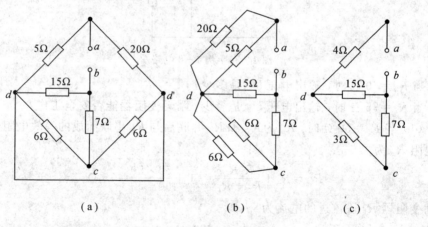

(a)　　　　　　　(b)　　　　　　(c)

图 1-37　例 1-9 电路图

(二) 理想电源的串并联

电压源、电流源的串联和并联问题分析是以电压源和电流源的定义及外特性为基础，结合电路等效的概念进行的。

1. 理想电压源的串并联

1) 理想电压源的串联

图 1-38 为多个电压源的串联，根据 KVL 得总电压为

$$U_{\text{S}} = U_{\text{S1}} + U_{\text{S2}} + \cdots + U_{\text{S}n} \tag{1-13}$$

注意：式(1-13)中各个电压源电压的参考方向与等效后的电压源电压的参考方向一致时，电压取"＋"号，不一致时取"－"号。

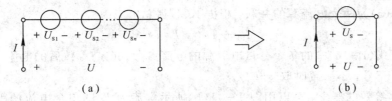

图 1-38 多个电压源的串联等效电路

根据电路等效的概念，可以用图 1-38(b)所示电压为 U_S 的单个电压源等效替代图 1-38(a)中多个串联的电压源。电压源的串联可以将多个电压源等效成一个电压源。

2）理想电压源的并联

图 1-39(a)为两个电压源的并联，根据 KVL 得

$$U_S = U_{S1} = U_{S2} \tag{1-14}$$

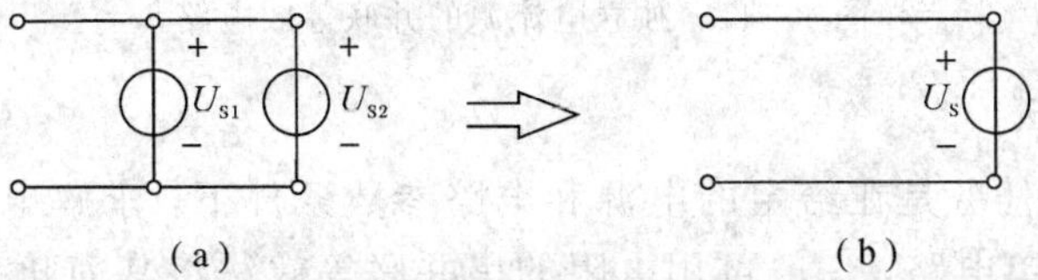

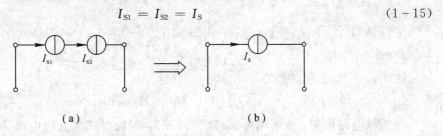

图 1-39 独立电压源的并联等效电路

式(1-14)说明只有电压相等且极性一致的电压源才能并联，此时并联电压源的对外特性与单个电压源一样。根据电路等效的概念，可以用单个电压源替代多个并联电压源，如图 1-39(b)所示。

注意：不同大小或不同极性的电压源是不允许并联的，否则违反基尔霍夫定律。电压源并联时，每个电压源中的电流是不确定的。

2. 理想电流源的串并联

1）理想电流源的串联

图 1-40 为两个电流源的串联，根据 KCL 得

$$I_{S1} = I_{S2} = I_S \tag{1-15}$$

图 1-40 独立电流源的串联等效电路

式(1-15)说明只有电流相等且输出电流方向一致的电流源才能串联，此时串联电流源的对外特性与单个电流源一样。根据电路等效的概念，可以用图 1-40(b)的单个电流源替代图 1-40(a)中的电流源串联电路。

注意：不同大小或不同流向的电流源是不允许串联的，否则违反基尔霍夫定律。电流

源串联时，每个电流源上的电压是不确定的。

2）理想电流源的并联

图 1-41(a)为两个电流源的并联，根据 KCL 得总电流为

$$I_{S1} + I_{S2} = I = I_S \tag{1-16}$$

注意： 当式(1-16)中的各个分量电流源的电流参考方向与等效后的电流参考方向一致时，电流取"+"号，不一致时取"-"号。

根据电路等效的概念，可以用图 1-41(b)所示电流为 I_S 的单个电流源等效替代图中的两个并联的电流源，多个电流源的并联可以得到一个更大的输出电流。

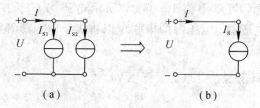

（a）　　　　　　　（b）

图 1-41　独立电流源的并联等效电路

（三）支路电流法

电路分析的主要任务是在给定的电源和电路参数条件下，求解电路中各支路的电流、电压及功率。对于简单电路，一般可用电阻的串并联等效法将其简化为无分支电路，然后用欧姆定律求出总电流、电压，再应用总电流、电压与分流、分压的关系即可求电路各部分的电流和电压。但对于复杂的电路，却不能用电阻的串并联方法将其简化为无分支电路。本节介绍最基本的复杂电路分析方法——支路电流法。

支路电流法就是以电路中的各支路电流为未知数，应用基尔霍夫定律列出联立方程，然后解方程求各支路电流。列方程时，必须先在电路图上设定好未知支路电流的参考方向、电压的参考方向以及回路的绕行方向。下面以图 1-42 为例来说明支路电流法的分析计算过程。

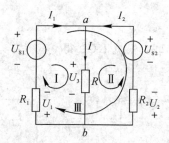

图 1-42　示例电路图

分析该电路可知，该电路的支路数为 $b=3$，因此以三个支路电流 I_1、I_2、I 为未知数。假定各支路电流的参考方向为图 1-42 所示方向，这样要列出三个独立方程，方可求解出电流 I_1、I_2 和 I。

该电路节点数 $n=2$，根据 KCL 节点电流方程可知

$$\begin{cases} \text{节点 } a: I_1 + I_2 = I \\ \text{节点 } b: I = I_1 + I_2 \end{cases}$$

观察两方程，可知它们不是相互独立的(相互独立是指一个方程不能由另一个方程经过简单数学变换推导出来)。因此对有两个节点的电路，根据基尔霍夫电流定律，只能列出一个独立方程。经过推导，对于 n 个节点的电路，只能列出 $n-1$ 个独立的节点电流方程。

根据基尔霍夫电压定律列回路电压方程，假定回路绕行方向如图 1-42 所示。

$$\begin{cases} 回路\ \text{I}: I_1R_1 + IR - U_{S1} = 0 \\ 回路\ \text{II}: I_2R_2 + IR - U_{S2} = 0 \\ 回路\ \text{III}: I_1R_1 - I_2R_2 - U_{S1} + U_{S2} = 0 \end{cases}$$

以上三个回路电压方程中前两式相减即得第三式，所以只有两个方程是独立的。为了保证列出的回路电压方程是独立的，每个回路至少需要包含一个其他回路未使用过的新支路。由于每个网孔都包含一个其他回路未使用过的新支路，故每个网孔都是独立的，可以列出一个独立的回路电压方程。

对有 m 个网孔的电路，可以列出 m 个独立的回路电压方程。

将上面所列写的一个节点电流方程和两个网孔回路电压方程联立成方程组，即可求解支路电流 I_1、I_2 和 I。

$$I_1 + I_2 - I = 0$$
$$I_1R_1 + IR - U_{S1} = 0$$
$$I_2R_2 + IR - U_{S2} = 0$$

最后可以用功率平衡来校验计算结果。

【例 1-10】 图 1-43 所示电路中，$U_{S1} = 130$ V，$R_1 = 1\ \Omega$，$R_3 = 24\ \Omega$，$U_{S2} = 117$ V，$R_2 = 0.6\ \Omega$，试求各支路电流和各元件的功率。

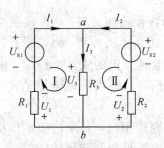

图 1-43　例 1-10 电路图

解　先在图 1-43 中假设各支路电流的参考方向和名称及网孔的绕行方向，然后以支路电流为变量，对节点 a 列写基尔霍夫电流方程

$$I_1 + I_2 = I_3 \qquad\qquad ①$$

分别对网孔 I 和 II 列写基尔霍夫电压方程

$$I_1R_1 + I_3R_3 - U_{S1} = 0 \qquad\qquad ②$$
$$I_2R_2 + I_3R_3 - U_{S2} = 0 \qquad\qquad ③$$

将已知数据代入，联立方程①、②、③可解得

$$I_1 = 10 \text{ A}, \ I_2 = -5 \text{ A}, \ I_3 = 5 \text{ A}$$

I_2 为负值，表明它的实际方向与参考方向相反。

U_{S1} 发出的功率为

$$U_{S1}I_1 = 130 \times 10 = 1300 \text{ W}$$

U_{S2}发出的功率为

$$U_{S2}I_2 = 117 \times (-5) = -585 \text{ W}$$

由于U_{S2}的功率为负值，因此说明U_{S2}吸收功率585 W，各电阻吸收的功率如下：

电阻R_1吸收的功率为

$$I_1^2 R_1 = 10^2 \times 1 = 100 \text{ W}$$

电阻R_2吸收的功率为

$$I_2^2 R_2 = (-5)^2 \times 0.6 = 15 \text{ W}$$

电阻R_3吸收的功率为

$$I_3^2 R_3 = 5^2 \times 24 = 600 \text{ W}$$

验算：$1300 = 585 + 100 + 15 + 600$，即功率平衡，表明计算正确。

对于具有b条支路、n个节点的电路，应用支路电流法解题的步骤可总结如下：

（1）选定各支路电流为未知量，并标出各支路电流的参考方向，按照关联参考方向，标出元件上电压的参考方向。

（2）按照基尔霍夫电流定律，列出$n-1$个独立的节点电流方程。

（3）指定回路的绕行方向，按基尔霍夫电压定律，列出$b-n+1$个回路电压方程。

（4）代入已知数，解联立方程式，求各支路的电流。

（5）确定各支路电流的实际方向。

（6）有必要时可以验算。一般验算方法有两种：一是利用电路中的功率平衡关系进行验算；二是选用求解过程没有用过的回路，应用基尔霍夫电压定律进行验算。

（四）叠加定理

如果元件的电压电流关系为线性比例关系，则称该元件为线性元件（在实际应用中，还有一些元件的电压电流关系不是线性比例关系，如二极管），例如电阻。由线性元件组成的电路，称为线性电路。在有多个电源作用的线性电路中，任一支路的电流或电压可看作各个电源单独作用时，在该支路中所产生的电流或电压的代数和，线性电路的这一特性称为叠加定理。

在叠加定理中，各个电源单独作用时，其余电源不作用，即其余理想电压源处用短路代替（即其电动势为零），理想电流源处用开路代替（即其电流为零）。

例如，运用叠加定理求图1-44(a)中R_2的电压U和电流I。

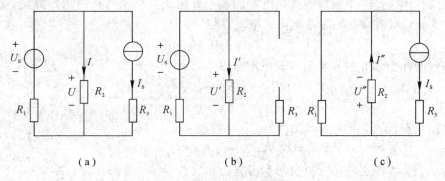

| （a） | （b） | （c） |

图1-44　叠加定理运用电路图

根据叠加原理，电压源U_S单独作用下的情况如图1-44(b)所示，此时电流源开路，U_S

单独作用时 R_2 的电流和电压各为

$$I' = \frac{U_S}{R_1 + R_2}, \ U' = \frac{R_2}{R_1 + R_2} U_S$$

电流源 I_S 单独作用时的情况如图 1-44(c)所示，此情况下电压源短路，在 I_S 单独作用下，R_2 的电流和电压分别为

$$I'' = \frac{R_1}{R_1 + R_2} I_S, \ U'' = \frac{R_1 R_2}{R_1 + R_2} I_S$$

所有独立源共同作用下的电压 U 和电流 I 为

$$U = U' + (-U'') = \frac{R_2}{R_1 + R_2} U_S + \left(-\frac{R_1 R_2}{R_1 + R_2} I_S \right)$$

$$I = I' + (-I'') = \frac{U_S}{R_1 + R_2} + \left(-\frac{R_1}{R_1 + R_2} I_S \right)$$

U'、I' 取正号，是因为它们的参考方向与 U、I 的参考方向一致；U''、I'' 取负号，是因为它们的参考方向与 U，I 的参考方向相反。

运用叠加定理可以将一个复杂的电路分为几个比较简单的电路，然后对这些比较简单的电路进行分析计算，再把结果进行叠加，就可以求出原有电路中的电压、电流，避免了对联立方程的求解。

应用叠加定理分析电路的步骤如下：

(1) 分别作出由一个电源单独作用的分图，其余电源只保留其内阻（恒压源处用短路替代，恒流源处用开路替代）。

(2) 按电阻串、并联的计算方法，分别计算出分图中每一支路电流（或电压）的大小。

(3) 求出各电源在各个支路中产生的电流（或电压）的代数和，其值就是各电源共同作用时，在各支路中产生的电流（或电压）。

使用叠加定理时应注意以下几点：

(1) 叠加定理只适应于线性网络，对非线性网络不适用；

(2) 求每个独立源单独作用下的响应时，将其余电压源代之以短路，其余电流源代之以开路；

(3) 在将每个独立源单独作用下的响应叠加时，分量的参考方向选择与原量一致时取正号，反之取负号。

(4) 叠加定理只适用于电流、电压的计算，对功率不适用，这是因为功率与电流的平方成正比，而与电流不成正比，它们之间不是线性关系。

【例 1-11】　图 1-45(a)所示电路中，$U_{S1} = 12$ V，$U_{S2} = 6$ V，$R_1 = R_3 = R_4 = 510$ Ω，$R_2 = 1$ kΩ，$R_5 = 330$ Ω，应用叠加定理求解电路中的电流 I_3。

解　(1) 当电压源 U_{S1} 单独作用时，电路如图 1-45(b)所示。

根据电路中各元件的串并联关系可得

$$I_1' = \frac{U_{S1}}{R_1 + R_4 + \dfrac{R_3 \times (R_2 + R_5)}{R_3 + R_2 + R_5}}$$

$$= \frac{12}{510 + 510 + \dfrac{510 \times (1000 + 330)}{510 + 1000 + 330}} = 0.0086 \ \text{A} = 8.6 \ \text{mA}$$

由分流公式可得

$$I_3' = \frac{R_2+R_5}{R_3+(R_2+R_5)}I_1' = \frac{1000+330}{510+(1000+330)}\times 8.6 = 6.1 \text{ mA}$$

（2）当电压源 U_{S2} 单独作用时，电路如图 1-45（c）所示，可得

$$I_2'' = \frac{U_{S2}}{R_2+R_5+\dfrac{R_3\times(R_1+R_4)}{R_3+(R_1+R_4)}}$$

$$= \frac{6}{1000+330+\dfrac{510\times(510+510)}{510+510+510}} = 0.0036 \text{ A} = 3.6 \text{ mA}$$

$$I_3'' = \frac{R_1+R_4}{(R_1+R_4)+R_3}I_2'' = \frac{510+510}{(510+510)+510}\times 3.6 = 1.8 \text{ mA}$$

（3）电压源 U_{S1} 和 U_{S2} 共同作用时，有

$$I_3 = I_3' + I_3'' = 6.1+1.8 = 7.9 \text{ mA}$$

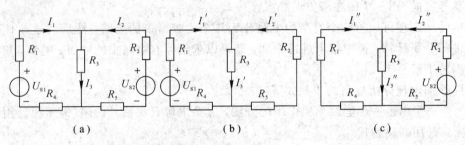

图 1-45　例 1-11 电路图

四、知识拓展

对电流起阻碍作用的器件叫做电阻器（Resistance）。用电阻的大小来表示对电流阻碍作用的大小，电阻越大，表示对电流的阻碍作用越大。电阻值的标注方法有四种，即直标法、文字符号法、数码法和色标法。

1. 直标法

直标法是将电阻器的标称值用数字和文字符号直接标在电阻体上，其允许偏差则用百分数表示，如 5.1 kΩ±5%、200 Ω±5%，未标偏差值的即偏差为±20%。

这种方法多见于较大功率的电阻或较早的国产电阻。如图 1-46 所示电阻，其阻值为 100 kΩ，偏差为±0.01%。

图 1-46　直标法标记的电阻

2. 文字符号法

文字符号法是指用阿拉伯数字和文字符号两者有规律的组合来表示标称阻值，其允许

偏差也用文字符号表示。符号前面的数字表示整数阻值,后面的数字依次表示第一位小数阻值和第二位小数阻值。表示允许误差的文字符号常用的有 D、F、G、J、K、M,分别对应的允许偏差为 ±0.5%、±1%、±2%、±5%、±10%和±20%。如 1R5 表示 1.5 Ω,2K7 表示 2.7 kΩ 等。图 1-47 所示电阻,其功率是 10 W,阻值为 20 Ω,偏差为±5%。

3. 数码法

数码法是指在电阻器上用三位数码表示标称值的标识方法。数码从左到右,第一、二位为有效值,第三位为指数,即零的个数,单位为欧,偏差通常采用文字符号表示。数码标识法主要用于贴片等小体积的电阻,其表示形式为:472 表示 $47×10^2$ Ω,即 4.7 kΩ;104 则表示 $10×10^4$ Ω,即 100 kΩ;R22 表示 0.22 Ω。如图 1-48 所示电阻,其阻值为 6.80 Ω。

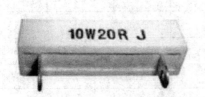

图 1-47 文字符号法标记的电阻

图 1-48 数码法标识的电阻

4. 色标法

色标法就是用不同颜色的带或点在电阻器表面标出标称阻值和允许偏差。色标法是最常见的阻值表示方法,国外电阻大部分采用色标法。普通的色标电阻用 4 环表示,精密电阻用 5 环表示,按照规定,色环电阻的最后一环为误差范围,其色环与其他色环间隔较远,即此端为末端,读数从电阻的另一头读起。

如果色标电阻器用三环表示,前面两环对应数字是有效数字,第三环对应的数字是 10 的幂,电阻误差默认为±20%。如果色标电阻器用四环表示,前面两环对应数字是有效数字,第三环对应的数字是 10 的幂,第四环对应的数字是色标电阻器的误差范围。如图 1-49 所示电阻,从左往右其色环为红黑红金,则其阻值为 $20×10^2=2$ kΩ,误差为±5%。如果色环电阻器用五环表示,前面三环对应数字是有效数字,第四环对应的是 10 的幂,第五环是色环电阻器的误差范围。如图 1-50 所示电阻,从左往右其色环为红黑黑金红,则其阻值为 $200×10^{-1}=20$ Ω,误差为±2%。表 1-1 为色标法色环颜色表示的数值。

图 1-49 四环标识的电阻

图 1-50 五环标识的电阻

表 1-1 色标法色环颜色表示的数值

颜色	第一位有效值	第二位有效值	第三位有效值	10 的幂	允许偏差
黑	0	0	0	10^0	
棕	1	1	1	10^1	±1%
红	2	2	2	10^2	±2%
橙	3	3	3	10^3	
黄	4	4	4	10^4	
绿	5	5	5	10^5	±0.5%
蓝	6	6	6	10^6	±0.25%
紫	7	7	7	10^7	±0.1%
灰	8	8	8	10^8	
白	9	9	9	10^9	−20%到+50%
金				10^{-1}	±5%
银				10^{-2}	±10%
无色					±20%

五、技能训练

日常配电中电线的选择

在日常配电中，电线的选用是其中非常重要的一个环节，一旦选用不合适，将会给财产带来损失，甚至对人身造成伤害。

1. 常用导线的种类

常用的导线有 BV 和 BVR 两种。BV 是硬线，由一股铜丝组成；BVR 是软线，由多股铜丝组成。在日常配电中用 BV 线较多；如果布线时线管弯头较多，硬线难以穿线时，可以用 BVR 线。

2. 常用导线的横截面积

导线常见的尺寸有 1.5 个平方（注：这里的平方是指平方毫米，mm^2）、2.5 个平方、4 个平方、6 个平方、10 个平方 5 种。导线的平方实际是导线的横截面积，即导线圆形横截面的面积，单位为 mm^2。导线的横截面积和所能承载的电流之间可以换算，如橡皮绝缘铜导线（25℃）的换算关系如下：

导线截面/mm^2	1.5	2.5	4	6	10	16	25
对应的电流/A	21	28	35	48	65	91	120

一般照明用线为 1.5 个平方，电器插座用线为 2.5 个平方，空调热水器用线为 4 个平

方,中央空调、即热式热水器用线为 6 个平方,进户线根据房屋大小用线为 10 个平方以上。

3. 注意事项

(1) 观察合格证:选择导线时要仔细观察成卷导线的合格证(如图 1－51 所示)是否规范,合格证上有没有规格、额定电压、长度、厂名厂址、检修章、出产日期等,有无中国国家强制产品认证的"CCC"和生产许可证号,有没有质量体系认证书,导线上是否有商标、规格、电压等。

图 1－51 导线的产品合格证外形

(2) 观察导线长度和粗细:一卷导线通常长 100 m,国标长度误差不超过 0.5%,也就是不能少于 99.5 m;截面线径误差不能超过 0.02%。一般常用的截面积为 1.5 mm² 的塑料绝缘单股铜芯线,每 100 m 重量为 1.8～1.9 kg;2.5 mm² 的单股铜芯线,每 100 m 重量为 3～3.1 kg。质量差的导线或重量不足,或长度不够,或铜芯杂质过多。

(3) 观察导线的金属颜色:合格的导线铜芯应该是紫红色,手感软,有光泽;伪劣的导线铜芯为紫玄色,情况偏黄或偏白。

(4) 观察导线的绝缘情况:导线绝缘层看上去好像很厚实,大多是用再生塑料制成的,只要挤压,挤压处会成白色状,并有粉末掉落。选取时可取一根导线头用手反复弯曲,凡是手感柔软、抗疲劳强度好、塑料或橡胶手感弹性大且导线绝缘体上无龟裂的就是优等品。导线外层塑料皮应光彩鲜亮,质地细密,用打火机点燃应无明火。

项 目 总 结

本项目主要介绍直流电路的基本知识和电阻的串并联及其等效变换、电源及其等效变换、支路电流法、叠加定理等电路分析方法。

电路由电源、负载和中间环节三部分组成。

在分析、计算电路时,必须要引入参考方向。电流的实际方向和参考方向的关系为:当电流的实际方向与选定的参考方向相同时电流为正值,当两者方向相反时电流为负值;电压实际方向和参考方向的关系与电流的类似。

如果电流的参考方向是从所标的电压参考方向的正极端流入元件,负极端流出,即两者的参考方向一致,则把电流和电压的这种参考方向称为关联参考方向;如果两者的参考方向不一致,则称为非关联参考方向。若流过电阻的电流和其上电压参考方向为关联参考方向,欧姆定律表示为 $U＝IR$。

理想电压源两端的电压不随外电路的变化而变化,理想电流源的电流不会随外电路的变化而变化。

基尔霍夫定律有两条：一是电流定律(KCL)，反映电路中任一节点上各支路电流之间的相互关系；二是电压定律(KVL)，反映任一回路中各段电压之间的相互关系。

把几个电阻元件依次首尾连接起来，中间没有分支，这种连接方式叫做电阻的串联，电阻串联时电压的分配与电阻大小成正比，即串联分压。把几个电阻元件首端与尾端分别连接起来，中间没有分支，这种连接方式叫做电阻的并联，并联的每个电阻的电流与总电流的比等于总电阻与该电阻的比，即并联分流。

电源串并联问题是电路分析时经常遇到的问题，电压源、电流源的串联和并联问题分析是以电压源和电流源的定义及外特性为基础，结合电路等效的概念进行的。

支路电流法是电路分析时最常用的一种分析方法，是以电路中各支路电流为未知量，应用基尔霍夫定律列出联立方程，然后求解各支路电流。列方程时，必须先在电路图上设定好未知支路的电流参考方向、电压参考方向以及回路的绕行方向。

针对多电源的线性电路分析，叠加定理是行之有效的方法之一。运用叠加定理可以将一个复杂的电路分为若干个单电源电路，然后对这些单电源电路进行分析计算，再把结果叠加，就可以求出原有电路中的电压或电流。

思 考 与 练 习

一、填空题

1. 通常电路是由（　　　　）、（　　　　）和（　　　　）组成的。

2. 参考点的电位为（　　　），高于参考点的电位取（　　　）值，低于参考点的电位取（　　　）值。

3. 电路通常有（　　　　）、（　　　　）和（　　　　）三种状态。

4. 若灯泡电阻为 24 Ω，通过灯泡的电流为 100 mA，则灯泡在 10 h 内所做的功是（　　　　）J，合（　　　　）度。

5. 一个 220 V/200 W 的灯泡，其额定电流为 $I=$（　　　）A，电阻为（　　　）Ω。

6. 有两个电阻，当把它们串联起来时总电阻是 10 Ω，当把它们并联起来时总电阻是 2.5 Ω，这两个电阻分别为（　　　）Ω 和（　　　）Ω。

7. 已知 $R_1 : R_2 = 1 : 2$，若它们在电路中并联，则两电阻上的电压比 $U_1 : U_2 =$（　　　），两电阻上的电流比 $I_1 : I_2 =$（　　　），它们消耗的功率比 $P_1 : P_2 =$（　　　）。

二、单项选择题

1. 灯 A 的额定电压为 220 V，功率为 200 W；灯 B 的额定电压为 220 V，功率是 100 W。若把它们串联接到 220 V 电源上，则（　　　）。

　A. 灯 A 较亮　　　　B. 灯 B 较亮　　　　C. 两灯一样亮

2. 如图 1-52 所示，开关 S 闭合与打开时，电阻 R 上电流之比为 3∶1，则 R 的阻值为（　　　）Ω。

　A. 40　　　　　　　B. 60　　　　　　　C. 120

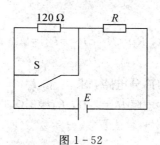

图 1 - 52

3. 如图 1 - 53 所示电路中，电阻 R 为(　　)Ω。

A. 1　　　　　　　　B. 5　　　　　　　　C. 7　　　　　　　　D. 6

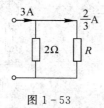

图 1 - 53

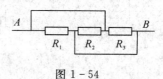

图 1 - 54

4. 如图 1 - 54 所示，已知 $R_1 = R_2 = R_3 = 12$ Ω，则 A、B 两点间的等效电阻为(　　)

A. 18 Ω　　　　　　　B. 4 Ω　　　　　　　C. 0 Ω　　　　　　　D. 36 Ω

5. 如图 1 - 55 所示电路中，当开关 S 合上和断开时，各白炽灯的亮度变化是(　　)。

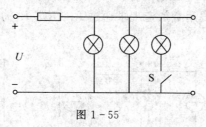

图 1 - 55

A. 没有变化

B. S 合上时各灯亮些，S 断开时各灯暗些

C. S 合上时各灯暗些，S 断开时各灯亮些

D. 无法回答，因为各灯的电阻都不知道

6. 图 1 - 56 为电路中截取的部分电路，则 $I =$(　　)A。

A. 2　　　　　　　　B. 7　　　　　　　　C. 5　　　　　　　　D. 6

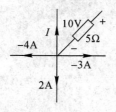

图 1 - 56

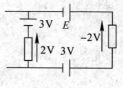

图 1 - 57

7. 如图 1 - 57 所示，$E =$(　　)V。

A. 3　　　　　　　　B. 4　　　　　　　　C. −4　　　　　　　　D. −3

三、计算题

1. 在如图 1-58 所示电路中，$R_1=R_2=R_3=R_4=300\ \Omega$，$R_5=600\ \Omega$，试求开关 S 断开和闭合时 a 和 b 之间的等效电阻。

2. 图 1-59 为电路中截取的部分电路，求 I_1 和 I_2。

3. 电路如图 1-60 所示，其中电阻 $R_1=2\ \Omega$，$R_2=3\ \Omega$，电源电压 $U_{S2}=10$ V，电压 $U_{BE}=3$ V，求电流 I_2。

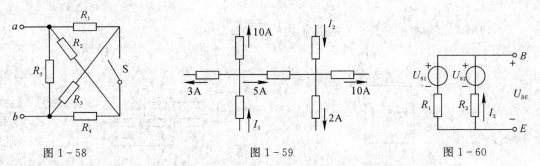

图 1-58   图 1-59   图 1-60

4. 在图 1-61 所示的电路中，$E=6$ V，$R_1=6\ \Omega$，$R_2=3\ \Omega$，$R_3=4\ \Omega$，$R_4=3\ \Omega$，$R_5=1\ \Omega$，试用支路电流法求 I_3 和 I_4。

5. 在图 1-62 所示电路中，求各理想电流源的端电压、功率及各电阻上消耗的功率。

6. 如图 1-63 所示，已知电源电动势 $E_1=48$ V，$E_2=32$ V，电源内阻不计，电阻 $R_1=4\ \Omega$，$R_2=6\ \Omega$，$R_3=16\ \Omega$，试用叠加定理求通过 R_1、R_2、R_3 的电流。

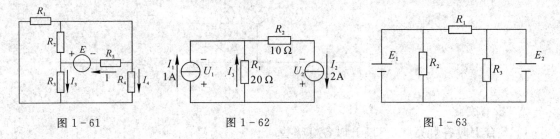

图 1-61   图 1-62   图 1-63

四、识图

读出图 1-64 中电阻的阻值和偏差。

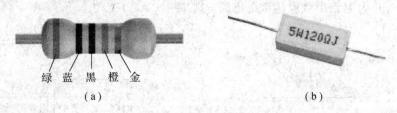

绿 蓝 黑 橙 金

（a）   （b）

图 1-64

项目 2　正弦交流电路

任务 2.1　单相正弦交流电路

一、任务引入

荧光灯是我们日常生活中常见的照明灯具,它主要是由灯管、辉光启动器(启辉器)、镇流器、灯架和灯座组成,其接线原理图如图 2-1 所示。

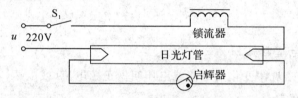

图 2-1　荧光灯接线图

当开关接通的时候,电源电压立即通过镇流器和灯管灯丝加到启辉器的两极。220 伏的电压立即使启辉器的惰性气体电离,产生辉光放电。辉光放电的热量使双金属片受热膨胀,使启辉器内部的动触片膨胀伸长,跟静触片接通,于是镇流器线圈和灯管中的灯丝就有电流通过。电流通过镇流器、启辉器触极和两端灯丝构成通路,灯丝很快被电流加热,发射出大量电子。这时,由于启辉器两极闭合,两极间电压为零,辉光放电消失,管内温度降低使两极断开。在两极断开的瞬间,电路电流突然切断,镇流器产生很大的自感电动势,与电源电压叠加后作用于灯管两端。灯丝受热时发射出来的大量电子,在灯管两端高电压作用下,以极大的速度由低电势端向高电势端运动。在加速运动的过程中,碰撞管内氩气分子,使之迅速电离。氩气电离生热,热量使水银产生蒸气,随之水银蒸气也被电离,并发出强烈的紫外线。在紫外线的激发下,管壁内的荧光粉发出近乎白色的可见光。

以上过程即为荧光灯的发光原理,是一简单的正弦交流电路。本任务从正弦交流电的基础知识讲起,接着分别介绍正弦交流电的相量表示法、单一元件的正弦交流电路、*RLC* 串并联电路和正弦交流电的功率。

二、教学目标

知识目标

☆ 理解正弦交流电的基本概念;

☆ 掌握正弦量的三要素；

☆ 掌握正弦交流电路中的电阻、电感、电容的特性；

☆ 掌握正弦交流电的相量分析方法。

技能目标

☆ 能用相量表示正弦量，并应用相量法进行电路的分析和计算；

☆ 能够运用相关知识对正弦交流电路进行分析；

☆ 能够运用相关知识进行日常电路的接线；

☆ 能计算交流电路的功率。

素质目标

☆ 培养学生查阅资料的能力；

☆ 培养学生的逻辑推理能力和思维能力。

☆ 培养学生对实际问题的分析能力。

三、相关知识

（一）正弦交流电基础知识

大小随时间按正弦规律变化的电流或电压叫做正弦电流（或电压），统称正弦量。

1. 正弦量的三要素

图 2-2(a)表示一段正弦交流电路，电流 i 在所指定的参考方向下，其一般解析式为

$$i(t) = I_m \sin(\omega t + \varphi) \tag{2-1}$$

波形如图 2-2(b)（设 $\varphi > 0$）所示，正弦量的大小、方向随时间变化，瞬时值为正，表示其方向与所选参考方向一致；瞬时值为负，表示其方向与所选参考方向相反。

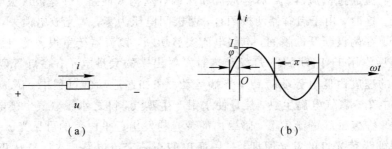

（a）　　　　　　　　　　　　　（b）

图 2-2　正弦量的波形图

正弦量解析式中 I_m 为正弦电流的幅值，它是正弦电流在整个变化过程中所能达到的最大值。正弦量解析式中 $(\omega t + \varphi)$ 叫做正弦量的相位角，简称相位。相位反映了正弦量每一瞬间的状态，随着时间的推移，相位逐渐增大。相位每增加 2π，正弦量经历一个周期。ω 是正弦电流的角频率，它是相位随时间变化的速率，单位是 rad/s，角频率与正弦量的周期和频率有如下关系

$$\omega = \frac{2\pi}{T} = 2\pi f \tag{2-2}$$

ω、T、f 都是反映正弦量变化快慢的量，ω 越大，即 f 越大或 T 越小，正弦量变化越快。直流量也可以看成 $f=0(T=\infty)$ 的正弦量。我国和世界上大多数国家，电力工业的标准频率是 50 Hz，称为"工频"。

$t=0$ 时，正弦交流电 $i(t)=I_m\sin(\omega t+\varphi)$ 的相位为 φ，称其为正弦量的初相位。初相位反映了正弦量在计时起点的状态，规定 $|\varphi|\leqslant 180°$。

正弦量的初相与计时起点的选择有关。当 $t=0$ 时，函数值的正负与对应 φ 的正负号相同，如图 2-3 所示。

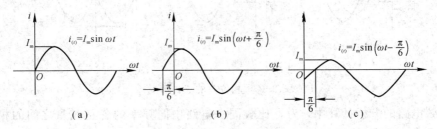

图 2-3　正弦量的初相

如图 2-3(a)所示，当 $\varphi=0$ 时，正弦量达到零值(正弦量一个周期内瞬时值两次为零，规定瞬时值由负向正变化之间的一个叫做它的零值)的瞬间为计时起点；当 $\varphi>0$ 时，正弦波零点在计时起点之左，如图 2-3(b)所示；当 $\varphi<0$ 时，正弦波零点在计时起点之右，如图 2-3(c)所示。

I_m 反映了正弦量的幅度，ω 反映了正弦量变化的快慢，φ 反映了正弦量在 $t=0$ 时的相位角，即反映了正弦量的初始值。一个正弦量的 I_m、ω、φ 确定了，这个正弦量就确定了，故 I_m、ω、φ 合起来称为正弦量的三要素。

【例 2-1】　已知选定参考方向下的波形如图 2-4 所示，试写出正弦量的解析式。

解
$$i_1=250\sin\left(\omega t-\frac{\pi}{6}\right)\text{ A}$$
$$i_2=200\sin\left(\omega t+\frac{\pi}{3}\right)\text{ A}$$

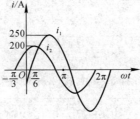

图 2-4　例 2-1图

2. 相位差

设有两个同频率的正弦量为
$$u_1(t)=U_{1m}\sin(\omega t+\varphi_1)，u_2(t)=U_{2m}\sin(\omega t+\varphi_2)$$
它们的相位之差称为相位差，用 φ_{12} 表示，即 $\varphi_{12}=(\omega t+\varphi_1)-(\omega t+\varphi_2)=\varphi_1-\varphi_2$。可见，同频率正弦量的相位差等于它们的初相位之差。

若 $\varphi_{12}>0$，表明 u_1 超前 u_2，或者说 u_2 滞后 u_1，如图 2-5(a)所示。

若 $\varphi_{12}=0$，表明 u_1 与 u_2 同时达到零值和最大值，称之为同相，如图 2-5(b) 所示。

若 $\varphi_{12}=\pm180°$，表明一个正弦量达到正的最大值时，另一个正弦量达到负的最大值，两个正弦量变化步调相反，称之为反相，如图 2-5(c) 所示。

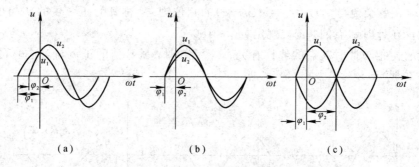

图 2-5 相位差的三种情况

在正弦电路的分析计算中，为了比较同一电路中同频率的各正弦量之间的相位关系，可选其中一个为参考正弦量，取其初相为零。这样，其他正弦量的初相便由它们与参考正弦量之间的相位差来确定。

3. 有效值

交流电压和电流的瞬时值是随时间变化的，无论是测量还是计算都不方便，因此在工程实际中引入有效值。周期量的有效值通常用大写字母表示，如 I、U 等。

交流量的有效值根据电流的热效应原理来规定。如某交流电流和直流电流分别通过同一电阻 R，若在一个周期 T 内所产生的热量相等，则这个直流电流 I 的数值叫做交流电流 i 的有效值，即

$$I^2RT = \int_0^T i^2 R\,\mathrm{d}t$$

经推导，交流电流的有效值为

$$I = \sqrt{\frac{1}{T}\int_0^T i^2\,\mathrm{d}t} \tag{2-3}$$

同理，交流电压的有效值为

$$U = \sqrt{\frac{1}{T}\int_0^T u^2\,\mathrm{d}t}$$

对于正弦量，设 $i(t)=I_m\sin(\omega t+\varphi)$，由式 (2-3) 可知，其有效值为

$$I = \sqrt{\frac{1}{T}\int_0^T i^2\,\mathrm{d}t} = \sqrt{\frac{1}{T}\int_0^T I_m^2\sin^2(\omega t+\varphi)\,\mathrm{d}t}$$

$$= \sqrt{\frac{I_m^2}{2}\frac{1}{T}\int_0^T[1-\cos2(\omega t+\varphi)]\mathrm{d}t} = \frac{I_m}{\sqrt{2}} \tag{2-4}$$

可见，交流电流的有效值等于它的最大值除以 $\sqrt{2}$。

同理，交流电压的有效值与其最大值之间的关系为

$$U = \frac{U_m}{\sqrt{2}} \tag{2-5}$$

交流电器设备铭牌上所标的电压、电流值都是有效值。一般交流电压表、电流表测量

出的电压、电流值，若不加说明，都是指有效值。所以，正弦量的解析式也可以表示为 $i(t)=\sqrt{2} I\sin(\omega t+\varphi)$。

(二) 正弦交流电的相量表示法

用复数表示正弦量，并用于正弦电路分析计算的方法称为正弦量的相量法。

设正弦电流为

$$i=I_{\mathrm{m}}\sin(\omega t+\varphi)=\sqrt{2} I\sin(\omega t+\varphi)$$

把模等于正弦量的有效值，辐角等于正弦量初相位的复数，称为该正弦量的相量。相量由该对应正弦量的有效值符号顶上加一圆点"·"来表示。

相量的模等于正弦量的有效值时，称有效值相量，用 $\dot{I}$ 表示，即

$$\dot{I}=I\angle\varphi \tag{2-6}$$

相量的模等于正弦量的最大值时，称最大值相量，用 $\dot{I}_{\mathrm{m}}$ 表示，即

$$\dot{I}_{\mathrm{m}}=I_{\mathrm{m}}\angle\varphi \tag{2-7}$$

若没有特别说明，通常用有效值相量表示正弦交流电。将一些同频率正弦量的相量画在同一复平面上，所形成的图形叫相量图。

【例 2-2】 已知 $i_1=1.41\sin\left(\omega t+\dfrac{\pi}{6}\right)$ A，$i_2=4\sqrt{2}\sin\left(\omega t-\dfrac{\pi}{3}\right)$ A，写出 i_1 和 i_2 的相量并画相量图。

解　i_1 的相量为

$$\dot{I}_1=\frac{1.41}{\sqrt{2}}\angle\frac{\pi}{6}=1\angle\frac{\pi}{6} \text{ A}$$

i_2 的相量为

$$\dot{I}_2=\frac{4\sqrt{2}}{\sqrt{2}}\angle-\frac{\pi}{3}=4\angle-\frac{\pi}{3} \text{ A}$$

相量图见图 2-6。

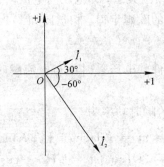

图 2-6　例 2-2 图

(三) 单一元件的正弦交流电路

1. 单电阻元件正弦交流电路

1) 电阻的电压、电流关系

在图 2-7(a)中，设电流为

$$i = \sqrt{2}\,I\sin(\omega t + \varphi_i)$$

关联参考方向下电阻元件的电压、电流关系为

$$u = Ri = \sqrt{2}\,RI\sin(\omega t + \varphi_i) = \sqrt{2}\,U\sin(\omega t + \varphi_u)$$

电阻两端的电压 u 和电流 i 是同频率的正弦量，它们之间的关系为

$$U = IR \qquad\qquad (2-8)$$

$$\varphi_u = \varphi_i \qquad\qquad (2-9)$$

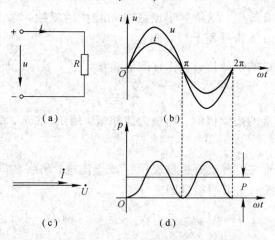

图 2-7　电阻元件的 i、u、p 波形及电压电流相量图

波形如图 2-7(b)所示(设 $\varphi_i = 0$)，其相量关系为

$$\frac{\dot{U}}{\dot{I}} = \frac{U\angle\varphi_u}{I\angle\varphi_i} = R\angle\varphi_u - \varphi_i = R$$

即

$$\dot{U} = \dot{I}R \qquad\qquad (2-10)$$

式(2-10)既表明了 u、i 的相位关系，即电压与电流同相位；又表明了 u、i 的有效值关系，即 $U = IR$，体现了相量形式的欧姆定律。相量图如图 2-7(c)所示。

2) 电阻的功率

在交流电路中，任意瞬间元件的电压瞬时值与电流瞬时值的乘积，叫做该元件的瞬时功率，用小写字母 p 表示。

设 $\varphi_i = 0$，电阻元件所吸收的瞬时功率为

$$p = ui = \sqrt{2}\,U\sin\omega t \cdot \sqrt{2}\,I\sin\omega t$$

$$= 2UI\sin^2\omega t = UI(1 - \cos2\omega t) \qquad\qquad (2-11)$$

p 的波形如图 2-7(d)所示，它是随时间以两倍于电流的频率而变化的。p 的值总是正的，因为电阻是耗能元件。

瞬时功率无实用意义，工程上通常是计算一个周期内瞬时功率的平均值，称为平均功率或有功功率，简称功率，用大写字母 P 表示，其单位是瓦(W)或千瓦(kW)。

$$P = \frac{1}{T}\int_0^T p\,\mathrm{d}t = \frac{1}{T}\int_0^T UI(1 - \cos2\omega t)\,\mathrm{d}t = UI = I^2R = \frac{U^2}{R} \qquad (2-12)$$

【例 2 - 3】　一个电阻 $R=100\ \Omega$，通过的电流 $i(t)=1.41\sin(\omega t+60°)$ A，试求：

（1）R 两端的电压相量 $\dot{U}$ 及瞬时值表达式 u；

（2）R 消耗的功率 P。

解　（1）电流相量为

$$\dot{I}=I\angle\varphi_i=\frac{1.41}{\sqrt{2}}\angle60°=1\angle60°\ \text{A}$$

电压相量为

$$\dot{U}=\dot{I}R=1\angle60°\times100=100\angle60°\ \text{V}$$

电压瞬时值表达式为

$$u=\sqrt{2}U\sin(\omega t+\varphi_u)=141\sin(\omega t+60°)\ \text{V}$$

（2）平均功率为

$$P=UI=1\times100=100\ \text{W}$$

2. 单电感元件正弦交流电路

1）电感的基本知识

（1）电感的概念。

在线圈中通入电流，这一电流使每匝线圈所产生的磁通称为自感磁通。当同一电流通过结构不同的线圈时，所产生的自感磁通量各不相同。为了衡量不同线圈产生自感磁通的能力，引入自感系数（简称电感）这一物理量，用符号 L 表示，其表达式为

$$L=\frac{N\Phi}{I}$$

式中，$N\Phi$ 为 N 匝线圈的总磁通 Ψ_L。

Φ 的单位是韦（伯，Wb），L 的单位是亨（利，H），实际应用中，常用毫亨（mH）和微亨（μH）等，它们之间的关系是

$$1\ \text{H}=10^3\ \text{mH}=10^6\ \mu\text{H}$$

（2）电感器的分类。

电感器种类繁多，按有无磁芯总体上可分为空心线圈和铁心线圈两大类，在电路中电感器用文字符号 L 表示，其电路符号如图 2-8 所示。

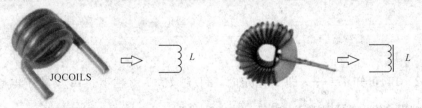

（a）空心电感及电路符号　　　　　　（b）铁芯线圈及电路符号

图 2-8　电感及电路符号

2）电感的电压、电流关系

当电感中的总磁通 Ψ_L 随时间变化时，在线圈的两端会产生一个感应电压 u。感应电压

u 的参考方向与 Ψ_L 成右手螺旋定则关系，根据电磁感应定律，有 $u=\dfrac{\mathrm{d}\Psi_L}{\mathrm{d}t}$。由于 $\Psi_L=N\Phi$，所以当电感 u、i 的方向为关联参考方向时，有

$$u=\frac{\mathrm{d}(Li)}{\mathrm{d}t}=L\frac{\mathrm{d}i}{\mathrm{d}t}$$

若选择电感 u、i 的方向为非关联参考方向，则电感元件的电压、电流的 $u-i$ 关系为

$$u=-L\frac{\mathrm{d}i}{\mathrm{d}t}$$

这就是关联参考方向和非关联参考方向下，电感元件的电压、电流约束关系或电感元件的 $u-i$ 关系。

在图 2-9(a) 中，如果流过电感的电流为 $i=\sqrt{2}\,I\sin(\omega t+\varphi_i)$，则关联参考方向下，电感元件的电压、电流关系为

$$u(t)=L\frac{\mathrm{d}i}{\mathrm{d}t}=\sqrt{2}\,\omega L I\cos(\omega t+\varphi_i)=\sqrt{2}\,\omega L I\sin\left(\omega t+\varphi_i+\frac{\pi}{2}\right)$$

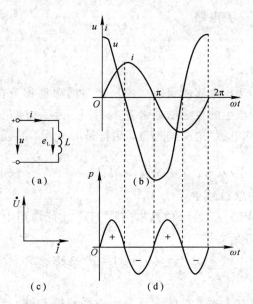

图 2-9　电感元件的 i、u、p 波形及电压电流相量图

这表明电感两端电压 u 和电流 i 是同频率的正弦量，电压超前电流 $\pi/2$，它们之间的关系为

$$\varphi_u = \varphi_i + \frac{\pi}{2} \tag{2-13}$$

$$U = \omega L I \tag{2-14}$$

从式(2-14)可知 $I=\dfrac{U}{\omega L}$，即 U 一定时，ωL 越大，I 就越小。ωL 反映了电感对正弦电流的阻碍作用，称为感抗，用 X_L 表示，其表达式为

$$X_L = \omega L = 2\pi f L \tag{2-15}$$

X_L 的单位为欧姆(Ω)。在 L 一定时，频率越高，感抗越大。当 $\omega=0$ 时(直流)，$X_L=\omega L=0$，因此电感元件在直流电路中处于短路状态；在高频交流电路中，$X_L\rightarrow\infty$，电感如同开路，在工程中把电感的这种性质称为"通直隔交"。

u、i 波形如图 2-9(b)所示(设 $\varphi_i=0$)，其相量关系为

$$\frac{\dot{U}}{\dot{I}}=\frac{U\angle\varphi_u}{I\angle\varphi_i}=X_L\angle\varphi_u-\varphi_i=X_L\angle90°=jX_L$$

即

$$\dot{U}=jX_L\dot{I} \tag{2-16}$$

式(2-16)不仅表明了电感元件电压、电流有效值的关系($U=IX_L$)，也表明了它们之间的相位关系$\left(\text{电压超前电流}\dfrac{\pi}{2}\right)$，相量图如图 2-9(c)所示。

3) 电感的功率

设 $\varphi_i=0$，关联参考方向下电感元件的瞬时功率为

$$p=ui=\sqrt{2}U\sin\left(\omega t+\frac{\pi}{2}\right)\cdot\sqrt{2}I\sin\omega t=2UI\sin\omega t\cos\omega t=UI\sin2\omega t$$

电感的瞬时功率是以两倍于电流的频率按正弦规律变化的，最大值为 UI。

瞬时功率 p 的波形如图 2-9(d)所示。从图中可以看出在电流的第一个 1/4 周期内，电流为正而且增加，电压和电流方向一致，$p>0$，电感元件从外部接受能量，转变为磁场能量储存。第一个 1/4 周期末，电流达到最大值，磁场能量达到最大值。在第二个 1/4 周期内，电流减小，电压和电流方向相反，$p<0$，电感元件向外释放储能，磁场能量减少。到第二个 1/4 周期末，电流为零，磁场能量也为零，原先的储能全部释放给外部。电感中的能量就这样交替进行，在一个周期内吸收和放出的能量相等。电感元件的平均功率为零，因为它是储能元件，不消耗能量，只与外部进行能量的交换。在一个周期内吸收和释放的总功率 P 也可以由式(2-17)计算出

$$P=\frac{1}{T}\int_0^T p\,\mathrm{d}t=\frac{1}{T}\int_0^T UI\sin2\omega t\,\mathrm{d}t=0 \tag{2-17}$$

为了衡量电感与外部进行能量交换的规模，引入无功功率 Q_L，其表达式为

$$Q_L=UI=I^2X_L=\frac{U^2}{X_L} \tag{2-18}$$

U 和 I 分别是电压和电流的有效值，无功功率的单位是乏(Var)或千乏(kVar)。

【例 2-4】　已知一个电感线圈，电感 $L=0.1$ H，电阻可忽略不计，流过它的电流为 $i=15\sqrt{2}\sin(200t+10°)$ A。试求：

(1) 该电感的感抗 X_L；

(2) 电感两端的电压相量 $\dot{U}$ 及瞬时值表达式 u；

(3) 无功功率 Q_L。

解　(1) 感抗为

$$X_L=\omega L=200\times0.1=20\ \Omega$$

(2) 电流相量为

$$\dot{I}=15\angle10°\ \text{A}$$

电压相量为

$$\dot{U}=jX_L\dot{I}=\angle90°\times20\times15\angle10°=300\angle100°\ \text{V}$$

电压瞬时值表达式为

$$u = 300\sqrt{2}\sin(200t + 100°)\ \text{V}$$

（3）无功功率为

$$Q_L = UI = 15 \times 300 = 4500\ \text{Var}$$

3. 单电容元件正弦交流电路

1）电容的基本知识

任何两个彼此绝缘而又相隔很近的导体，都可以看成是一个电容器，两个导体就是电容器的两极，中间的绝缘物质称为电介质。最简单的电容器是平行板电容器，如图2-10所示，它由两块相互平行且靠得很近的绝缘金属板组成，两板之间的空气就是电介质。

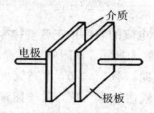

图 2-10　平行板电容器

（1）电容器的充放电特性。

电容器是一种储能元件，基本作用就是充电与放电。如图2-11(a)所示，如果将电容器的两个极板分别接到直流电源的正、负极上，则A、B两个极板上将分别聚集等量异种电荷，其中与电源正极相连的A极板带正电荷，与电源负极相连的B极板带负电荷，这种使电容器储存电荷的过程叫做充电。充电后的电容器用一根导线把两极短接，如图2-11(b)所示，两极板上所带的正、负电荷就会互相中和，电容器不再带电，这种使电容器失去电荷的过程叫做放电，放电后，电容器的两极板上将不再带电。

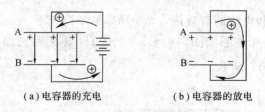

（a）电容器的充电　　　　　　（b）电容器的放电

图 2-11　电容器的充放电

（2）电容的概念。

实验证明，对于同一个电容器，加在两极板之间的电压越高，极板上所带的电量就越多，但电量与电压的比值却是一个常数，而且不同的电容器这个比值一般也不一样。所以，可以用电容器所带的电量与它的两极板之间电压的比值来表征电容器的特性，我们把这个比值就叫做电容器的电容，用符号 C 来表示。

如果用 Q 表示电容器所带电荷量，U 为两极板间的电压，那么 $C = Q/U$。式中，Q 的单位是 C，U 的单位是 V，C 的单位是法（拉，F）。

在实际使用中，通常电容器的电容都较小，法拉（F）单位太大，故常用较小的电容单位微法（μF）和皮法（pF），它们之间的换算关系是

$$1F = 10^6\ \mu F = 10^{12}\ pF$$

（3）电容器的分类。

电容器的种类很多，按结构可分为固定电容器、可变电容器和微调电容器三种。按电介质材料的不同可分为电解电容器、涤纶电容器、瓷介电容器、云母电容器、纸质电容器和陶瓷电容器等。

在电路中各类电容器用文字符号 C 表示，相应的电路符号如下图 2-12 所示。

（a）定值电容器   （b）可变电容器   （c）微调电容器

图 2-12 电容器的符号

2）电容的电压、电流关系

当电容 u、i 的方向为关联参考方向时，有

$$i = \frac{dq}{dt} = \frac{d(Cu)}{dt} = C\frac{du}{dt}$$

这就是关联参考方向下，电容元件的电压、电流约束关系或电容元件的 u-i 关系。

当电容 u、i 的方向为非关联参考方向时，有

$$i = -C\frac{du}{dt}$$

在图 2-13(a)中，如果设电容两端电压为 $u = \sqrt{2}U\sin(\omega t + \varphi_u)$，则电压电流关联参考方向下，电容元件的电压、电流关系为

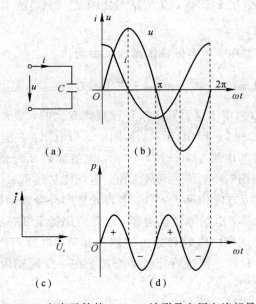

图 2-13 电容元件的 i、u、p 波形及电压电流相量图

$$i = C\frac{\mathrm{d}u}{\mathrm{d}t} = C\frac{\mathrm{d}(\sqrt{2}U\sin(\omega t + \varphi_u))}{\mathrm{d}t} = \sqrt{2}\,\omega CU\cos(\omega t + \varphi_u)$$

$$= \sqrt{2}\,\omega CU\sin\left(\omega t + \varphi_u + \frac{\pi}{2}\right) = \sqrt{2}\,I\sin(\omega t + \varphi_i)$$

这表明，电容两端电压 u 和电流 i 是同频率的正弦量，电流超前电压 $\pi/2$，它们之间的关系如下：

$$\varphi_i = \varphi_u + \frac{\pi}{2} \qquad\qquad (2-19)$$

$$U = \frac{1}{\omega C}I \qquad\qquad (2-20)$$

从式(2-20)可得 $I = \dfrac{U}{1/\omega C}$。当 U 一定时，$\dfrac{1}{\omega C}$ 越大，I 就越小。$\dfrac{1}{\omega C}$ 反映了电容对正弦电流的阻碍作用，称为容抗，用 X_C 表示，即

$$X_C = \frac{1}{\omega C} = \frac{1}{2\pi f C} \qquad\qquad (2-21)$$

X_C 的单位为欧姆(Ω)，在 C 一定时，频率越高，容抗越小。当 $\omega = 0$(直流)时，$X_C \to \infty$，电容元件在直流电路中处于开路状态；在高频交流电路中，$X_C \to 0$，电容处于短路状态，在工程中把电容的这种性质称为"通交隔直"。

u、i 波形如图 2-13(b)所示(设 $\varphi_u = 0$)，其相量关系为

$$\frac{\dot{U}}{\dot{I}} = \frac{U\angle\varphi_u}{I\angle\varphi_i} = X_C\angle -90° = -\mathrm{j}X_C$$

$$\dot{U} = -\mathrm{j}X_C\dot{I} \qquad\qquad (2-22)$$

式(2-22)不仅表明了电容元件电压、电流有效值的关系($U = IX_C$)，也表明了它们之间的相位关系(电流超前电压 $\pi/2$)。u、i 相量图如图 2-13(c)所示。

3) 电容的功率

设 $\varphi_u = 0$，关联参考方向下电容元件的瞬时功率为

$$p = ui = \sqrt{2}U\sin\omega t \cdot \sqrt{2}I\sin\left(\omega t + \frac{\pi}{2}\right) = 2UI\sin\omega t\cos\omega t = UI\sin2\omega t$$

电容的瞬时功率是以两倍于电源频率按正弦规律变化的，最大值为 UI。

瞬时功率 p 的波形如图 2-13(d)所示。从图中可以看出，在电压的第一个 1/4 周期内，电压为正而且增加，电压和电流方向一致，$p > 0$，电容元件从外部接受能量，转变为电场能量储存。第一个 1/4 周期末，电压达到最大值，电场能量达到最大值，在第二个 1/4 周期内，电压减小，电压和电流方向相反，$p < 0$，电容元件向外释放储能，电场能量减少。到第二个 1/4 周期末，电压为零，电场能量也为零，原先的储能全部释放给外部。电容中的能量就这样交替进行，在一个周期内吸收和放出的能量相等。电容元件的平均功率为零，它是储能元件，不消耗能量，只与外部进行能量的交换。在一个周期内吸收和释放的总功率 P 也可以由式(2-23)计算

$$P = \frac{1}{T}\int_0^T p\,\mathrm{d}t = \frac{1}{T}\int_0^T UI\sin2\omega t\,\mathrm{d}t = 0 \qquad\qquad (2-23)$$

同样，为了衡量电容与外部进行能量交换的规模，引入无功功率 Q_C，其计算公式为

$$Q_C = UI = I^2 X_C = \frac{U^2}{X_C} \qquad (2-24)$$

U 和 I 分别是电压和电流的有效值，无功功率的单位是乏（Var）或千乏（kVar）。

【例 2-5】　流过 0.5 F 电容的电流 $i = \sqrt{2}\sin(100t - 30°)$ A，试求：

（1）该电容的容抗 X_C；

（2）电容两端的电压相量 $\dot{U}$ 及瞬时值表达式 u；

（3）无功功率 Q_C。

解　（1）容抗为

$$X_C = \frac{1}{\omega C} = \frac{1}{100 \times 0.5} = 0.02 \ \Omega$$

（2）电流相量为

$$\dot{I} = 1\angle -30° \ \text{A}$$

电压相量为

$$\dot{U} = -\mathrm{j}X_C \dot{I} = 0.02\angle -90° \times \angle -30° = 0.02\angle -120° \ \text{V}$$

电压瞬时值表达式为

$$u = 0.02\sqrt{2}\sin(100t - 120°) \ \text{V}$$

（3）无功功率为

$$Q_C = UI = 0.02 \times 1 = 0.02 \ \text{Var}$$

（四）RLC 串并联正弦交流电路

1. RLC 串联正弦交流电路

1）电压电流关系

RLC 串联电路如图 2-14 所示，按照关联参考方向选各量参考方向示于图中，由于各元件电流相等，故以电流为参考量。

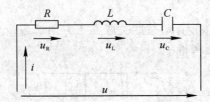

图 2-14　RLC 串联电路

设 $\dot{I} = I\angle 0°$，则各元件的电压相量分别为

$$\dot{U}_R = \dot{R}I, \quad \dot{U}_L = \mathrm{j}X_L \dot{I}, \quad \dot{U}_C = -\mathrm{j}X_C \dot{I}$$

由 KVL 得端口电压相量关系为

$$\dot{U} = \dot{U}_R + \dot{U}_L + \dot{U}_C = \dot{I}[R + \mathrm{j}(X_L - X_C)] = \dot{I}(R + \mathrm{j}X) = \dot{I}Z \qquad (2-25)$$

式中，$X = X_L - X_C$，称为电抗（Ω）；$Z = R + \mathrm{j}X$ 称为复阻抗（Ω）。

复阻抗也可以表示为极坐标形式，即

$$Z = |Z| \angle \varphi$$

式中，$|Z|$ 是复阻抗的模，称为阻抗；φ 是复阻抗的辐角，称为阻抗角。

端口电压大小的关系为

$$U = \sqrt{U_R^2 + (U_L - U_C)^2} \tag{2-26}$$

2）电路的性质

RLC 串联电路有以下三种不同性质：

（1）当电抗 $X > 0$，即 $X_L > X_C$ 时，$U_L > U_C$，$\dot{U}_X = \dot{U}_L + \dot{U}_C$ 比电流超前 $\pi/2$，阻抗角 $\varphi > 0$，电压 $\dot{U}$ 超前电流 $\dot{I}$ φ 角度，电感的作用大于电容的作用，此时电路呈感性。相量图如图2-15(a)所示。

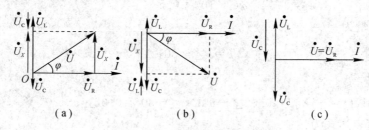

图 2-15 RLC 串联电路的相量图

（2）当电抗 $X < 0$，即 $X_L < X_C$ 时，$U_L < U_C$，$\dot{U}_X = \dot{U}_L + \dot{U}_C$ 比电流滞后 $\pi/2$，阻抗角 $\varphi < 0$，电压 $\dot{U}$ 滞后电流 $\dot{I}$ φ 角度，电容的作用大于电感的作用，此时电路呈容性。相量图如图2-15(b)所示。

（3）当电抗 $X = 0$，即 $X_L = X_C$ 时，$U_L = U_C$，$U_X = U_L + U_C = 0$，阻抗角 $\varphi = 0$，电压 $\dot{U}$ 与电流 $\dot{I}$ 同相，这样的电路叫串联谐振电路，此时电路呈电阻性。相量图如图2-15(c)所示。

2. RLC 并联正弦交流电路

1）电压电流关系

RLC 并联电路如图2-16所示，按照关联参考方向选各量参考方向示于图中，由于各元件电压相等，故以电压为参考量。

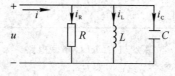

图 2-16 RLC 并联电路

设 $\dot{U} = U \angle 0°$，则各元件的电流相量分别为

$$\dot{I}_R = \frac{\dot{U}}{R} = G\dot{U}, \quad \dot{I}_L = \frac{\dot{U}}{jX_L} = -jB_L\dot{U}, \quad \dot{I}_C = \frac{\dot{U}}{-jX_C} = jB_C\dot{U}$$

式中，$G = \dfrac{1}{R}$ 称为电导；$B_L = \dfrac{1}{X_L}$ 称为感纳；$B_C = \dfrac{1}{X_C}$ 称为容纳。

由 KCL 得端口电流相量之间的关系为

$$\dot{I} = \dot{I}_R + \dot{I}_L + \dot{I}_C = \dot{U}[G + j(B_C - B_L)] = \dot{U}(G + jB) = \dot{U}Y \qquad (2-27)$$

式中，$Y = G + jB$ 称为复导纳；$B = B_C - B_L$ 称为电纳。

端口电流大小的关系为

$$I = \sqrt{I_R^2 + (I_C - I_L)^2} \qquad (2-28)$$

2）电路的性质

RLC 并联电路有以下三种不同性质：

（1）当电纳 $B > 0$，即 $B_C > B_L$ 时，$I_C > I_L$，$\dot{I}_B = \dot{I}_C + \dot{I}_L$ 比电压超前 $\pi/2$，阻抗角 $\varphi > 0$，端口电流超前端口电压 φ 角度，电容的作用大于电感的作用，此时电路呈容性。相量图如图 2-17（a）所示。

（2）当电纳 $B < 0$，即 $B_C < B_L$ 时，$I_C < I_L$，$\dot{I}_B = \dot{I}_C + \dot{I}_L$ 比电压滞后 $\pi/2$，阻抗角 $\varphi < 0$，端口电压超前端口电流 φ 角度，电感的作用大于电容的作用，此时电路呈感性。相量图如图 2-17（b）所示。

（3）当电纳 $B = 0$，即 $B_C = B_L$ 时，$I_C = I_L$，$\dot{I}_B = \dot{I}_C + \dot{I}_L = 0$，阻抗角 $\varphi = 0$，端口电流与端口电压同相，这也是一种特殊情况，称为并联谐振，此时电路呈阻性。相量图如图 2-17（c）所示。

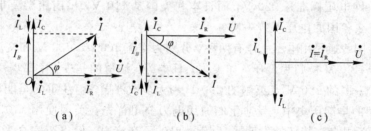

图 2-17　RLC 并联电路相量图

（五）单相正弦交流电路的功率

正弦交流电路的功率分为有功功率、无功功率和视在功率。

1. 有功功率

正弦交流电路的有功功率为

$$P = UI\cos\varphi \qquad (2-29)$$

如果二端网络仅由 R、L、C 元件组成，可以证明，有功功率等于各电阻消耗的平均功率之和，即 $P = U_R I_R = I_R^2 R = \dfrac{U_R^2}{R}$，单位为瓦（W）或千瓦（kW）。

2. 无功功率

交流电路中，除了消耗能量外，还存在着能量的交换。电路的无功功率为

$$Q = UI\sin\varphi \qquad (2-30)$$

无功功率的单位为乏（Var）或千乏（kVar）。

3. 视在功率

交流电路中，电压与电流有效值的乘积，称为视在功率，用 S 表示，其计算公式为

$$S=UI=\sqrt{P^2+Q^2}$$

视在功率的单位为伏安(VA)或千伏安(kVA)。

有功功率 P、无功功率 Q 和视在功率 S 组成一直角三角形，称为功率三角形，如图 2-18 所示，P 与 S 的夹角 φ 称为功率因数角。

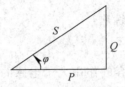

图 2-18　功率三角形

4. 功率因数

有功功率与视在功率的比值叫做电路的功率因数，用 λ 表示，即

$$\lambda=\frac{P}{S}=\cos\varphi=\frac{R}{|Z|}$$

四、知识拓展

我国民用电网电压标准是 220 V，而日本和美国是 110 V，出门旅游要带变压转接头。这么麻烦，为什么各国的电压不统一呢？

目前世界各国普通民用电压大体有两种，分别为交流 100 V～130 V 和交流 220～240 V 两个类型。100～130 V 被归为低压，如美国、日本等，注重的是安全；220～240 V 则归为高压，其中包括中国的 220 V 及英国的 230 V 和大多欧洲国家，注重的是能源转换效率。

在电能使用的早期历史中，爱迪生的通用电力公司首先在美国使用 110 V 电压为用户供给直流电。而后几年，特斯拉发明了三相的 240 V 交流电，但出于安全考虑他也把电压降低到了 110 V，并最终在西屋电气公司的资助下，他的交流电体系成为了美国的供电标准，确定为 110 V/60 Hz 规格。商用交流电大获成功之后，欧洲迅速引进了交流发电、馈电技术。后因 110 V 电压较低，同功率下比 220 V 时电流大，用铜多，电网传输损耗较大，所以当时处于欧洲垄断地位的德国 AEG 公司主导将电压规格改为了 220 V。此电压规格由 110 V 电压而来，技术改造相对最简单，于是在欧洲国家就形成了 220 V/50 Hz 的交流电网标准。

由于历史原因，供电系统出现在中国的半殖民时期，最早的交流电网并没有统一的标准，只是局部的小型电网，设备由各发达工业国提供，规格自然五花八门。1949 年以后，中国的工业化全面转向苏联模式，电网建设也遵照苏联标准，而苏联采用的也是欧洲标准，于是 220 V/50 Hz 最终定为中国的电网标准。

采用 220 V/50 Hz 交流电作为电网电压有以下四个优势：

(1) 输送同样的功率，220 V 比 110 V 能源损耗少；

(2) 电压提高一倍，输电线的导线截面积可以减小一半，减少材料用量。

(3) 考虑实际线路干扰和损耗，高电压传输的距离更远；

（4）220 V 电网电压频率是 50 Hz，与 110 V 电压 60 Hz 的频率相比较，电动机功率体积比更小，能节约很多制造电机的材料。

五、技能训练

日光灯电路的设计与安装调试

1. 设计要求

（1）了解日光灯电路的工作原理及其电路连接。

（2）以日光灯电路作为感性负载，要求电路的功率因数由 0.2 提高到 0.8 左右，并计算相应的元件参数。

2. 电路与所需设备

日光灯电路由灯管、镇流器、启辉器及电容器等部件组成，如图 2-19 所示。

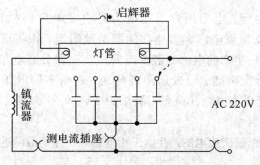

图 2-19　日光灯电路

需要准备的设备有：日光灯电路板 1 块；交流电压表、交流电流表各 1 块；功率表 1 只；电容若干；数字式万用表一块。

3. 整体电路安装调试

（1）首先用万用表检测日光灯灯管和电感镇流器，用万用表电阻档测试灯管两端的两极，若导通说明灯丝没有损坏；用电阻挡测试镇流器，若通则好，不通则表明镇流器烧坏了。

（2）按图 2-19 连接电路，测试相关电流数据。

（3）断开电路，加入并联电容，再接通电路，观察随着不同并联电容的接入总电流的变化情况，并由此判断电路的性质，计算出功率。

任务 2.2　三相正弦交流电路

一、任务引入

电力系统是由发电厂、送变电线路、供配电所和电力用户等环节组成的电能生产与消费系统，如图 2-20 所示。它的功能是将自然界的一次能源通过发电动力装置转化成电能，再经输电、变电和配电将电能供应到各用户。为实现这一功能，电力系统在各个环节和不同层次还具有相应的信息与控制系统，对电能的生产过程进行测量、调节、控制、保护、通信和调度，以保证用户获得安全、优质的电能。

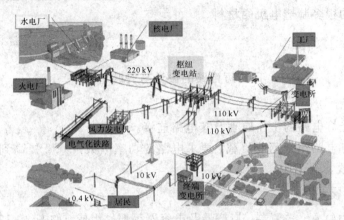

图 2-20　电力系统示意图

电力的生产和输送过程：电力用户所需电力是由发电厂（例如火电厂、水电厂、核电厂、风力发电等）生产的，但发电厂大多建在能源基地附近，往往离用户很远。为了减少电力输送的线路损耗，发电厂生产的电力一般要经升压变压器升高电压，比如升高到 220 kV，再经过枢纽变电站进行分配电能，经过远距离传送，送给不同电压等级的电力用户；送到用户附近后，再经降压变压器将电压降低（降到 10 kV、0.4 kV 等）后，供给不同的用户（如工厂、居民等）使用。

本任务主要介绍三相正弦交流电的产生、三相电源和三相负载的连接以及三相电路的功率。

二、教学目标

知识目标

☆ 掌握线电压、相电压、线电流、相电流的基本概念及其关系；
☆ 掌握三相交流电的供电方式；
☆ 掌握三相负载的连接方式及其选择方法。

技能目标

☆ 熟练掌握三相对称负载的星形、三角形连接方式；
☆ 能够分析简单的三相电路并计算三相电功率。

素质目标

☆ 培养学生对实际问题的分析、抽象、理解、思考能力；
☆ 培养学生独立思考，勇于探索的精神和能力。

三、相关知识

（一）三相正弦交流电的产生

三相交流电是由三相交流发电机产生的。图 2-21(a)是三相交流发电机的示意图。在磁极间放一圆柱形铁心,圆柱表面上对称安放三个完全相同的线圈,叫做三相绕组。铁心和绕组合称为转子。U_1、V_1、W_1 为绕组的首端,U_2、V_2、W_2 分别为它的末端,空间上相差 120° 的相位角。当发电机转子以角速度 ω 逆时针旋转时,在三相绕组的两端会产生幅值相等、频率相同、相位依次相差 120° 的正弦交流电,这一组正弦交流电叫作对称三相正弦电。电压的参考方向规定为由绕组的首端指向末端,如图 2-21(b)所示。

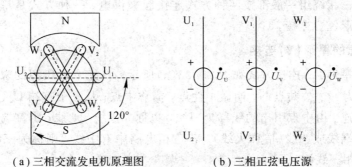

（a）三相交流发电机原理图　　　　（b）三相正弦电压源

图 2-21　三相交流发电机原理图

以 U 相电压为参考量,它们的解析式为

$$\begin{cases} u_U = U_{pm}\sin\omega t \\ u_V = U_{pm}\sin(\omega t - 120°) \\ u_W = U_{pm}\sin(\omega t + 120°) \end{cases} \tag{2-31}$$

其中,U_{pm} 为绕组两端产生的正弦电压的幅值。

它们的波形图和相量图如图 2-22(a)、(b)所示,对应的相量为

$$\begin{cases} \dot{U}_U = U\angle 0°\ V \\ \dot{U}_V = U\angle -120°\ V \\ \dot{U}_W = U\angle 120°\ V \end{cases} \tag{2-32}$$

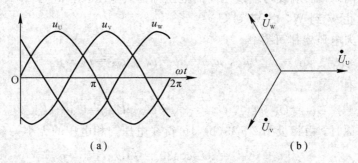

（a）　　　　　　　　　　　（b）

图 2-22　对称三相电源的电压波形图和相量图

三相交流电在相位上的先后次序称为相序。上述 U 相超前于 V 相,V 相超前于 W 相的顺序,叫做正序;反之 U 相超前于 W 相,W 相超前于 V 相的顺序,叫做负序。工程上通用的相序都是正序,通常以黄、绿、红三种颜色分别作为 U、V、W 三相的标记。

从波形图可以看出,任意时刻三个正弦电压的瞬时值之和恒等于零,即

$$u_U + u_V + u_W = 0 \tag{2-33}$$

其相量关系为 $\dot{U}_U + \dot{U}_V + \dot{U}_W = 0$，即对称的三个正弦量的相量（瞬时值）之和也为零。

(二) 三相正弦交流电源的连接

三相发电机的每一相绕组都是独立的电源，可以单独地接上负载，成为单独使用的三相电路。但这样使用的导线根数较多，所以这种电路实际上是不应用的。

三相电源的三相绕组一般都按两种方式连接起来供电，一种方式是星形（Y）连接，另一种方式是三角形（△）连接。

1. 三相电源的星形（Y）连接

三相电源的星形（Y）连接方式如图 2-23（a）所示，将三个电压源的末端 U_2、V_2、W_2 连接在一起，成为一个公共点 N，叫做中性点，简称中点；从三个首端 U_1、V_1、W_1 引出三根线与外电路相连。由中点引出的线称为中线，也称为零线、地线；由首端 U_1、V_1、W_1 引出的三根线称为端线或相线（俗称火线）。若三相电路中有中线，则称为三相四线制；若无中线，则称为三相三线制。

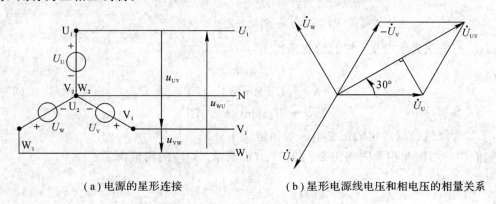

（a）电源的星形连接　　　　　　（b）星形电源线电压和相电压的相量关系

图 2-23　三相电源的星形连接

在三相电路中，每一相电压源两端的电压称为相电压，用 u_U、u_V、u_W 表示，参考方向规定为由首端指向末端；端线与端线之间的电压称为线电压，用 u_{UV}、u_{VW}、u_{WU} 表示，参考方向由 U 到 V，由 V 到 W，由 W 到 U。

根据基尔霍夫电压定律可得

$$u_{UV} = u_U - u_V, \quad u_{VW} = u_V - u_W, \quad u_{WU} = u_W - u_U$$

用相量表示为

$$\dot{U}_{UV} = \dot{U}_U - \dot{U}_V, \quad \dot{U}_{VW} = \dot{U}_V - \dot{U}_W, \quad \dot{U}_{WU} = \dot{U}_W - \dot{U}_U$$

当相电压对称时，由相量图 2-23（b），可得线电压与相电压的大小关系为

$$U_{UV} = 2U_U \cos 30° = \sqrt{3} U_U$$

在相位上线电压 $\dot{U}_{UV}$ 超前相电压 $\dot{U}_U$ 的角度为 30°，即 $\dot{U}_{UV} = \sqrt{3} \dot{U}_U \angle 30°$，同理可得

$$\dot{U}_{VW} = \sqrt{3} \dot{U}_V \angle 30°, \quad \dot{U}_{WU} = \sqrt{3} \dot{U}_W \angle 30°$$

这表明线电压也是一组对称三相正弦量，线电压的大小是相电压大小的 $\sqrt{3}$ 倍，在相位上线电压超前相应的相电压 30°。

线电压的有效值用 U_l 表示，相电压的有效值用 U_p 表示，$U_l = \sqrt{3} U_p$。

电源作星形(Y)连接时，可提供给负载 380 V 和 220 V 两种规格的电压，在低压配电系统中线电压为 380 V，相电压为 220 V。

2. 三相电源的三角形(△)连接

将三个电压源首末端依次相连，形成闭合回路，从三个连接点引出三根端线。当三相电源作△形连接时，只能是三相三线制，而且线电压就等于相电压，分别表示为

$$\dot{U}_{UV} = \dot{U}_U, \quad \dot{U}_{VW} = \dot{U}_V, \quad \dot{U}_{WU} = \dot{U}_W$$

三相电源的三角形(△)连接如图 2-24 所示。电源作三角形(△)连接时，可提供给负载一种规格的电压。

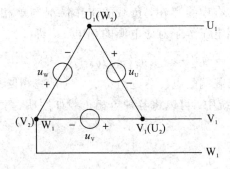

图 2-24 三相电源的三角形连接

当对称三相电源连接时，只要连接正确，$u_U + u_V + u_W = 0$ 电源内部无环流。但是，如果某一相的始端与末端接反，则会在回路中引起环流，造成事故。

(三) 三相负载的连接

1. 三相负载的星形连接

三相负载即三相电源的负载，由互相连接的三个负载组成，其中每个负载称为一相负载。在三相电路中，负载有两种情况：一种是负载是单相的，例如电灯、日光灯等照明负载，但是多个单相负载通过适当的连接，可以组成三相负载。另一种是三相负载，如电动机，它需要接入三相电源才能工作。它的三相绕组中的每一相绕组也是单相负载，所以存在如何将三个单相绕组连接起来接入电网的问题。

在三相交流电路中，负载的连接方式有两种，即星形(Y)连接和三角形(△)连接。三相负载的 Y 形连接就是把三个负载的一端连接在一起，形成一个公共端点 N′；负载的另一端分别与电源三根端线连接。如果电源为星形连接，则负载公共点 N′ 与电源中点 N 的连线称为中线，两点间的电压 $U_{N'N}$ 称为中点电压。若电路中有中线连接，则构成三相四线制电路；若没有中线连接或电源为三角形连接，则构成三相三线制电路。

负载 Y 形连接的三相四线制电路如图 2-25 所示，其中流过端线的电流为线电流，流过每一相负载的电流为相电流，参考方向选择从电源流向负载。从图 2-25 可以看出，负载相电流等于线电流，流过中线的电流为中线电流，参考方向选择由负载中性点流向电源中性点。

若每相负载的复阻抗都相同，即 $Z_U = Z_V = Z_W = Z$，则称为对称负载。三相电路中若电源对称，负载也对称，则电路称为对称三相电路。

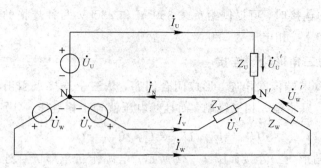

图 2-25 三相负载的星形连接

在三相四线制中，因为有中线存在，负载的工作情况与单相交流电路相同。若忽略连接导线上的阻抗，则负载相电压等于对应电源的相电压，即

$$\dot{U}'_U = \dot{U}_U, \quad \dot{U}'_V = \dot{U}_V, \quad \dot{U}'_W = \dot{U}_W$$

不论负载对称与否，负载端的电压总是对称的，这是三相四线制电路的一个重要特点。因此，在三相四线制供电系统中，可以将各种单相负载如照明、家用电器接入其中任意一相使用。

负载各相电流为

$$\dot{I}_U = \frac{\dot{U}_U}{Z_U}, \quad \dot{I}_V = \frac{\dot{U}_V}{Z_V}, \quad \dot{I}_W = \frac{\dot{U}_W}{Z_W}$$

中线电流为

$$\dot{I}_N = \dot{I}_U + \dot{I}_V + \dot{I}_W$$

如果电源相电压对称，负载也对称，此时负载端相电流大小相等，相位依次相差120°，也是一组对称的正弦量，即

$$\dot{I}_U = \frac{\dot{U}_U}{Z}$$

$$\dot{I}_V = \frac{\dot{U}_V}{Z} = \frac{\dot{U}_U \angle -120°}{Z} = \dot{I}_U \angle -120°$$

$$\dot{I}_W = \frac{\dot{U}_W}{Z} = \frac{\dot{U}_U \angle 120°}{Z} = \dot{I}_U \angle 120°$$

此时，中线电流为 $\dot{I}_N = \dot{I}_U + \dot{I}_V + \dot{I}_W = \dot{I}_U + \dot{I}_U \angle -120° + \dot{I}_U \angle 120° = 0$，中线没有电流通过。把中线去掉，对电路没有影响，此时电源和负载构成三相三线制电路。

【例 2-6】 三相三线制电路中，电源和负载都是星形连接，已知三相对称电源的线电压 $U_l = 380$ V，三相对称负载的每相阻抗 $Z = 6 + j8$ Ω，求各相电流、相电压，并画出相电压与相电流的相量图。

解 先求相电压为

$$U_p = \frac{U_l}{\sqrt{3}} = \frac{380}{\sqrt{3}} = 220 \text{ V}$$

设 $\dot{U}_{UV}$ 的初相为 0°，即 $\dot{U}_{UV} = 380 \angle 0°$ V，则

$$\dot{U}_{\mathrm{U}}=220\angle-30°\ \mathrm{V}$$

根据对称关系，有

$$\dot{U}_{\mathrm{V}}=220\angle-150°\ \mathrm{V},\ \dot{U}_{\mathrm{W}}=220\angle90°\ \mathrm{V}$$

每相阻抗为

$$Z=6+\mathrm{j}8\Omega=10\angle53°\ \Omega$$

各相电流为

$$\dot{I}_{\mathrm{U}}=\frac{\dot{U}_{\mathrm{U}}}{Z}=\frac{220\angle-30°}{10\angle53°}=22\angle-83°\ \mathrm{A}$$

$$\dot{I}_{\mathrm{V}}=\frac{\dot{U}_{\mathrm{V}}}{Z}=\frac{220\angle-150°}{10\angle53°}=22\angle-203°\ \mathrm{A}$$

$$\dot{I}_{\mathrm{W}}=\frac{\dot{U}_{\mathrm{W}}}{Z}=\frac{220\angle90°}{10\angle53°}=22\angle37°\ \mathrm{A}$$

相量图如图 2-26 所示。

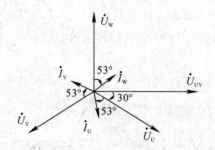

图 2-26　相量图

【例 2-7】　三相四线制电路中，电源为星形连接，星形负载各相阻抗分别为 $Z_{\mathrm{U}}=8+\mathrm{j}6\ \Omega$，$Z_{\mathrm{V}}=3-\mathrm{j}4\ \Omega$，$Z_{\mathrm{W}}=10\ \Omega$，电源线电压为 380 V，求各相电流及中线电流。

解　电源为星形连接，则由题意知

$$U_{\mathrm{P}}=\frac{U_{l}}{\sqrt{3}}=\frac{380}{\sqrt{3}}=220\ \mathrm{V}$$

设 $\dot{U}_{\mathrm{U}}=220\angle0°\ \mathrm{V}$，则各相负载的相电流为

$$\dot{I}_{\mathrm{U}}=\frac{\dot{U}_{\mathrm{U}}}{Z_{\mathrm{U}}}=\frac{220\angle0°}{8+\mathrm{j}6}=\frac{220\angle0°}{10\angle36.9°}=22\angle-36.9°\ \mathrm{A}$$

$$\dot{I}_{\mathrm{V}}=\frac{\dot{U}_{\mathrm{V}}}{Z_{\mathrm{V}}}=\frac{220\angle-120°}{3-\mathrm{j}4}=\frac{220\angle-120°}{5\angle-53.1°}=44\angle-66.9°\ \mathrm{A}$$

$$\dot{I}_{\mathrm{W}}=\frac{\dot{U}_{\mathrm{W}}}{Z_{\mathrm{W}}}=\frac{220\angle120°}{10}=\frac{220\angle120°}{10\angle0°}=22\angle120°\ \mathrm{A}$$

中线电流为

$$\begin{aligned}
\dot{I}_{\mathrm{N}}&=\dot{I}_{\mathrm{U}}+\dot{I}_{\mathrm{V}}+\dot{I}_{\mathrm{W}}=22\angle-36.9°+44\angle-66.9°+22\angle120°\\
&=17.6-\mathrm{j}13.2+17.3-\mathrm{j}40.5-11+\mathrm{j}19.1\\
&=23.9-\mathrm{j}34.6=42\angle-55.4°\ \mathrm{A}
\end{aligned}$$

通过例 2-6 和例 2-7 可以分析出，当不对称负载为 Y 型连接时，中线上就会产生电流，这时中线不能断开，否则会导致负载每相电压不对称，有的负载上的电压会超过额定电压，而有些负载的电压可能会低于额定电压，使负载不能正常工作。因此，三相四线制在负载不对称时应当保证中线的可靠连接。为了防止意外，中线上绝对不允许安装开关或者保险丝。

2. 三相负载的三角形连接

三相负载的三角形(△)连接就是将三相负载首尾连接，再将三个连接点与三根电源端线相连。如图 2-27(a)所示，此时只能构成三相三线制，各电流参考方向示于图中。

负载三角形连接时，电路有以下基本关系：

(1) 各相负载两端电压为电源线电压。

(2) 各相电流可按单相正弦交流电路计算，即

$$\dot{I}_{UV}=\frac{\dot{U}_{UV}}{Z_{UV}} \ , \ \dot{I}_{VW}=\frac{\dot{U}_{VW}}{Z_{VW}} \ , \ \dot{I}_{WU}=\frac{\dot{U}_{WU}}{Z_{WU}}$$

(3) 各线电流可利用基尔霍夫电流定律(KCL)计算得到

$$\dot{I}_{U}=\dot{I}_{UV}-\dot{I}_{WU} \ , \ \dot{I}_{V}=\dot{I}_{VW}-\dot{I}_{UV} \ , \ \dot{I}_{W}=\dot{I}_{WU}-\dot{I}_{VW}$$

如果电源电压对称，负载对称，则负载的相电流也是对称的，从相量图 2-27(b)可求出线电流与相电流的关系。

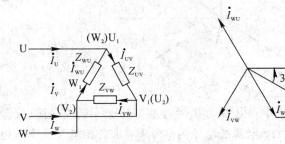

(a) 负载的三角形连接　　　(b) 三角形负载线电流和相电流的相量关系

图 2-27　三相负载的三角形连接

线电流与相电流大小关系为 $I_{U}=2I_{UV}\cos30°=\sqrt{3}\,I_{UV}$，在相位上，线电流 $\dot{I}_{U}$ 滞后相应的相电流 $\dot{I}_{UV}$ 的角度为 $30°$，即 $\dot{I}_{U}=\sqrt{3}\,\dot{I}_{UV}\angle-30°$

同理可得

$$\dot{I}_{V}=\sqrt{3}\,\dot{I}_{VW}\angle-30° \ , \ \dot{I}_{W}=\sqrt{3}\,\dot{I}_{WU}\angle-30°$$

可见，线电流也是一组对称三相正弦量，其有效值为相电流的 $\sqrt{3}$ 倍，在相位上滞后于相应的相电流 $30°$。

线电流有效值用 I_l 表示，相电流有效值用 I_p 表示，$I_l=\sqrt{3}\,I_p$。

【例 2-8】 对称负载接成三角形，接入线电压为 380 V 的三相电源，若每相阻抗 $Z=6+j8\ \Omega$，求负载各相电流及各线电流。

解 设 $\dot{U}_{UV}=380\angle0°$ V，则有

$$\dot{I}_{UV} = \frac{\dot{U}_{UV}}{Z} = \frac{380\angle 0°}{6+j8} = \frac{380\angle 0°}{10\angle 53.1°} = 38\angle -53.1° \text{ A}$$

$$\dot{I}_{VW} = \frac{\dot{U}_{VW}}{Z} = \frac{380\angle -120°}{6+j8} = 38\angle -173.1° \text{ A}$$

$$\dot{I}_{WU} = \frac{\dot{U}_{WU}}{Z} = \frac{380\angle 120°}{6+j8} = 38\angle 66.9° \text{ A}$$

负载各线电流为

$$\dot{I}_{U} = \sqrt{3}\,\dot{I}_{UV}\angle -30° = \sqrt{3}\times 38\angle -53.1° -30° = 66\angle -83.1° \text{ A}$$

$$\dot{I}_{V} = \sqrt{3}\,\dot{I}_{VW}\angle -30° = 66\angle 156.9° \text{ A}$$

$$\dot{I}_{W} = \sqrt{3}\,\dot{I}_{WU}\angle -30° = 66\angle 36.9° \text{ A}$$

(四) 三相电路的功率

三相电路总的有功功率等于各相有功功率之和，即

$$P = P_{U} + P_{V} + P_{W} = U_{U}I_{U}\cos\varphi_{U} + U_{V}I_{V}\cos\varphi_{V} + U_{W}I_{W}\cos\varphi_{W}$$

其中，U_{U}、U_{V}、U_{W} 分别为负载各相电压的有效值；I_{U}、I_{V}、I_{W} 分别为各相电流的有效值；φ_{U}、φ_{V}、φ_{W} 为各相负载的阻抗角。

若三相负载对称，则

$$P = 3U_{p}I_{p}\cos\varphi$$

当对称负载 Y 形连接时

$$U_{l} = \sqrt{3}U_{p}, \ I_{l} = I_{p}$$

有

$$P = 3U_{p}I_{p}\cos\varphi = \sqrt{3}U_{l}I_{l}\cos\varphi$$

当对称负载△形连接时

$$U_{l} = U_{p}, \ I_{l} = \sqrt{3}I_{p}$$

有

$$P = 3U_{p}I_{p}\cos\varphi = \sqrt{3}U_{l}I_{l}\cos\varphi$$

故在对称三相电路中，无论负载接成星形还是三角形，总有功功率均为

$$P = \sqrt{3}U_{l}I_{l}\cos\varphi \tag{2-34}$$

三相电路总的无功功率也等于三相无功功率之和，在对称三相电路中，三相无功功率为

$$Q = 3U_{p}I_{p}\sin\varphi = \sqrt{3}U_{l}I_{l}\sin\varphi \tag{2-35}$$

三相视在功率为

$$S = \sqrt{P^{2}+Q^{2}} \tag{2-36}$$

一般情况下，三相负载的视在功率不等于各相视在功率之和。只有在负载对称时，三相视在功率才等于各相视在功率之和。对称三相负载的视在功率为

$$S = 3U_{p}I_{p} = \sqrt{3}U_{l}I_{l}$$

【例 2-9】 一对称三相电源和负载作星形连接，每相负载为 $Z = R + jX = 6 + j8 \ \Omega$。已知 $U_{l} = 380$ V，求三相总的有功功率 P。

解 每相负载的功率因数为

$$\cos\varphi = \frac{R}{|Z|} = \frac{6}{\sqrt{6^2+8^2}} = 0.6$$

相电压为

$$U_p = \frac{U_l}{\sqrt{3}} = \frac{380}{\sqrt{3}} = 220 \text{ V}$$

负载相电流为

$$I_p = \frac{U_p}{|Z|} = \frac{220}{10} = 22 \text{ A}$$

有功功率为

$$P = 3U_p I_p \cos\varphi = 3 \times 220 \times 22 \times 0.6 = 8.7 \text{ kW}$$
$$P = \sqrt{3}U_l I_l \cos\varphi = \sqrt{3} \times 380 \times 22 \times 0.6 = 8.7 \text{ kW}$$
$$P = 3 \times I_p^2 \times R = 3 \times 22^2 \times 6 = 8.7 \text{ kW}$$

四、知识拓展

汽车交流发电机

发电机有交流发电机和直流发电机两种。过去汽车上采用的是换向式直流发电机，目前已被淘汰。现在汽车用的是交流发电机，汽车交流发电机具有体积小、重量轻、结构简单、维护方便、使用寿命长和低速充电性能好等显著特点，故被广泛应用在汽车上，其中以硅整流交流发电机的应用最为普遍。

汽车蓄电池的容量是有限的，不能满足汽车长途行驶的用电需要，所以，在汽车上除装有蓄电池外，还装有交流发电机。在汽车熄火或启动过程中，汽车所需能量由蓄电池提供（例如，在汽车熄火时，可以放歌曲或听广播，此时的能量就来自于汽车蓄电池）。发动机启动点火后，发动机带动交流发电机转动，发电机转速逐步提高，当提高至其输出电压等于或高于蓄电池电压时，汽车供电状态发生转换，转换为由发电机为除启动机以外的所有用电设备供电；当汽车上用电设备的用电量超出发电机的发电量时，蓄电池协助交流发电机供电；当交流发电机端电压高于蓄电池电压时，将向蓄电池充电，并且可以吸收交流发电机的过电压，保护车用电子元件。汽车交流发电机实物和作用原理如图 2-28 所示。

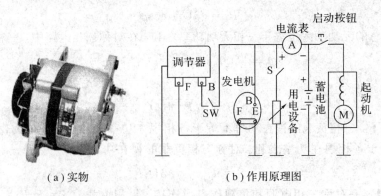

(a) 实物　　　　　　　　(b) 作用原理图

图 2-28　汽车交流发电机

工作原理：当交流发电机的转子在原动机（即发动机）拖动下以一定转速旋转时，磁通交替地在定子绕组中变化；根据电磁感应原理可知，发电机三相定子中便产生交变的感应电动势；此时定子绕组若接入用电负载，电机就有交流电能输出；最后经过发电机内部的整流桥将交流电转换成直流电从输出端子输出，从而向蓄电池供电。

五、技能训练

1. 单相和三相插座的认识

生活中有很多不同类型的插座，如两孔的、三孔的、四孔的和五孔的，它们有什么区别呢？图 2-29 所示为常见的单相、三相插座的外形图。

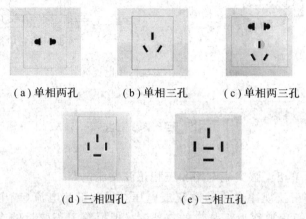

（a）单相两孔　　　（b）单相三孔　　　（c）单相两三孔

（d）三相四孔　　　（e）三相五孔

图 2-29　单相、三相插座外形图

单相插座是在交流电力线路中具有单一的交流电动势，对外供电时一般有两个接头的插座。单相插座的电压是 220 V，一般家庭用插座均为单相插座。单相插座分单相两孔插座、单相三孔插座和单相两三孔插座。单相三孔插座比单相两孔插座多一个"地线"接口，即平时家用的三孔插座；单相两三孔插座即为两孔插座和三孔插座结合在一起的插座。两孔的插座用于普通不需"接地"的电器，如电视机、台灯等，接线通常遵循"左零右火"的原则；三孔的插座用于需要带"保护接地"的电器，如洗衣机、电冰箱等家电，而且多数都具有金属外壳，这样可以通过第三个插孔，把电流倒入地下，防止因为漏电或者静电等可能导致的外壳带电，接线通常遵循"左零右火上接地"的原则。

三相插座通常用于动力设备，供电电压一般为 380 V 交流电，其插座面板孔位是四孔（接三根火线和一根零线）的，是一种多为工业中大部分交流用电设备提供便捷电源的装置。

三相五孔插座使用于三相五线制系统，常常用于移动电器、柜式空调、电机等大功率设备，五个孔分别接 A、B、C 三相以及零线和地线。

2. 不安全的用电行为

在用电过程中经常会发生不安全的用电行为，如下图 2-30 所示，在使用时要坚决杜绝此类行为的发生。

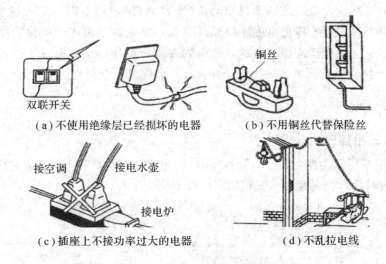

（a）不使用绝缘层已经损坏的电器 （b）不用铜丝代替保险丝

（c）插座上不接功率过大的电器 （d）不乱拉电线

图 2-30 不安全的用电行为

项 目 总 结

本项目主要介绍单相正弦交流电路和三相正弦交流电路。

大小都随时间按正弦规律变化的电流或电压，叫做正弦电流（或电压），统称正弦量。最大值、角频率和初相角被称为正弦量的三要素。把模等于正弦量的有效值，辐角等于正弦量初相位的复数，称为该正弦量的相量，相量由该对应正弦量的模量符号顶上加一圆点"·"来表示。

在分析 R、L、C 各单一参数元件的电压电流关系的基础上，分析一般的 R、L、C 串并联电路中电压和电流的关系及功率转换问题。

正弦交流电路中的电阻元件，电压电流相量关系为 $\dot{U}=\dot{I}R$，其消耗的有功功率为 $P=UI=I^2R=U^2/R$；正弦交流电路中的电感元件，电压电流相量关系为 $\dot{U}=jX_L\dot{I}$，其中 $X_L=\omega L=2\pi fL$，称为电感的感抗。电感元件是储能元件，不消耗有功功率，只与外部进行能量的交换。为了衡量电感与外部进行能量交换的规模，引入无功功率 Q_L，$Q_L=UI=I^2X_L=U^2/X_L$，无功功率的单位是乏（Var）或千乏（kVar）；正弦交流电路中的电容元件，电压电流相量关系为 $\dot{U}=-jX_C\dot{I}$，其中 $X_C=\dfrac{1}{\omega C}=\dfrac{1}{2\pi fC}$，称为电容的容抗。电容元件也是储能元件，不消耗有功功率，只与外部进行能量的交换，其无功功率 $Q_C=UI=I^2X_C=U^2/X_C$。

在 RLC 串联电路中，$\dot{U}=\dot{I}(R+jX)=\dot{I}Z$，其中 $X=X_L-X_C$ 称为电抗（Ω），R 是电路的电阻，$Z=R+jX$ 称为复阻抗（Ω）。RLC 串联电路有以下三种不同性质：$X>0$，电路呈电感性；$X<0$，电路呈电容性，$X=0$，电路呈电阻性。

三相正弦交流电路主要讨论三相交流电的产生及三相电源的连接方式（星形（Y）和三角形（△）连接），进而分析三相负载的连接以及三相电路及其功率的计算。电源作星形（Y）连接时，可提供给负载线电压和相电压两种电压，线电压是相电压的 $\sqrt{3}$ 倍，在相位上线电压超前相应的相电压 30°；在低压配电系统中线电压为 380 V，相电压为 220 V。电源作三角形（△）连接时，线电压和相电压相等。在对称三相电路中，无论负载接成星形还是三角形，总有功功率 $P = \sqrt{3}\, U_l I_l \cos\varphi$，总无功功率 $Q = \sqrt{3}\, U_l I_l \sin\varphi$，总视在功率 $S = \sqrt{P^2 + Q^2}$。

思 考 与 练 习

一、填空题

1. 交流电的周期是指（　　　　　　　　），用符号（　　）表示，其单位为（　　）；交流电的频率是指（　　　　　　　　），用符号（　　）表示，其单位为（　　）。它们的关系是（　　　　）。

2. 我国动力和照明用电的标准频率为（　　）Hz，习惯上称为工频，其周期是（　　）s，角频率是（　　）rad/s。

3. 正弦交流电的三要素是（　　　　）、（　　　　）和（　　　　）。

4. 已知一正弦交流电流 $i = \sin\left(314t - \dfrac{\pi}{4}\right)$ A，则该交流电的最大值为（　　　　），有效值为（　　），频率为（　　　），周期为（　　　　），初相位为（　　　　）。

5. 在纯电阻电路中，已知端电压 $u = 311\sin(314t + 30°)$ V，其中 $R = 1000\ \Omega$，那么电流 $i = $（　　　　　）A，电压与电流的相位差 $\varphi = $（　　　　），电阻上消耗的功率 $P = $（　　　）W。

6. 感抗是表示（　　　　）的物理量，感抗与频率成（　　）比，其值 $X_L = $（　　　　），单位是（　　　）；若线圈的电感为 0.6 H，把线圈接在频率为 50 Hz 的交流电路中，$X_L = $（　　　　）$\Omega$。

7. 在纯电感正弦交流电路中，电压有效值与电流有效值之间的关系为（　　　　　），电压与电流在相位上的关系为（　　　　）。

8. 一个纯电感线圈若接在直流电源上，其感抗 $X_L = $（　　　）$\Omega$，电路相当于（　　　　）。

9. 在正弦交流电路中，已知流过电感的电流有效值为 10 A，电压 $u = 20\sqrt{2}\sin(1000t)$ V，则电流 $i = $（　　　　　　）A，感抗 $X_L = $（　　　　）$\Omega$，电感 $L = $（　　　　）H，无功功率 $Q_L = $（　　　　）Var。

10. 在正弦交流电流中，已知流过电容电流有效值为 10 A，电压 $u = 20\sqrt{2}\sin(1000t)$ V，则电流 $i = $（　　　　）A，容抗 $X_C = $（　　　　）$\Omega$，电容 $C = $（　　　　）F，无功功率 $Q_C = $（　　　　）Var。

二、单项选择题

1. 下列说法正确的是（　　）。

A. 电阻在直流电路中耗能，在交流电路中不耗能

B. 电阻在交直流电路中总是耗能的

C. 电容在电路中不耗能，它将电能以磁能的形式储存起来

D. 电感在电路中不耗能，也不存储能量

2. 已知 $i_1 = 10\sin(314t + 90°)$ A，$i_2 = 10\sin(628t + 30°)$ A，则（　　）。

A. i_1 超前 i_2 60° 　　　　　　B. i_1 滞后 i_2 60° 　　　　　　C. 相位差无法判断

3. 在 RL 串联电路中，$U_R=16$ V，$U_L=12$ V，则总电压为（　　）。

A. 28 V 　　　　　　　　　　B. 20 V 　　　　　　　　　　C. 2V

4. 对于 RLC 串联电路，下列正确的表达式是（　　）。

A. $U=U_R+U_C+U_L$ 　　　　　　　　B. $\dot{U}=\dot{U}_R+\dot{U}_L+\dot{U}_C$

C. $Z=R+X_L-X_C$ 　　　　　　　　D. $U=\sqrt{U_R^2+(U_L+U_C)^2}$

5. 正弦交流电路的视在功率用于表征该电路的（　　）。

A. 电压有效值与电流有效值的乘积 　　　　B. 平均功率

C. 瞬时功率的最大值 　　　　　　　　　　D. 有功功率

6. 在电源对称的三相四线制电路中，若三相负载不对称，则该负载各相电压（　　）。

A. 不对称 　　　　　　　　B. 仍然对称 　　　　　　　　C. 不一定对称

7. 对称三相电路是指（　　）。

A. 三相电源对称的电路

B. 三相负载对称的电路

C. 三相电源和三相负载都是对称的电路

8. 三相四线制中，中线的作用是（　　）。

A. 保证三相负载对称 　　　　　　B. 保证三相功率对称

C. 保证三相电压对称 　　　　　　D. 保证三相电流对称

三、综合题

1. 一个 $R=50$ Ω 的电阻，接到 $u=220\sqrt{2}\sin\left(\omega t-\dfrac{2}{3}\pi\right)$ V 的电源上，求流过电阻的电流解析式，并画出电压、电流相量图。

2. 把电感为 10 mH 的线圈接到 $u=141\sin\left(314t-\dfrac{\pi}{6}\right)$ V 的电源上。试求：

（1）线圈中电流的有效值；

（2）写出电流瞬时值表达式；

（3）画出电流和电压相应的相量图；

（4）无功功率。

3. 写出正弦量 $u=50\sqrt{2}\sin(31.4t+36.9°)$ V 对应的相量。

4. 写出相量 $\dot{U}_C=220\angle120°$ V 对应的正弦量，频率为工频。

5. 三相电源星型连接，已知 $u_{UV}=380\sqrt{2}\sin(314t+60°)$ V，试写出 u_{VW}、u_{WU}、u_U、u_V、u_W 的解析式。

6. 有两个白炽灯，型号分别为 110 V、100 W 和 110 V、40 W。能否将它们串接在 220 V 的工频交流电源上使用？试分析说明。

7. 一电感 $L=60$ mH 的线圈，接到 $u=220\sqrt{2}\sin300t$ V 的电源上，试求线圈的感抗、无功功率及电流的解析式。

8. 利用交流电流表、交流电压表和交流单相功率表可以测量实际线圈的电感量。设加在线圈两端的电压为工频 110 V，测得流过线圈的电流为 5 A，功率表读数为 400 W。则该线圈的电感量为多大？

9. 楼宇照明电路是不对称三相负载的实例。说明在什么情况下三相灯负载的端电压对称？在什么情况下三相灯负载的端电压不对称？

10. 将图 2-31 中各相负载分别接成星形或三角形，电源线电压为 380 V，相电压为 220 V，每只灯泡的额定电压为 220 V，每台电动机的额定电压为 380 V。

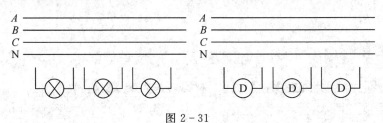

图 2-31

项目3 磁路与电机

任务3.1 磁路与变压器

一、任务引入

随着我国工业的不断发展，电磁吸盘在工业生产中的使用越来越广泛。电磁吸盘是一种机床附件产品，它利用电磁原理，通过使内部线圈通电产生磁力，经过导磁面板将接触在面板表面的工件紧紧吸住，断电后磁力消失，从而将工件取下。电磁吸盘主要应用在磨床、FYMC系列电磁磨刀机、龙门铣床、龙门刨床等铁质工件加工时的工件固定。

矩形电磁吸盘系平面磨床或铣床的磁力工作台，用以吸附各类导磁工件，实现工件的定位和磨削加工。如图3-1所示，该系列吸盘吸力均匀，定位可靠，操作方便，可直接安装在平面磨床或铣床上使用，是一种理想的磁力夹具。矩形电磁吸盘两侧有吊装螺孔，如图3-2所示，在安装时拧入T形螺钉即可吊装。使用前、后先接通机床上的直流电源和地线，然后将吸盘上平面精磨一次，以保证上平面对底面的平行度。在吸附工件时，只要搭接相邻的两个磁极，获得足够的定位吸力，即可进行磨削加工。

图3-1 平面磨床　　　　　　　　　　图3-2 磨床上的矩形电磁铁

本任务主要介绍磁路的基本知识、铁磁材料、变压器的结构、作用及其相关参数。

二、教学目标

 知识目标

☆ 了解磁路的概念与磁路欧姆定律；

☆ 理解铁磁材料的性能；

☆ 掌握变压器的结构和作用。

能力目标

☆ 能够根据磁路欧姆定律分析简单的磁路；

☆ 能够识别变压器的铭牌数据；

☆ 能够正确应用变压器的变压、变流、变阻抗作用。

素质目标

☆ 培养学生独立思考、勇于探索的精神和能力；

☆ 培养学生分析问题和解决问题的能力。

三、相关知识

在电工装置中，电磁仪表、电磁继电器、变压器、电机等都是利用磁场来实现能量转换的，而磁场通常都是在线圈中通以电流产生的。为了把磁场集中起来应用，常用铁磁物质构成铁芯。

（一）磁路基本知识

在电工设备中，常采用导磁性能良好的铁磁材料做成一定形状的铁芯，给绕在铁芯上的线圈通以较小的电流（这个电流称为励磁电流），就会在铁芯中产生很强的磁场。相比之下，周围非磁性材料中的磁场就显得非常弱，可以认为磁场几乎全部集中在铁芯所构成的路径内，这种由铁芯所限定的磁场称为磁路。磁路中的磁通可以由励磁线圈中的励磁电流产生，也可以由永久磁铁产生。磁路中可以有气隙，也可以没有气隙。

常用于描述磁场的物理量有以下几个：

磁感应强度 B：在磁场中垂直于磁场方向的通电导线所受电磁力 F 与电流 I 和导线有效长度 L 乘积的比值，即为该处的磁感应强度，即 $B=F/(IL)$，单位为特斯拉。磁感应强度是表示磁场中某点磁场强弱和方向的物理量，是一个矢量。

磁通 Φ：磁感应强度 B 和与它垂直方向的某一截面积 S 的乘积，称为通过该面积的磁通，即 $\Phi=BS$，单位是韦伯。磁通 Φ 是描述磁场在空间分布的物理量。

磁场强度 H：计算导磁物质中的磁场时，引入辅助物理量磁场强度 H，它与磁感应强度 B 的关系为 $B=\mu H$，其中 μ 为导磁物质的磁导率。

（二）磁路欧姆定律

由铁磁材料制成的一个理想磁路（无漏磁）如图 3-3 所示，若线圈通过电流 I，则在铁芯中就会有磁通 Φ 通过。

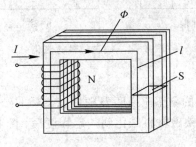

图 3-3 铁磁材料的理想磁路

实验表明，铁芯中的磁通 Φ 与通过线圈的电流 I、线圈匝数 N 以及磁路的截面积 S 成正比，与磁路的长度 l 成反比，还与组成磁路的铁磁材料的磁导率 μ 成正比，即

$$\Phi = \mu \frac{NI}{l}S = \frac{NI}{l/\mu S} = \frac{F}{R_m} \tag{3-1}$$

式（3-1）在形式上与电路的欧姆定律（$I=E/R$）相似，称为磁路欧姆定律。磁路中的磁通对应于电路中的电流；磁动势 $F=NI$ 反映通电线圈励磁能力的大小，对应于电路中的电动势；磁阻 $R_m = \dfrac{l}{\mu S}$ 对应于电路中的电阻，表示磁路材料对磁通起阻碍作用的物理量，反映磁路导磁性能的强弱。对于铁磁材料，由于 μ 不是常数，故 R_m 也不是常数。因此，式（3-1）主要用来定性分析磁路，一般不直接用于磁路计算。

（三）铁磁材料

根据导磁性能的不同，自然界的物质可分为两大类：一类称为铁磁材料，如铁、钢、镍、钴及其合金和铁氧体等材料，这类材料的导磁性能好，磁导率很高；另一类为非铁磁材料，如铝、铜、纸、空气等，这类材料的导磁性能差，磁导率很低。

任意一种物质导磁性能的好坏常用相对磁导率 μ_r 来表示，$\mu_r = \dfrac{\mu}{\mu_0}$，其中，$\mu$ 为任意一种物质的磁导率；μ_0 为真空的磁导率，其值为常数，$\mu_0 = 4\pi \times 10^{-7}$ H/m。

非铁磁材料的相对磁导率大多接近于1，铁磁材料的相对磁导率可达几百、几千，甚至几万，是制造变压器、电机、电器等各种电工设备的主要材料。铁磁材料的磁性能主要包括高导磁性、磁饱和性和磁滞性。

1. 高导磁性

在铁磁材料的内部存在许多磁化小区，称为磁畴，每个磁畴就像一块小磁铁。在无外磁场作用时，各个磁畴排列混乱，对外不显示磁性。随着外磁场的增强，磁畴逐渐转向外磁场的方向，呈有规则的排列，显示出很强的磁性，这就是铁磁材料的磁化现象，如图3-4所示。非铁磁材料没有磁畴结构，所以不具有磁化特性。

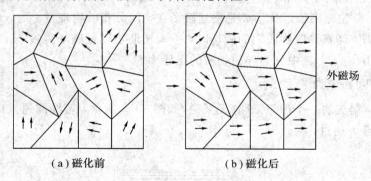

（a）磁化前　　　　　　　　（b）磁化后

图3-4　铁磁材料的磁化

2. 磁饱和性

通过实验可测出铁磁材料的磁感应强度 B 随外加磁场的磁场强度 H 变化的曲线（B-H 磁化曲线），如图3-5所示。铁磁材料磁化到一定程度后，随着 H 的增加，B 趋于常数，达到磁饱和。

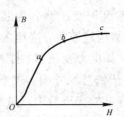

图 3-5　磁化曲线

3. 磁滞性

实际工作时，如果铁磁材料在交变的磁场中反复磁化，则磁感应强度 B 的变化总是滞后于磁场强度 H 的变化，这种现象称为铁磁材料的磁滞现象。磁滞回线如图 3-6 所示。

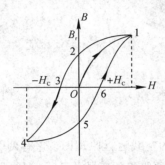

图 3-6　磁滞回线

4. 功率损耗

交流铁芯线圈电路中，除了在线圈电阻上有功率损耗外，铁芯中也会有功率损耗。线圈上损耗的功率 I^2R 称为铜损，用 ΔP_{Cu} 表示；铁芯中损耗的功率称为铁损，用 ΔP_{Fe} 表示。

（四）变压器的基本结构

变压器是用于将某一组参数的交流电能变换为同一频率的另一组参数的交流电能的静止电气设备。它具有多种用途，在电力、电子和测试等技术领域中得到广泛应用。

变压器虽然种类很多，形状不同，但基本结构相同，都由铁芯和线圈组成。

1. 铁芯

铁芯构成变压器的磁路部分。变压器的铁芯大多用 0.35~0.5 mm 厚的硅钢片交错叠装而成。叠装之前，硅钢片上还需涂一层绝缘漆。交错叠装即将每层硅钢片的接缝错开，这样可以减小铁芯中的磁滞和涡流损耗。

2. 线圈

线圈（绕组）是变压器的电路部分。绕组通常用绝缘的铜线或铝线绕制，其中与电源相连的绕组称为原绕组（又称原边或初级）；与负载相连的绕组称为副绕组（又称副边或次级）。

一般小容量变压器的绕组用高强度漆包线绕制而成，大容量变压器可用绝缘扁铜线或铝线绕制。绕组的形状有筒型和盘型两种，筒型绕组又称同心式绕组，原、副绕组套在一起，一般低压绕组在里面，高压绕组在外面，这样排列可降低绕组对铁芯的绝缘要求。盘型绕组又称交叠式绕组，原、副绕组分层交叠在一起。

按铁芯和绕组的组合结构，通常又把变压器分为芯式和壳式两种。芯式变压器的绕组套在铁芯柱上，如图3-7所示，其结构较简单，绕组的装配和绝缘都比较方便，且用铁量少，因此多用于容量较大的变压器，如电力变压器。壳式变压器的铁芯把绕组包围在中间，外形如图3-8所示。这种变压器由于铁芯在外面，故不要专门的变压器外壳，但它的制造工艺复杂，用铁量较多，常用于小容量的变压器中，如电子线路中的变压器。

图3-7　芯式变压器

图3-8　壳式变压器

（五）变压器的作用

图3-9是一台单相变压器的空载运行原理图。它有两个绕组，为了分析方便，将原绕组和副绕组分别画在两边，其中原绕组的匝数为N_1，副绕组的匝数为N_2。

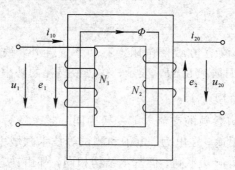

图3-9　变压器空载运行

1. 电压变换作用（变压器空载运行）

变压器的原绕组接交流电压U_1（U_1是原边交流电压的有效值），副边开路，这种运行状态称为空载运行。这时副绕组中的电流为零，电压为开路电压U_{20}（U_{20}是副边交流电压的有效值），原绕组通过的电流为空载电流i_{10}，该电流就是励磁电流，如图3-9所示。其一次绕组和二次绕组端电压的有效值为

$$\begin{cases} U_1 \approx E_1 = 4.44fN_1\Phi_m \\ U_{20} \approx E_2 = 4.44fN_2\Phi_m \end{cases}$$

式中，f为交流电源的频率；Φ_m为主磁通的最大值。

$$\frac{U_1}{U_{20}} \approx \frac{E_1}{E_2} = \frac{4.44fN_1\Phi_m}{4.44fN_2\Phi_m} = \frac{N_1}{N_2} = K \tag{3-2}$$

式（3-2）表明，变压器空载运行时，原、副绕组上电压的比值等于两者的匝数比，这个

比值 K 称为变压器的变压比或变比。当原、副绕组匝数不同时，变压器可以把某一数值的交流电压变换为同频率的另一数值的电压，这就是变压器的电压变换作用。当 $K>1$ 时，变压器为降压变压器；当 $K<1$ 时，变压器为升压变压器。

【例 3-1】　有一台 10 000 V/230V 的单相变压器，其铁芯截面积 $S=120\ \text{cm}^2$，磁感应强度的最大值 $B_m=1\ \text{T}$，当高压绕组接到 $f=50\ \text{Hz}$ 的交流电源上时，求原、副绕组的匝数 N_1、N_2 各为多少？

解　铁芯中磁通的最大值为

$$\Phi_m=B_m S=1\times120\times10^{-4}=0.012\ \text{Wb}$$

原绕组的匝数应为

$$N_1=\frac{U_1}{4.44f\Phi_m}=\frac{10\ 000}{4.44\times50\times0.012}=3754\ \text{匝}$$

副绕组的匝数应为

$$N_2=\frac{N_1}{K}=\frac{N_1}{U_1/U_2}=\frac{3754}{10\ 000/230}=86\ \text{匝}$$

2. 电流变换作用(变压器负载运行)

变压器的原绕组接交流电压 u_1，副绕组接负载 $|Z_L|$，变压器向负载供电，这种运行状态称为负载运行，如图 3-10 所示。负载运行后原边电流由 i_{10} 增大到 i_1，副边的电流为 i_2。

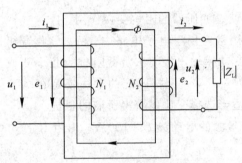

图 3-10　变压器负载运行

变压器负载运行时，原、副绕组的磁动势方向相反，即 $I_2 N_2$ 对 $I_1 N_1$ 有去磁作用。也就是说，当副边电流 I_2 增大时(I_2 为副边电流有效值)，使铁芯中的主磁通 Φ 减小，这时原边电流 I_1(I_1 为原边电流有效值)必然增加，以保持主磁通 Φ 基本不变，所以副边电流变化时，原边电流也会相应变化。

只考虑原、副绕组电流有效值，可得

$$I_1 N_1 \approx I_2 N_2$$

继而可推出

$$\frac{I_1}{I_2}\approx\frac{N_2}{N_1}=\frac{1}{K} \qquad\qquad (3-3)$$

式(3-3)说明，变压器负载运行时，其原绕组和副绕组电流有效值之比近似等于它们的匝数比的倒数，即变比的倒数，这就是变压器的电流变换作用。

3. 阻抗变换作用

由以上分析可知，虽然变压器的原、副绕组之间只有磁耦合关系，没有电的直接关系，

但实际上原绕组的电流 I_1 会随着副绕组上负载阻抗 Z_L 的大小而变化，$|Z|$ 减小，则 $I_2 = U_2/|Z|$ 增大，$I_1 = I_2/K$ 也增大。因此，从原边电路来看，我们可以设想它存在一个等效阻抗 $|Z'_L|$，$|Z'_L|$ 能反映副边负载阻抗 $|Z_L|$ 的大小发生变化时对原绕组电流 I_1 的作用。图 3-11 中点画线框内的电路可用另一个阻抗 $|Z'_L|$ 来等效代替。所谓等效，就是它们从电源吸取的电流和功率相等。

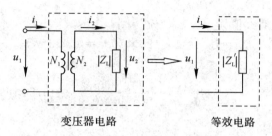

图 3-11 变压器阻抗变换

当忽略变压器的漏磁和损耗时，等效阻抗可由式(3-4)求得

$$|Z'_L| = \frac{U_1}{I_1} = \frac{KU_2}{\frac{1}{K}I_2} = K^2 \frac{U_2}{I_2} = K^2 |Z_L| \qquad (3-4)$$

式(3-4)说明，变压器副边的负载阻抗 $|Z_L|$ 反映到变压器原边的等效阻抗是 $|Z'_L| = K^2 |Z_L|$，即扩大 K^2 倍，这就是变压器的阻抗变换作用。

变压器的阻抗变换作用常应用于电子电路中。例如，收音机、扩音机中扬声器的阻抗一般为几欧或几十欧，而其功率输出级要求负载阻抗为几十欧或几百欧才能使负载获得最大输出功率，这叫做阻抗匹配。实现阻抗匹配的方法就是在电子设备功率输出级和负载之间接入一个输出变压器，适当选择变比以获得所需的阻抗。

【例 3-2】 某交流信号源的电动势 $E = 100$ V，内阻 $R_0 = 500$ Ω，负载电阻 $R_L = 5$ Ω。试求：

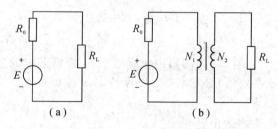

图 3-12 例 3-2 电路图

(1) 若负载直接接在信号源上(如图 3-12(a)所示)，信号源输出的功率为多少？

(2) 若负载接入输出变压器，电路如图 3-12(b)所示，要使折算到原边的等效电阻 $R'_L = R_0 = 500$ Ω，求变压器的变比应选多少？阻抗变换后信号源输出功率是多少？

解 (1) 若负载直接接到信号源上，信号源的输出功率为

$$P = I^2 R_L = \left(\frac{E}{R_0 + R_L}\right)^2 R_L = \left(\frac{100}{500+5}\right)^2 \times 5 = 0.196 \text{ W}$$

(2) 当 $R'_L = R_0 = 500$ Ω 时，输出变压器的变比为

$$K=\sqrt{\frac{R'_L}{R_L}}=\sqrt{\frac{500}{5}}=10$$

这时信号源的输出功率为

$$P=I^2R'_L=\left(\frac{E}{R_0+R'_L}\right)^2R'_L=\left(\frac{100}{500+500}\right)^2\times500=5\ \text{W}$$

（六）变压器的额定数据

每台变压器的上面都装有一块铭牌，上面标明该设备的型号、主要额定数据和使用方法等信息。

1. 变压器的型号

变压器的型号表示如下：

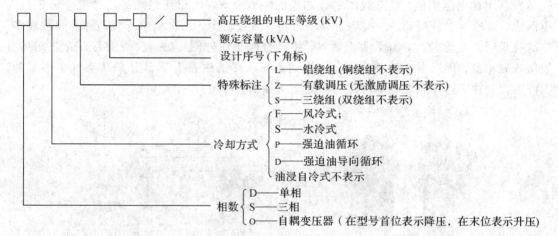

例如，型号为 $S_7-1000/10$ 的变压器是一种三相、油浸自冷式、双绕组、无激励调压、铜绕组、额定容量为 1000 kVA、高压绕组电压等级为 10 kV 的变压器。

2. 变压器的额定参数

变压器铭牌上的常用数据有：

（1）额定电压 U_{1N}、U_{2N}：原边绕组上的额定电压 U_{1N} 规定了变压器原边应加的电源电压，原边加额定电压、副边开路时的空载电压为副边的额定电压 U_{2N}。对于三相变压器，额定电压是指线电压。

（2）额定电流 I_{1N}、I_{2N}：指变压器在额定容量情况下，各绕组允许长期通过的线电流，单位为 A。

（3）额定容量 S_N：指变压器在额定工作条件下输出能力的保证值，是变压器的额定视在功率，为变压器副边绕组的额定电压和额定电流的乘积。由于双绕组变压器效率高，通常将原、副边的额定容量设计成相等的。

对于单相变压器，$S_N=U_{2N}I_{2N}=U_{1N}I_{1N}$；对于三相变压器，$S_N=\sqrt{3}U_{2N}I_{2N}=\sqrt{3}U_{1N}I_{1N}$。

（4）额定频率 f_N：我国规定额定频率 f_N 为 50 Hz。

（5）短路电压 U_K（%）：指一边绕组短路，另一边绕组中流过额定电流时所加的电压，一般以额定电压的百分数表示。它反映了变压器在通过额定电流时的漏阻抗压降情况，所以也称为阻抗电压。

变压器是电力系统中常见的电气设备。为了能够减少电力线路上的功率损耗和电压损耗，电力系统上常采用高压输电，目前我国最高的输电电压为 1100 kV，但是大多数发动机出口电压仅为 10.5 kV。为了能够提高电压等级，需要采用升压变压器。

四、知识拓展

在汽车的汽油发动机中，气缸内的可燃混合气体是由高压电火花点燃的。用以产生电火花的设备就是发动机的点火系统，其中点火线圈是汽车点火系统中的一个组成部件，在汽车点火系统中与其他部件配合，将电源供给的 12 V 或 24 V 低压直流电转变为 15～20 kV 的高压电。

传统的点火线圈内部结构和电路如图 3-13 所示，主要由铁芯、一次绕组、二次绕组、壳体及其附加电阻组成。点火线圈的铁芯导磁性能良好，用相互绝缘的高导磁率硅钢片叠压而成，以减少涡流损耗。一次绕组导线较粗，圈数较少；二次绕组导线较细，圈数较多。一次绕组通过电流较大，为了便于散热，将其分层绕在外侧，在一次绕组与外壳之间加有数层导磁钢套，用以减少磁路磁阻。传统的点火线圈的磁路上下部分是从空气中通过的，因此漏磁较多，这种点火线圈叫做开磁路点火线圈。

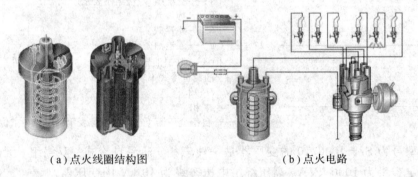

(a)点火线圈结构图　　　　　　　　　(b)点火电路

图 3-13　开磁路点火线圈

与之相对的是闭磁路点火线圈，它的结构与开磁路点火线圈不同。在日字形的铁芯内绕有一次绕组，一次绕组外面绕有二次绕组，这种点火线圈漏磁少，能量转换效率高；点火线圈体积小，结构紧凑。

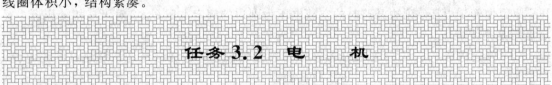

任务3.2　电　机

一、任务引入

汽车上的车窗都是由电机带动来实现自动升降的。驾驶员或者乘客利用开关就可控制车窗玻璃的升降，操作简单，安全可靠。电动车窗系统由车窗、车窗玻璃升降器、电动机、继电器、开关等部组成。所有车窗控制系统开关都有两套，一套通常安装在左前门上，为主开关，由司机控制每个车窗的升降；另一套分别装在每个车门中部，为分开关，可由乘客分别控制相应的车窗。动力部分主要由直流电动机提供，其外形如图 3-14(a)所示。这种电动机的控制电路如图 3-14(b)所示。当车窗向上移动时，触点 2、4 接通，电流流通路径为：电源正极→1→2→4→电机→8→7→5→接地端，电机正转；当车窗向下移动时，触点6、8接通，电流流通路径为：电源正极→1→6→8→电机→4→3→5→接地端，电机反转。

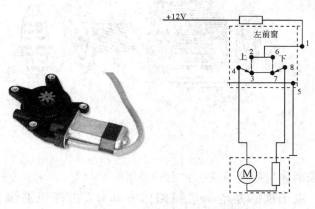

（a）车窗电机外形图　　　　（b）控制电路图

图 3-14　汽车电动车窗控制器

本任务主要介绍三相异步电动机的结构、工作原理、启动、调速、制动以及直流电动机的结构、工作原理、励磁方式、启动、反转。

二、教学目标

 知识目标

☆ 掌握三相异步电动机的转动原理；
☆ 了解三相异步电动机启动、调速、反转、制动方法；
☆ 知道直流电机的结构和工作原理。

 能力目标

☆ 能够使用三相异步电动机；
☆ 能够使用直流电动机。

素质目标

☆ 培养学生对实际问题的分析能力；
☆ 培养学生独立思考，勇于探索的精神和能力。

三、相关知识

（一）三相异步电动机

1. 三相异步电动机的结构

三相异步电动机的种类很多，但各类三相异步电动机的基本结构是相同的，都由定子和转子这两大基本部分组成，且定子和转子之间有一定的气隙，如图 3-15 所示。

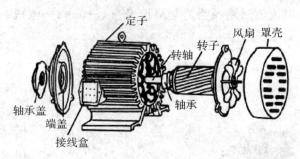

图 3-15　三相异步电动机结构图

1) 定子

异步电机的定子部分包括定子铁芯和定子绕组。

(1) 定子铁芯：定子铁芯是电机主磁路的一部分，由两边都涂有绝缘漆、厚度为 0.5 mm 或 0.35 mm 的硅钢片冲槽叠装而成。

(2) 定子绕组：定子绕组构成了电机的电路部分。三相绕组由三个彼此独立的绕组组成，每个绕组即为一相，每个绕组在空间上相差 120°。绕组线圈由绝缘铜导线或绝缘铝导线绕制，按一定规律嵌入定子铁芯槽内。定子三相绕组的 6 个出线端都引至接线盒上，首端分别标为 U_1、V_1、W_1，末端分别标为 U_2、V_2、W_2，这 6 个出线端在接线盒里的排列如图 3-16 所示，根据要求可以接成星形或三角形。

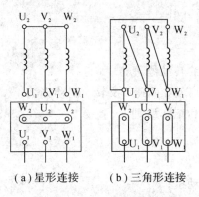

(a) 星形连接　　　(b) 三角形连接

图 3-16　定子绕组的连接

2) 转子

异步电机的转子也是由转子铁芯和转子绕组构成。与定子铁芯相同，转子铁芯也是主磁路的一部分，同样是由两边都涂有绝缘漆、厚度为 0.5 mm 或 0.35 mm 的硅钢片叠装而成。转子冲片外圆冲有许多均匀分布的槽，槽中嵌有转子绕组。

3) 气隙

异步电机定子和转子之间的气隙很小，一般只有 0.2~2 mm。气隙的大小对异步电机的运行性能影响很大，气隙愈小则定子和转子之间的相互感应（即耦合）作用就愈好，因此应尽量让气隙小些，但也不能太小，否则会使加工和装配困难，运转时定子、转子之间易发生摩擦或碰撞。

2. 三相异步电动机的工作原理

1) 转动原理

当三相异步电动机的定子绕组接到三相对称交流电源时，定子绕组中流过三相对称电流，便形成了一个旋转磁场。这个旋转磁场的磁极用 N 和 S 表示，且假设其转向为顺时针旋转，如图 3-17 所示。当旋转磁场具有 p 对磁极时（即磁极数为 $2p$），交流电每变化一个周期，其旋转磁场就在空间转动 $1/p$ 转。因此，三相电动机定子旋转磁场每分钟的转速 n_1（又称同步转速）、定子电流频率 f 及磁极对数 p 之间的关系是

$$n_1 = \frac{60f}{p}$$

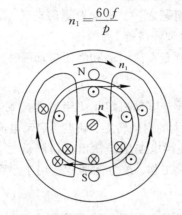

图 3-17 三相异步电动机的转动原理

当转子静止不动时，此旋转磁场将以同步转速切割转子绕组，在转子绕组中产生感应电动势，电动势的方向可以根据右手定则判断。由于转子绕组短路，故在转子绕组中将产生电流，载流导体在磁场中将受到电磁力作用。

电磁力 f 的方向由左手定则判断。电磁力 f 作用于转子导体，对转轴形成电磁转矩，使转子按照旋转磁场的方向旋转起来。

转子的转速 n 也不可能达到同步转速 n_1，因为如果转子与磁场同步旋转，转子导体与磁场的相对转速为零，感应电动势等于零，电流、电磁转矩均等于零。异步电动机稳定运行时，其转速与磁场的同步转速之间必然存在一定的转速差，因此被称为异步电动机。又由于其转子电流是靠电磁感应产生，故又称为感应电动机。

2) 转差率

同步转速 n_1 与转子的转速 n 之差与同步转速 n_1 之比，称为异步电动机的转差率 s，即

$$s = \frac{n_1 - n}{n_1}$$

转差率是异步电动机的一个基本参数，对分析和计算异步电动机的运行状态及其机械特性有着重要的意义。当异步电动机处于电动状态运行时，电磁转矩 T_{em} 和转速 n 同方向。转子尚未转动时，$n=0$，$s=\frac{n_1-n}{n_1}=1$；当 $n=n_1$ 时，$s=\frac{n_1-n}{n_1}=0$，可知异步电动机处于电动状态时，转差率的变化范围总在 0 和 1 之间，即 $0<s<1$。一般情况下，额定运行时 $s_N=1\%\sim5\%$。

【例 3-3】 一台 Y2-160M-4 型三相异步电动机，额定转速 $n_N=1460$ r/min，磁极对数 $p=2$，求该电机的额定转差率。

解
$$n_1 = \frac{60f}{p} = \frac{60 \times 50}{2} = 1500 \text{ r/min}$$

$$s_N = \frac{n_1 - n_N}{n_1} = \frac{1500 - 1460}{1500} = 0.0267$$

3. 三相异步电动机的启动

电动机接上电源，从静止状态到稳定运行状态的过程，称为电动机的启动过程，简称启动。实际启动过程非常短暂，通常只需几分之一秒到几秒钟，但启动电流很大，如启动不当，可能引起电网电压显著下降，甚至会损坏电动机或接在电网上的其他电气设备，因此启动是异步电动机运行的重要问题之一。通常希望启动转矩足够大，启动电流较小，启动设备尽量简单、可靠、操作方便和经济等。

异步电动机的启动方式主要有直接启动和降压启动两种。

1）直接启动

利用刀闸或交流接触器把异步电动机定子绕组直接接到额定电压上启动，称为直接启动。直接启动操作简便，具有较大的启动转矩，缺点是启动电流大，可达额定电流的4~7倍。当供电变压器容量不大时，会使供电变压器输出电压降低过多，进而影响到自身的启动和接在同一线路上其他设备的正常工作。该方法通常适用于小容量电动机的启动。

2）降压启动

降压启动方式是指在启动过程中降低其定子绕组上的外加电压，启动结束后，再将定子绕组的两端电压恢复到额定值。这种方法虽然能达到降低启动电流的目的，但启动转矩也同时减小很多，一般只适用于电动机的空载或轻载启动。

4. 三相异步电动机的调速

所谓调速，是指人为改变电动机的转速。在现代工业生产中，需要电动机具有优良的调速性能。

异步电动机的转速表达式为

$$n = n_1(1-s) = \frac{60f_1}{p}(1-s) \tag{3-5}$$

由式(3-5)可知，异步电动机的调速方法包括变转差率调速、变频调速和变极调速。

(1) 变极调速：由式(3-5)可知，当改变磁极对数 p 时，可以改变电机转速 n。改变磁极对数调速是通过改变定子绕组的连接方法实现的。

(2) 变频调速：变频调速是通过改变电源频率 f_1 来实现其转子转速改变的。由式(3-5)可知，当 f_1 增大时，电机转速 n 升高；f_1 减小时，电机转速 n 减小。

(3) 变转差率调速：改变外加电源电压或者改变转子回路电阻，都可以改变转差率 s。前者常用于鼠笼式异步电动机，后者适用于绕线式异步电动机。

5. 三相异步电动机的制动

异步电动机常用的电气制动方法有能耗制动和反接制动两种。

(1) 能耗制动：制动时，切断电动机的交流电源，电动机两相定子绕组通入直流电。由于这时电动机储存的动能全部变成了电能消耗在转子回路的电阻上，所以称为能耗制动。

(2) 反接制动：反接制动通过改变定子绕组上所加电源的相序来实现。在这种制动方法中，当转速接近零时，要立即切断电源，否则电动机将反向继续旋转。

（二）直流电动机

1. 直流电动机的基本结构

直流电机由固定不动的定子与旋转的转子两大部分组成。定子与转子之间有间隙，如图 3-18 所示。

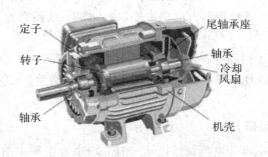

图 3-18　直流电动机结构图

1）定子部分

定子的作用是产生磁场和作为电机的机械支架。定子主要由主磁极、换向极、电刷装置、机座、端盖和轴承等部件组成。

2）转子部分

转子的作用是感应电动势并产生电磁转矩，以实现电能到机械能的转换。它包括电枢铁芯、电枢绕组、换向器、转轴和风扇等。

2. 直流电动机的工作原理

直流电动机的工作原理图如图 3-19 所示。N、S 为固定不动的定子磁极，abcd 是固定在可旋转的导磁圆柱体上的转子线圈，线圈的首端 a、末端 d 连接到两个相互绝缘并可随线圈一同转动的导电换向片上。转子线圈与外电路的连接是通过放置在换向片上固定不动的电刷来实现的。定子与转子间有间隙存在，称为气隙。

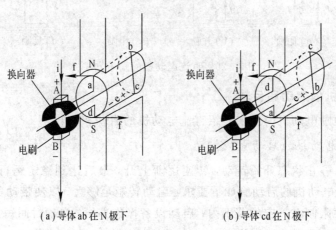

(a) 导体 ab 在 N 极下　　　　　(b) 导体 cd 在 N 极下

图 3-19　直流电动机工作原理图

若把电刷 A、B 接到直流电源上，电刷 A 接电源的正极，电刷 B 接电源的负极，此时在转子线圈中将有电流流过，两线圈边 ab、cd 将受到电磁力的作用。

导体所受电磁力的方向用左手定则确定。在图 3-19(a)的瞬间，导体 ab 受力方向为从右向左，而导体 cd 受力方向为从左向右，该电磁力与转子半径的乘积为电磁转矩，该转矩的方向为逆时针，当电磁转矩大于阻力转矩时，线圈按逆时针方向旋转。

当转子旋转到图 3-19(b)所示的位置时，导体 cd 受力方向变为从右向左，而导体 ab 受力方向变为从左向右，该转矩的方向仍为逆时针方向，线圈在此转矩作用下继续按逆时针方向旋转。

实际直流电机的转子线圈根据实际应用情况有多个线圈，线圈分布于转子铁芯表面的不同位置，并按照一定的规律连接起来，构成电机的转子绕组，磁极 N、S 也根据需要交替放置多对。

3. 直流电动机的励磁方式

直流电动机的励磁电流与电枢绕组电流一样，均由外电源供给。按励磁绕组和电枢绕组与电源连接关系的不同，可分为他励、并励、串励和复励电动机等类型。

(1) 他励电动机：励磁绕组和电枢绕组分别由两个独立的直流电源供电，励磁电压 U_f 与电枢电压 U 彼此无关，如图 3-20(a)所示。

(2) 并励电动机：励磁绕组和电枢绕组并联，由同一电源供电，励磁电压 U_f 就是电枢电压 U，如图 3-20(b)所示。并励电动机的运行性能与他励电动机相似。

(3) 串励电动机：励磁绕组与电枢绕组串联后再接于直流电源，此时的电枢电流就是励磁电流，如图 3-20(c)所示。

(4) 复励电动机：电动机有并励和串励两个励磁绕组。并励绕组与电枢绕组并联后再与串励绕组串联，然后接于电源上，如图 3-20(d)所示。

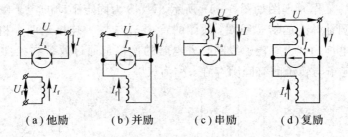

（a）他励　　　（b）并励　　　（c）串励　　　（d）复励

图 3-20　直流电动机的励磁方式

4. 直流电动机的启动和反转

下面主要以他励电动机为例来介绍直流电动机的启动和反转。

1) 他励直流电动机的启动

电动机转子从静止状态开始转动，转速逐渐上升，最后达到稳定运行状态的过程称为启动。一般对直流电动机的启动有如下要求：启动转矩足够大，以便带动负载，缩短启动时间；启动电流 I_{st} 要限制在一定的范围内；启动设备操作方便，启动时间短，运行可靠，成本低廉。常见的启动方式有以下几种：

(1) 直接启动：直接启动就是在他励直流电动机的电枢上直接加上额定电压的启动方

式。这种启动方式启动电流 I_{st} 大,其数值可达 $(10\sim50)I_N$,同时启动转矩也很大。因此,除个别容量很小的电动机外,一般直流电动机是不容许直接启动的。为了限制启动电流,可以采用电枢回路串联电阻或降低电枢电压的启动方法。

(2) 电枢回路串电阻启动:启动时在电枢回路串入电阻,以减小启动电流。电动机启动后,再逐渐切除电阻,以保证足够的启动转矩,其接线原理图如图 3-21 所示。

(3) 降低电枢电压启动:降低电枢电压启动,即启动前将施加在电动机电枢两端的电源电压降低,以减小启动电流,其接线原理图如图 3-22 所示。

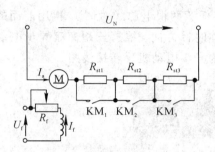

图 3-21　他励直流电动机电枢回路串电阻启动

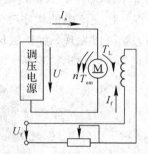

图 3-22　他励直流电动机降低电枢电压启动

2) 他励直流电动机的反转

由于生产工艺的要求,有些直流拖动系统需要电动机具备正反转功能。通常直流电动机的反转实现方法有两种:

(1) 改变励磁电流方向:保持电枢两端电压极性不变,将励磁绕组反接,使励磁电流反向,从而改变旋转方向。

(2) 改变电枢电压极性:保持励磁绕组两端的电压极性不变,将电枢绕组反接,从而改变旋转方向。

四、知识拓展

(一) 三相异步电动机的 Y/△ 连接

三相异步电动机每相绕组都有两个接头,分别是首端和尾端,图 3-23 中 U_1、V_1、W_1 是首端,而 U_2、V_2、W_2 是尾端。连接绕组时,首端尾端不能搞错。

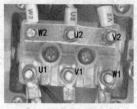

（a）星型接线图　　　　（b）三角型接线图

图 3-23　异步电动机星-三角接线图

三相异步电动机定子绕组通常采用两种接线方法,即星形接法(Y)和三角形接法(△)。星形接法就是把三相绕组的尾端连在一起,由三个首端去接电源,如图 3-23(a)所示。三角形接法是将一相绕组的首端与另一相的尾端相连,依次循环连接,形成一个三角形,再将三角形的顶点接电源，如图 3-23(b)所示。

一台电机，究竟采用星形还是三角形连接，必须按照铭牌的规定，不能随意变更。无论哪种接法，接线时如果首尾端错了，接通电源后，不能形成正常的旋转磁场，这时电机将启动困难、有特殊响声，如不及时切断电源，电机绕组就存在烧毁的危险。所以使用电机时，正确连接绕组非常重要。

（二）三相异步电动机的正反转

在图 3-24(a)中，三相交流电的相序是 A-B-C。假设旋转磁场逆时针旋转，电机正转，如果将三相交流电的相序改为 A-C-B(即将任意两根电源线对调)，再用前面的知识加以分析，就可以发现，旋转磁场的转向将变成顺时针方向。根据三相交流异步电动机的转动原理可知，电动机将反转。图 3-24(b)所示为异步电动机反转接线图。

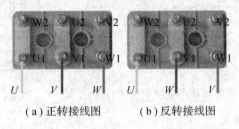

（a）正转接线图　　　（b）反转接线图

图 3-24　异步电动机正反转接线图

五、技能训练

1. 万用表法判定电动机三相绕组的首尾

（1）将万用表选择欧姆挡(×1 k 或×100 挡)，用两表笔分别测量电动机的六个线头，电阻值趋近于零的两个线头为同相绕组的两个线头。用同样的方法找出其他各相绕组的两个线头，并做好标记，假设编号为 U_1、U_2、V_1、V_2、W_1、W_2。

（2）将万用表的转换开关转到直流毫安挡上，按图 3-25 接线。用手快速转动电动机的转子，如果万用表指针不动，则说明并接点同为三相绕组的首端和尾端，如图 3-25(a)所示。如果万用表指针动了，说明有一相绕组的头尾反了，如图 3-25(b)所示，应一相一相分别对调后重新试验，直到万用表指针不动为止。

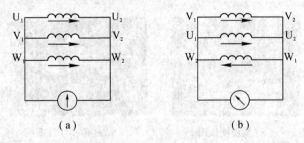

（a）　　　　　　　　（b）

图 3-25　万用表法区分绕组头尾接线图

2. 绕组串联法判定电动机三相绕组的首尾

（1）将万用表的转换开关放在欧姆挡上，利用万用表分出每相绕组的两个出线端。

（2）按图 3-26 接线，将一相绕组接通 36 V 交流电，另外两相绕组串联起来接上灯泡。

如果灯泡发亮，说明相连两相绕组是头尾相连；如果灯泡不亮，则说明相连两相绕组不是头尾相连。这样，这两相绕组的头尾便确定了，然后用同样的方法确定第三相绕组的头尾。

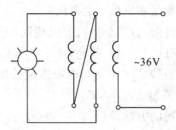

图 3-26　绕组串联法区分绕组头尾接线图

项 目 总 结

本项目主要介绍了磁场及变压器，三相异步电动机及其启动、调速、反转和制动，直流电动机及其启动、反转和制动。

磁路是磁通集中通过的路径。由于铁磁材料具有高导磁率，所以很多电气设备如电磁阀、继电器、变压器等均采用铁磁材料构成磁路。磁路的欧姆定律是分析磁路的基础，其表达式为

$$\varPhi = \mu \frac{NI}{l}S = \frac{NI}{\dfrac{l}{\mu S}} = \frac{F}{R_{m}}$$

变压器是根据电磁感应原理制成的静止电器。变压器主要由硅钢片叠压成的铁芯和绕在铁芯上的绕组线圈构成。变压器具有变换电压、变换电流和变换阻抗的功能，变换关系分别为

$$\frac{U_1}{U_2} = \frac{N_1}{N_2} = k, \ \frac{I_1}{I_2} = \frac{N_2}{N_1} = \frac{1}{k}, \ |Z'_L| = k^2 |Z_L|$$

三相异步电动机是工农业生产中使用较为广泛的电动机。异步电动机常见的启动方法有直接启动和降压启动两种。三相异步电动机的调速方法包括变转差率调速、变频调速和变极调速。三相异步电动机常用的电气制动方法有能耗制动和反接制动。

直流电动机根据其励磁方式不同分为他励、并励、串励和复励等类型。他励直流电动机的启动方法有直接启动、电枢回路串电阻启动、降低电枢电压启动。

思 考 与 练 习

一、填空题

1. 描述磁场在空间分布的物理量是（　　　　），描述磁场中各点的磁场强弱和方向的物理量是（　　　），在匀强磁场中，这两者之间的关系是（　　　　　　　）。

2. 变压器是按照（　　　　）原理工作的，它的用途有（　　　）、（　　　）、（　　　）等。

3. 变压器的一次绕组 880 匝，接在 220 V 的交流电源上，要在二次绕组上得到 6 V 电压，二次绕组的匝数应该是(   )。

4. 各种变压器的基本结构都是相同的，主要由(   )和(   )组成。

5. 三相异步电动机转子的转向与(   )的方向相同，改变(   )可改变转子的转向。

6. 三相异步电动机的调速有(   )调速、(   )调速和(   )调速三种方法。

7. 根据直流电动机(   )和(   )与电源连接关系的不同，直流电动机可分为他励、并励、串励、复励电动机等类型。

8. 他励直流电动机反转实现的方法是(   )。

9. 为减小启动电流，常采用(   )或(   )的方法启动直流电动机。

二、单项选择题

1. 变压器一次绕组 100 匝，二次绕组 1200 匝，在一次绕组两端接有电动势为 10 V 的直流电源，则二次绕组的输出电压是(   )。

A. 10 V   B. 100 V   C. 120 V   D. 0 V

2. 电动机在额定工作状态下运行时，定子电路所加的(   )叫额定电压。

A. 线电压   B. 相电压   C. 额定电压

3. 电动机定子三相绕组与交流电源的连接方式相同，其中 Y 为(   )。

A. 星形接法   B. 三角形接法

4. 在图 3 - 27 所示的三相异步电动机中，(   )与图(a)的转子转向相同。

A. 图(b)   B. 图(c)   C. 图(d)

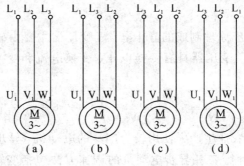

图 3 - 27

三、综合题

1. 某照明变压器的额定容量为 500 V·A，额定电压为 220/36 V，求：

(1) 一次、二次绕组的额定电流；

(2) 在二次绕组最多可接 36 V、100 W 的白炽灯几盏？

2. 有一台变压器，一次绕组电压为 220 V，二次绕组电压为 110 V，一次绕组为 1100 匝。若二次绕组接入阻抗为 20 Ω 的阻抗，问变压器的变比、二次绕组匝数，一次、二次绕组中电流各是多少？

3. 燃油过低油面报警装置在燃油箱内的燃油量少于某一规定值时，会发出报警信号，以引起驾驶员的注意。图 3 - 28 为油压报警装置示意图，试根据电磁原理知识，分析其报警原理。

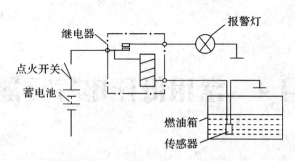

图 3-28　油压报警装置示意图

4. 画出三相交流电动机连接成星形和三角形接线时出线盒端子接线图。

5. 已知 Y100L1-4 型异步电动机的某些额定技术数据如下：

额定功率	额定电压	联结形式	功率因数	额定转速	额定效率
2.2 kW	380 V	Y	0.82	1420 r/min	81%

试计算：

(1) 相电流和线电流的额定值；

(2) 额定转差率；

(3) 额定负载时的转子电流频率。

项目4 常用低压电气元器件

任务4.1 常用电气元器件

一、任务引入

在日常的供配电系统中,断路器是常用的一种电气元器件。断路器又称为自动空气开关,它是一种既有手动开关作用,又能进行自动失压、欠压、过载和短路保护的电器,应用极为广泛。

低压配电电路是各种低压供配电设备按照一定的供配电控制关系连接而成的,具有将供电电源向后级层层传递的特点。在楼层住户配电箱和室内配电盘中,都用断路器进行电能控制。图4-1为低压供配电电路实物连接关系图。

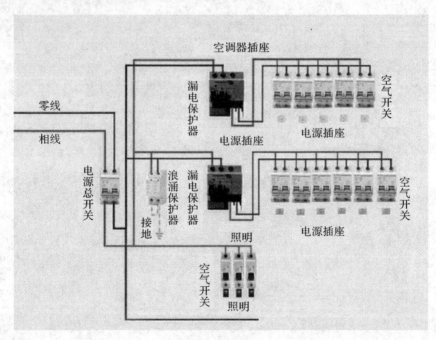

图4-1 低压供配电电路实物连接关系图

本任务主要介绍熔断器、刀开关、低压断路器、交流接触器、热继电器等常用低压电气设备。

二、教学目标

 知识目标

☆ 掌握常用低压电气元器件的用途；
☆ 了解常用低压电气元器件的结构。

能力目标

☆ 能够理解常用低压电气元器件主要参数的含义；
☆ 能够正确选用常用低压电气元器件。

 素质目标

☆ 培养学生查阅资料的能力；
☆ 培养学生发现问题和解决问题的能力；
☆ 培养学生的逻辑推理能力和思维能力。

三、相关知识

(一) 熔断器

熔断器是一种结构简单、维护方便有效的电路保护电器，在电路中主要起短路保护作用。

1. 熔断器的结构和分类

常用的熔断器有以下几种：

1) 插入式熔断器

插入式熔断器如图 4-2 所示，常用于 380 V 及以下电压等级的电路中。

2) 螺旋式熔断器

螺旋式熔断器如图 4-3 所示。熔体上的上端盖有一熔断指示器，一旦熔体熔断，指示器马上弹出，可透过瓷帽上的玻璃孔观察。螺旋式熔断器常用于机床电气控制设备中。

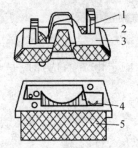

1—动触头；2—熔体；3—瓷插件；
4—静触头；5—瓷座

图 4-2　插入式熔断器

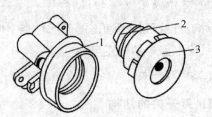

1—底座；2—熔体；3—瓷帽

图 4-3　螺旋式熔断器

3）封闭式熔断器

封闭式熔断器分有填料熔断器和无填料熔断器两种。有填料封闭式熔断器如图4-4所示，分断能力强，用于电压等级在500 V以下、电流等级在1 kA以下的电路中。无填料封闭式熔断器如图4-5所示，分断能力稍小，用于电压在500 V以下、电流在600 A以下电力网或配电设备中。

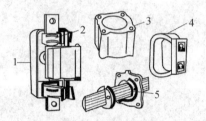

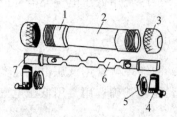

1—瓷底座；2—弹簧片；3—管体；
4—绝缘手柄；5—熔体

1—铜圈；2—熔断管；3—管帽；4—插座；
5—特殊垫圈；6—熔体；7—熔片

图4-4　有填料封闭式熔断器　　　　　　　图4-5　无填料封闭式熔断器

4）快速熔断器

快速熔断器主要用于半导体整流元件或整流装置的短路保护。

5）自复式熔断器

自复式熔断器采用金属钠作熔体。当电路发生短路故障时，短路电流产生高温使钠迅速汽化，汽态钠呈现高阻态，从而限制了短路电流。当短路电流消失后，温度下降，金属钠恢复原来的良好导电性能。

2. 熔断器的主要参数

（1）额定电压：指熔断器长期工作时和分断后能够承受的电压。

（2）额定电流：指熔断器长期工作时，电器设备升温不超过规定值时所能承受的电流。

（3）熔断电流：指通过熔体并能使其融化的最小电流。

3. 熔断器的选择

选择熔断器时主要从熔断器的额定电压、熔体的额定电流两方面考虑。

1）熔断器额定电压的选择

熔断器额定电压的选择值一般应等于或大于电器设备的额定电压。

2）熔体额定电流的选择

对于负载平稳无冲击的照明电路、电阻、电炉等，熔体额定电流的选择应是略大于或等于负荷电路中的额定电流。

（二）刀开关

1. 刀开关的结构

刀开关是低压电器中结构比较简单、价格低廉、应用较广的一类手动电器，常用于照明电路的电源开关，也可用来非频繁地接通和分断容量较小的低压配电电器。

刀开关由操作手柄、熔丝、触刀、触点座和底座组成，其结构和电路符号如图4-6、图

4-7 和图 4-8 所示。

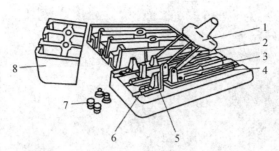

1—瓷柄；2—动触头；3—出线座；4—瓷底座；
5—静触头；6—进线座；7—胶盖紧固螺钉；8—胶盖

图 4-6　塑壳刀开关的结构

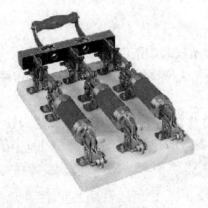

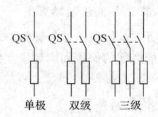

图 4-7　熔断器式刀开关　　　　图 4-8　刀开关的电路符号

　　在使用时，进线座接电源端的进线，出线座接负载端导线，靠触刀与触点座的分合来接通和分断电路。塑壳使电弧不致飞出灼伤操作人员，防止极间电弧造成电源短路；熔丝起短路保护作用。

　　安装刀开关时，合上开关时手柄在上方。接线时，将电源线接在熔丝上端，负载线接在熔丝下端，拉闸后刀开关与电源隔离，便于更换熔丝。

　　2. 刀开关的选择

　　（1）结构形式的选择：应根据刀开关的作用和装置的安装形式来选择是带灭弧装置。当开关用于分断负载电流时，应选择带灭弧装置的刀开关。可根据装置的安装形式来选择正面、背面、侧面操作形式，以及是直接操作还是杠杆操作，是板前接线还是板后接线的结构形式。

　　（2）额定电流的选择：一般应等于或大于所分断电路中各个负载电流的总和。对于电动机负载，应考虑其启动电流，所以应选额定电流大一级的刀开关。若考虑电路出现的短路电流，还应选择额定电流更大一级的刀开关。

　　（三）断路器

　　低压断路器也称自动空气开关。它是一种既有手动开关作用，又能进行自动失压、欠压、过载和短路保护的电器，应用极为广泛。低压断路器外形如图 4-9 所示，电路符号如图 4-10 所示。

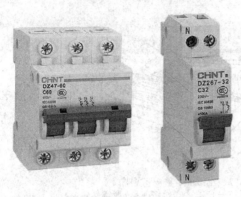 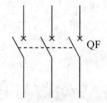

图 4-9　DZ 系列小型低压断路器外形图　　　　图 4-10　低压断路器的电路符号

1. 低压断路器的类型

1）万能式低压断路器

万能式低压断路器又称开启式低压断路器，容量较大，用于交流频率为 50 Hz、额定电压为 380 V 的配电网中，作为配电干线的主保护。其主要型号有 DW10 和 DW15 两个系列。

2）装置式低压断路器

装置式低压断路器又称塑料外壳式低压断路器，内装触头系统、灭弧室及脱钩器等，可作为配电网的保护和电动机、照明电路及电热器等的控制开关，主要型号有 DZ5、DZ10 和 DZ20 等系列。

3）快速断路器

快速断路器具有快速电磁铁和强有力的灭弧装置，最快动作时间可在 0.02 s 以内，用于半导体整流元件和整流装置的保护。其主要型号为 DS 系列。

2. 低压断路器的选择

（1）低压断路器的额定电流和额定电压应大于或等于线路、设备的正常工作电压和工作电流。

（2）低压断路器的极限分断能力应大于或等于电路最大短路电流。

（3）欠电压脱扣器的额定电压等于线路的额定电压。

（4）过电流脱扣器的额定电流大于或等于线路的最大负载电流。

（四）交流接触器

交流接触器是一种用来自动接通或断开大电流电路的电器。

1. 交流接触器的结构

交流接触器的外形结构和电路符号如图 4-11 所示。交流接触器由以下几部分组成：

（1）电磁机构：由线圈、动铁心（衔铁）和静铁心组成，其作用是将电磁能转换成机械能，产生电磁吸力，带动触头动作。

（2）触头系统：包括主触头和辅助触头。主触头用于接通或断开主电路，通常为 3 对常开触头；辅助触头用于控制电路，可控制其他元件的接通或分断，一般有多对常开、常闭触头。

（3）灭弧装置：容量在 10 A 以上的接触器都有灭弧装置。

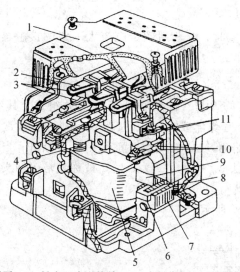

电磁线圈　主触点　动合触点　动断触点

1—灭弧罩；2—触点压力弹簧片；3—主触点；4—反作用弹簧；
5—线圈；6—短路环；7—静铁心；8—弹簧；9—动铁心；
10—辅助动合触点；11—辅助动断触点

（a）外形　　　　　　　　　　　　　　（b）电路符号

图 4-11　交流接触器外形结构及电路符号

2. 交流接触器的工作原理

接触器的工作原理是利用电磁吸力及弹簧反作用力配合动作，使触点闭合或断开。线圈得电以后，产生的磁场将铁心磁化，吸引动铁心，克服反作用弹簧的弹力，使它向着静铁心运动，拖动触点系统运动，使动合触点闭合、动断触点断开。一旦电源电压消失，动铁心就会因电磁吸力消失被释放，使触点恢复到线圈未通电时的状态。

3. 交流接触器的主要技术参数

交流接触器的主要技术参数有极数、额定电压、额定电流、线圈额定电压等。

（1）接触器的极数：按接触器主触头个数确定其极数，有两极、三极和四极接触器。

（2）额定工作电压：指主触头之间正常工作时的电压值，也就是主触头所在电路的电源电压。交流接触器的额定电压有 220 V、380 V、500 V、660 V 等。

（3）额定电流：指接触器触头在额定工作条件下的电流值。交流接触器的额定电流有 10 A、20 A、40 A、60 A、100 A、150 A、250 A、400 A 及 600 A。

（4）线圈额定电压：指接触器正常工作时线圈上所加的电压值。

4. 交流接触器的选用

1）交流接触器极数的确定

三相交流系统一般选用三极接触器；当需要同时控制中性线时，则选用四极交流接触器；一般场合选用电磁式接触器，易燃易爆场合应选用防爆型及真空接触器。

2）交流接触器触头数和种类的确定

交流接触器的触头数（主触头和辅助触头）和种类（常开或常闭）应满足主电路和控制电路的要求。

3）操作频率（每小时触点通断次数）的确定

当通断电流较大及通断频率超过规定值时，应选用额定电流大一级的接触器，否则会使触点严重发热，甚至熔焊在一起，造成事故。

（五）按钮

按钮也叫控制按钮，一般由按钮、复位弹簧、触点和外壳等部分组成，其结构如图4-12所示。按静态时触点的分合状态可分为动合按钮（常开按钮）与动断按钮（常闭按钮）。常态时在复位的作用下，由桥式动触头将静触头1、2闭合，静触头3、4断开；当按下按钮时，桥式动触头将静触头1、2断开，静触头3、4闭合。触头1、2被称为常闭触头或动断触头，触头3、4被称为常开触头或动合触头。

按钮的外形结构和电路符号如图4-13所示。

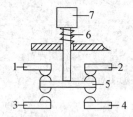

1，2—常闭触头；3，4—常开触头；5—桥式动触头；6—复位弹簧；7—按钮帽

图4-12　典型控制按钮的结构示意图

（a）LA10系列按钮　　（b）LA18系列按钮　（c）LA19系列按钮　　　　（d）电路符号

图4-13　按钮的外形结构及电路符号

（六）热继电器

热继电器在电路中主要对电动机起过载保护作用。

1．热继电器的结构

热继电器的结构及电路符号如图4-14所示。

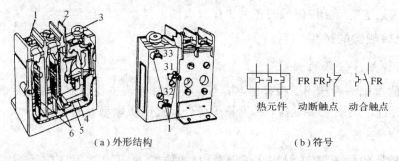

（a）外形结构　　　　　　　　　（b）符号

1—接线柱；2—复位按钮；3—调节旋钮；4—动断触点；5—动作机构；6—热元件

图4-14　热继电器外形结构及电路符号

当电动机过载时，流过电阻丝（热元件）的电流增大，电阻丝产生的热量使金属片弯曲，经过一定时间后，弯曲位移增大，因而脱扣，使其动断触点断开，动合触点闭合。热继电器的动作原理如图 4-15 所示。

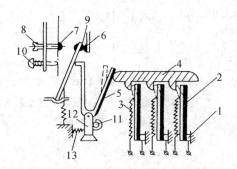

1—推杆；2—主双金属片；3—加热元件；4—导板；5—补偿双金属片；6—静触点（动断）；
7—静触点（动合）；8—复位调节螺钉；9—动触点；10—复位按钮；11—调节旋钮；
12—支撑件；13—弹簧

图 4-15　热继电器动作原理示意图

2. 热继电器的型号及其选用

1）热继电器的型号

我国常用的热继电器主要有 JR20、JRS1、JR16 等系列。三相交流电动机的过载保护均采用三相式热继电器，尤其是 JR16 和 JR20 系列。

2）热继电器的选用

通常选用时应按电动机形式、工作环境、启动情况及负荷情况等方面综合加以考虑。

（1）热继电器的额定电流应按电动机的额定电流选择。对于过载能力较差的电动机，通常选取热继电器的额定电流为电动机额定电流的 60%～80%。

（2）在不频繁启动的场合，要保证热继电器在电动机的启动过程中不产生误动作。通常，电动机启动电流为其额定电流的 6 倍且启动时间不超过 6 s 时，若很少连续启动，就可按电动机的额定电流选取热继电器。

（3）当电动机为重复短时工作时，注意确定热继电器的允许操作频率。

（4）在三相异步电动机电路中，定子绕组为 Y 形连接的电动机应选用两相或三相结构的热继电器，定子绕组为△形连接的电动机必须采用带断相保护的热继电器。

（七）时间继电器

时间继电器也称为延时继电器，是一种用来实现触点延时接通或断开的控制电器。

时间继电器按延时方式可分为通电延时型和断电延时型两种。通电延时型时间继电器在其感测部分接收信号后开始延时，一旦延时完毕，就通过执行部分输出信号以操纵控制电路；当输入信号消失时，继电器就立即恢复到动作前的状态（复位）。断电延时型与通电延时型相反，断电延时型时间继电器在其感测部分接收输入信号后，执行部分立即动作；但当输入信号消失后，继电器必须经过一定的延时，才能恢复到原来（即动作前）的状态（复位），并且有信号输出。

图 4-16 为时间继电器的电路符号，其文字符号为 KT。

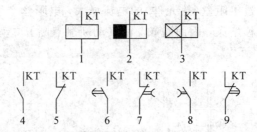

1—线圈一般符号；2—继电延时型线圈；3—通电延时型线圈；4—瞬动动合触点；5—瞬动动断触点；
6—通电延时动合触点；7—通电延时动断触点；8—断电延时动合触点；9—断电延时动断触点

图 4-16 时间继电器电路符号

(八) 中间继电器

中间继电器是用来远距离传输或转换控制信号的中间元件，其输入的是线圈的通电或断电信号，输出的是多对触点的通断动作，因此，不但可用于增加触头数目，实现多路同时控制，而且因为触头的额定电流大于线圈的额定电流，所以可以用来放大信号。

中间继电器的外形结构及电路符号如图 4-17 所示，其文字符号为 KA。

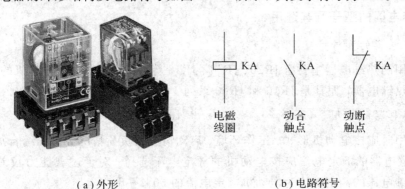

（a）外形　　　　　　　　（b）电路符号

图 4-17 中间继电器外形结构及电路符号

中间继电器与交流接触器相似，动作原理也相同。当电磁线圈得电时，铁心被吸合，触点动作，即动合触点闭合，动断触点断开；电磁线圈断电后，铁心释放，触点复位。

(九) 固态继电器

固态继电器又叫静态继电器，可输入微小的控制信号，达到直接驱动大电流负载的目的，是由微电子电路、分立电子器件、电力电子功率器件组成的无触点开关，其实物图如图 4-18 所示。

（a）三相固态继电器　　　　（b）单相固态继电器

图 4-18 固态继电器

四、知识拓展

速度继电器的外形结构如图 4-19(a)所示，图 4-19(b)为其电路符号，文字符号为 KS。

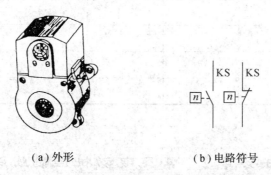

（a）外形　　　　　　　　（b）电路符号

图 4-19　速度继电器外形结构及电路符号

速度继电器主要由转子、定子和触点三部分组成，其中转子是一个圆柱形永久磁铁，定子是一个笼型空心圆环，定子由硅钢片叠成，并装有笼型绕组。

速度继电器的动作原理图如图 4-20 所示。使用时速度继电器的转轴与电动机的轴相连接，当电动机转动时，速度继电器的转子随之转动，在空间产生旋转磁场，切割定子绕组，在其中感应出电流；此电流又在旋转的转子磁场作用下产生转矩，使定子随转子转动方向而旋转，和定子装在一起的摆锤推动动触头动作，使动断触点断开，动合触点闭合；当电动机转速低于某一值时，定子产生的转矩减小，动触头复位。

速度继电器主要用作笼型异步电动机的反接制动控制，亦称反接制动继电器。

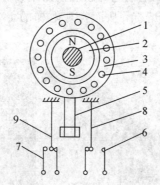

1—转轴；2—转子；3—定子；4—绕组；5—摆锤；6，7—静触点；8，9—动触点

图 4-20　速度继电器的动作原理图

五、技能训练

（1）认识按钮、断路器、交流接触器、热继电器、熔断器、中间继电器、时间继电器的结构。

（2）实训室低压配电箱中有哪些低压电器元器件？观察它们的型号、额定数值及其他技术参数并填写表 4-1。

表 4-1　认识电器元器件

设备名称	型号	额定电压	额定电流	绝缘强度	有无灭弧	功能
断路器						
刀开关						
交流接触器						
熔断器						
热继电器						

任务 4.2　常见电动机控制线路

一、任务引入

电梯或扶梯是我们日常生活中经常用到的一种设备，无论是大型商场、宾馆、饭店、高层的小区楼，还是影院、医院等都能看见电梯的身影。它不仅能使我们的生活变得方便，也能让每个人都能体会到科技的力量。那么电梯或扶梯是如何工作的呢？

电梯可以进行上行和下行动作，主要通过控制电动机正反转带动电梯轿厢的升降来实现。图 4-21 为电梯和扶梯的实物图。电梯的运作过程为：电梯在电动机的带动下进行升降，当电动机正转的时候，电动机拖动电梯轿厢向上运行；当电动机反转的时候，电动机拖动电梯轿厢向相反的方向即向下运行，从而实现电梯的上、下往复运作。扶梯的工作原理与电梯类似。

图 4-21　电梯实物图

电动机控制电路是依靠按钮、接触器、继电器等控制部件来对电动机的启停、运转进行控制的电路。通过控制部件的不同组合以及不同的接线方式，可对电动机的运转、运行时间、转速、方向等模式进行控制，从而满足一定的工作需求。本任务主要介绍点动控制、长动控制和正反转控制等基本的电动机控制线路。

二、教学目标

 知识目标

☆ 掌握常用电气控制线路的工作原理;
☆ 掌握常用电气控制线路的绘制方法。

 能力目标

☆ 能够进行电气控制电路分析;
☆ 能够进行基本控制电路的连接。

素质目标

☆ 培养学生对实际问题的分析能力;
☆ 培养学生的逻辑推理能力和思维能力;
☆ 培养学生的动手能力和创新能力。

三、相关知识

(一) 三相异步电动机的点动控制电路

生产实际中,对电动机有时需要点动控制。如车床夹件的调整状态,要求按下按钮,电动机转动;而放下按纽,电动机便要停止。

三相异步电动机的点动控制电路图如图 4-22 所示。图中左侧部分为主回路,主电路中流过的电流是电动机的工作电流,电流值较大;右侧部分为控制电路,控制电路电流较小。

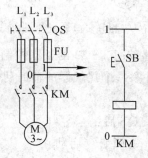

图 4-22 三相异步电动机的点动控制线路

三相异步电动机的动作原理简述如下:

(1) 合上刀开关 QS 后,因没有按下点动按钮 SB,接触器 KM 线圈没有得电,KM 的主触点断开,电动机 M 不得电,所以不会启动。

(2) 按下点动按钮 SB 后,控制回路中的接触器 KM 线圈得电,其主回路中的动合触点闭合,电动机得电启动运行。

(3) 松开按钮 SB,按钮在复位弹簧的作用下自动复位,断开控制电路 KM 线圈,主电路中 KM 触点恢复原来的断开状态,电动机断电直至停止转动。

控制过程也可以用符号来表示,其方法规定为:各种电器在没有外力作用或未通电的状态记为"一",电器在受到外力作用或通电的状态记为"+",并将它们相互关系用线段"——"表示,线段的左边符号表示原因,线段的右边符号表示结果。那么,三相异步电动机直接启动控制线路控制过程就可表示如下:

启动过程:SB+ ——KM+ ——M+(启动)

停止过程:SB− ——KM− ——M−(停止)

其中,SB+ 表示按下,SB− 表示松开。

在该控制电路中,QS 为刀开关,不能直接给电动机 M 供电,只起到电源引入的作用。主回路熔断器 FU 起短路保护作用,如发生三相电路的任两相电路短路,短路电流将使熔断器迅速熔断,从而切断主电路电源,实现对电动机的短路保护。

(二)三相异步电动机的长动控制电路

长动控制是指按下按钮后,电动机通电启动运转,松开按钮后,电动机仍继续运行。只有按下停止按钮,电动机才失电停转。长动与点动的主要区别在于松开启动按钮后,电动机是否继续保持得电运转的状态。如果所设计的控制线路能满足松开启动按钮后,电动机仍然保持运转,即为长动控制,否则就是点动控制。长动控制线路如图 4-23 所示。

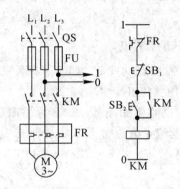

图 4-23 三相异步电动机的长动控制线路

比较图 4-22 的点动控制线路和图 4-23 的长动控制线路可见,长动控制线路是在点动控制线路的启动按钮 SB₂ 两端并联一个接触器的辅助动合触点 KM,再串联一个动断(停止)按钮 SB₁。

线路动作原理为,合上刀开关 QS 后:

启动:SB₂± ——KM 自+ ——M +(启动)

停止:SB₁± ——KM− ——M −(停止)

其中,± 表示先按下,后松开;KM 自+表示"自锁"。

所谓"自锁",是依靠接触器自身的辅助动合触点来保证线圈继续通电的现象。带有"自锁"功能的控制线路具有失压(零压)和欠压保护作用,即一旦发生断电或电源电压下降到一定值(一般降低到额定值的 85% 以下)时,自锁触点就会断开,接触器 KM 线圈就会断电;不重新按下启动按钮 SB₂,电动机将无法自动启动。只有在操作人员有准备的情况下再次按下启动按钮 SB₂,电动机才能重新启动,从而保证了人身和设备的安全。

（三）三相异步电动机的正反转控制电路

生产机械往往要求运动部件能够实现正、反两个方向的运动，这就要求电动机能做正、反向旋转。由电动机工作原理可知，改变电动机三相电源的相序，就能改变电动机的旋转方向。三相异步电动机的正反转控制线路如图 4-24 所示。

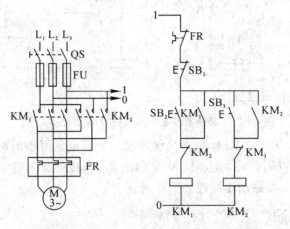

图 4-24　三相异步电动机的正反转控制线路

图 4-24 中 KM_1 为正转接触器，KM_2 为反转接触器。显然 KM_1 和 KM_2 两组主触点不能同时闭合，否则会引起电源短路，即要求 KM_1 和 KM_2 两接触器线圈不能同时通电。

控制线路中，正、反转接触器 KM_1 和 KM_2 线圈支路都分别串联了对方的动断触点，任何一个接触器接通的条件是另一个接触器必须处于断电释放的状态。两个接触器之间的这种相互关系称为"互锁"。线路动作原理如下所示：

$$正转：SB_2 \pm \boxed{} KM_{1_{\text{自}}} + \left\{ \begin{array}{l} M + \quad （正转） \\ \\ KM_2 - （互锁） \end{array} \right.$$

$$停止：SB_1 \pm \boxed{} KM_1 - \boxed{} M - \quad （停车）$$

$$反转：SB_3 \pm \boxed{} KM_{2_{\text{自}}} + \left\{ \begin{array}{l} M + \quad （反转） \\ \\ KM_1 - （互锁） \end{array} \right.$$

接触器互锁正、反转控制线路存在的主要问题是接触器从一个转向过渡到另一个转向时，要先按停止按钮 SB_1，不能直接过渡，显然这是十分不方便的。

四、知识拓展

三相交流异步电动机直接启动，虽然控制线路结构简单，使用维护方便，但异步电动机的启动电流很大（约为正常工作电流的 4~7 倍）。如果电源容量不比电动机容量大许多倍，则启动电流可能会明显地影响同一电网中其他电气设备的正常运行。因此，对于笼型异步电动机可采用定子串电阻（电抗）降压启动、定子串自耦变压器降压启动、星形-三角形降压启动等方式；而对于绕线型异步电动机，还可采用转子串电阻启动或转子串频敏变阻器启动等方式以限制启动电流。

接触器控制鼠笼式异步电动机星形-三角形降压启动线路如图 4-25 所示。

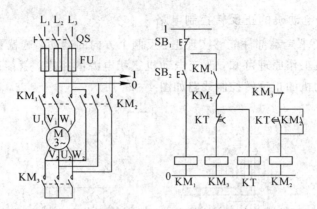

图 4-25　接触器控制星形-三角形降压启动线路

图中使用了 KM_1、KM_2、KM_3 三个接触器和一个通电延时型的时间继电器 KT。当接触器 KM_1、KM_3 主触点闭合时，电动机 M 星形连接；当接触器 KM_1、KM_2 主触点闭合时，电动机 M 三角形连接。线路动作原理如下所示：

$$SB_2 \pm \begin{cases} KM_3 + \text{---} M+(Y启动) \\ KM_{1自}+ \\ KT+ \xrightarrow{\Delta t} KM_3 - \text{---} \begin{cases} M- \\ KM_{2自}+ \text{---} M+(\triangle 运行) \\ KT-,\ KM_3- \end{cases} \end{cases}$$

上述线路中，电动机 M 三角形运行时，时间继电器 KT 和接触器 KM_3 均断电释放，这样，不仅使已完成星形-三角形降压启动任务的时间继电器 KT 不再通电，而且可以确保接触器 KM_2 通电后 KM_3 无电，从而避免 KM_3 与 KM_2 同时通电造成短路事故。

五、技能训练

常用电动机控制电路的连接

在实训室实训网孔台上完成下列电动机控制电路的连接，进一步了解各低压电气元器件的结构及作用，掌握常用电工工具的使用方法。

（1）完成三相异步电动机的点动控制电路的连接，了解交流接触器的工作过程。

（2）完成三相异步电动机的长动控制电路的连接，了解交流接触器自锁的实现。

（3）完成三相异步电动机的正反转控制电路的连接，了解交流接触器互锁的实现。

项 目 总 结

本项目主要介绍常用低压电气元器件和常用电动机控制电路。

常用低压电器有熔断器、开关、断路器、接触器、按钮、热继电器、时间继电器、中间继电器、固态继电器。

熔断器是一种结构简单、维护方便而有效的保护电器，在电路中主要起短路保护作用。

刀开关是结构简单、价格低廉、应用较广的一类手动电器，常用于照明电路的电源开关，主要用于隔离电源，也可用来非频繁地接通和分断容量较小的低压配电电器。低压断路器是一种既有手动开关作用，又能进行自动失压、欠压、过载和短路保护的电器，应用极为广泛。接触器是一种用来自动接通或断开大电流电路的电器。电路中的热继电器主要对电动机起过载保护作用。时间继电器也称为延时继电器，是一种用来实现触点延时接通或断开的控制电器。中间继电器是用来远距离传输或转换控制信号的中间元件，可用于增加触头数目，实现多路同时控制。固态继电器又叫静态继电器，可输入微小的控制信号，达到直接驱动大电流负载的目的。

生产实际中常用的基本控制电路有三相异步电动机的点动控制电路、三相异步电动机的长动控制电路、三相异步电动机的正反转控制电路等。熟练掌握这些控制电路有利于解决生产实际问题。

思 考 与 练 习

一、填空题

1. 在电气控制技术中，通常采用（　　　）或（　　　）作为短路保护。

2. 当电动机容量较大时，启动时产生较大的（　　　　　），会引起（　　　　　）下降，因此必须采用降压启动方法。

3. 低压断路器又称（　　　　　），它是一种能进行（　　　）、（　　　）、（　　　）和（　　　）保护的电器，

4. 时间继电器的种类很多，按延时方式可分为（　　　　　）和（　　　　　）。

5. 触点按其状态可分为（　　　）触点和（　　　）触点。

6. 自锁是将接触器的（　　　）触点与启动按钮（　　　）连接。

7. 互锁是将接触器的（　　　）触点与对方线圈回路（　　　）连接。

二、单项选择题

1. 热继电器的感应元件是（　　　）。

A. 电磁机构　　　　　B. 易熔元件　　　　　C. 双金属片　　　　　D. 控制触头

2. 无填料式熔断器属于（　　　）熔断器。

A. 开启式　　　　　B. 防护式　　　　　C. 封闭式　　　　　D. 纤维管式

3. 接触器的常态是指（　　　）。

A. 线圈未通电情况　　　　　　　　　　B. 线圈带电情况

C. 触头断开时　　　　　　　　　　　　D. 触头动作

4. 下列电器不能用来通断主电路的是（　　　）。

A. 接触器　　　　　B. 断路器　　　　　C. 刀开关　　　　　D. 热继电器

5. 下列低压电器中，主要起短路保护作用的是（　　　）。

A. 熔断器　　　　　B. 转换开关　　　　　C. 交流接触器　　　　　D. 时间继电器

6. 在电动机的连续运转控制中，其控制关键是（　　　）的应用。

A. 自锁触点　　　　　B. 互锁触点　　　　C. 复合按钮　　　　D. 机械连锁

7. 交流接触器的文字符号是（　　）。

A. KM　　　　　　　B. KS　　　　　　　C. FU　　　　　　　D. KT

三、综合题

1. 画出下列电器的图形符号：

（1）交流接触器：常开触点；线圈；常闭触点。

（2）热继电器：热元件；常闭触点。

（3）控制按钮。

（4）断路器。

2. 交流接触器主要由哪几部分组成？交流接触器与中间继电器有什么区别？

3. 热继电器能否作短路保护？为什么？

4. 画出两台三相交流异步电动机顺序启动、同时停止的控制线路图。（要求第一台电机启动后才能启动第二台电机）

5. 说明图 4 - 26 所示控制线路的工作情况。

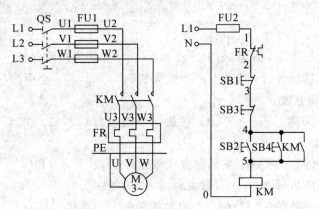

图 4 - 26

项目 5　半导体二极管及其作用

任务 5.1　半导体二极管

一、任务引入

在我们日常使用的多功能电源插座中，很多都装有一个电源指示灯，用以指示电源的开和关。这种指示灯一般都采用发光二极管来实现，图 5-1 所示即为电源指示灯电路。电路端口处电压为 220 V 交流电，电阻 R 的作用是限流。当电路接通、LED 亮时，插座有电；LED 灭时，插座无电。正常发光时，LED 本身的电流很小。

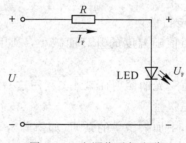

图 5-1　电源指示灯电路

该电路的核心元件即为发光二极管，而电子电路主要由半导体二极管、半导体三极管、电阻、电容和各种集成电路等组成。

本任务主要介绍半导体的基本知识、半导体二极管及其参数和特殊二极管。

二、教学目标

 知识目标

☆ 掌握半导体的基础知识及 PN 结的单向导电性；

☆ 理解二极管的结构及伏安特性。

能力目标

☆ 能够根据参数要求选择二极管；

☆ 能够对二极管的管脚极性进行准确的识别。

素质目标

☆ 培养学生的学习兴趣和逻辑思维能力；

☆ 培养学生灵活运用知识的能力；

☆ 培养学生的动手和实践能力。

三、相关知识

（一）半导体基本知识

自然界的物质按导电性能的不同，可分为导体、绝缘体和半导体三大类。导体导电能力好，如电缆线用的铜、铝等金属材料；绝缘体几乎不导电，如陶瓷、橡胶、塑料等；半导体的导电能力介于导体和绝缘体之间。半导体之所以能得到广泛应用，并不在于它的"半导电"特性，而在于它导电能力的"可控"特性。例如，掺杂某些微量元素或加热时导电性能显著改变，利用这些特性可以制成各种半导体器件。

我们通常将完全纯净、结构完整的半导体材料称为本征半导体。常用的半导体材料硅（Si）和锗（Ge）均为四价元素，它们的最外层电子既不像导体那么容易挣脱原子核的束缚成为自由电子，也不像绝缘体那样被原子核束缚得那么紧而无法自由移动，因而其导电性介于导体和绝缘体之间。

半导体具有以下独特的导电特性：

（1）热敏性。半导体的电阻值随温度的升高而减小，利用这一特性可制成温度敏感元件，如热敏电阻等。

（2）光敏性。半导体电阻值受光的照射而减小，利用这一特性可制成各种光敏元件，如光敏电阻、光敏二极管、光敏三极管等。

（3）杂敏性。在本征半导体中加入微量的杂质（如磷等），其阻抗就会大大下降，利用这一特性可制造出各种不同用途的半导体器件（如二极管、三极管和晶闸管等）。

1. PN 结的形成

杂质半导体是在本征半导体中掺入某些微量元素，根据掺入杂质的不同可分为 P 型半导体和 N 型半导体。

1）P 型半导体

如果在半导体硅、锗中掺入微量三价元素（如硼），就会产生大量空穴。这种半导体主要是带正电的空穴参与导电，称为 P 型半导体。

2）N 型半导体

在半导体硅、锗中掺入微量五价元素（如磷、砷），将会使自由电子大量增加，半导体主要依靠自由电子导电，这种半导体称为 N 型半导体。

在一块本征半导体上，采用掺杂工艺，使一边形成 N 型半导体，另一边形成 P 型半导体。在 N 型半导体和 P 型半导体的交界面，载流子会产生扩散运动。由于载流子的扩散运动，P 区一侧失去空穴，剩下负离子；N 区一侧失去自由电子，剩下正离子。结果在交界面附近形成一个空间电荷区，这个空间电荷区就是 PN 结，如图 5 - 2 所示。在 PN 结内会产生一个方向由 N 区指向 P 区的内电场,这个内电场使 PN 结的宽度不变。

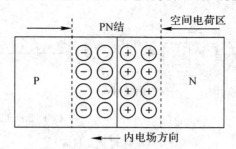

图 5-2 PN 结的形成

2. PN 结的单向导电性

所谓 PN 结的单向导电性,就是当 PN 结外加正向电压时,有较大电流通过 PN 结,而且通过的电流随外加电压的升高而迅速增大;而当 PN 结外加反向电压时,通过 PN 结的电流非常微小,而且电流几乎不随外加电压的增加而变化。

1)PN 结正偏

当 PN 结外加正向电压,即把电源正极接 P 区、电源负极接 N 区时,称 PN 结为正向偏置,简称正偏。这时外电场与内电场方向相反,PN 结变窄,N 区的多数载流子自由电子和 P 区的多数载流子空穴进行扩散运动,在回路中形成较大的正向电流 I_F,PN 结正向导通,PN 结呈低阻状态,如图 5-3(a)所示。

2)PN 结反偏

当 PN 结外加反向电压,即把电源正极接 N 区、电源负极接 P 区时,称 PN 结为反向偏置,简称反偏。这时外电场与内电场方向相同,PN 结变宽,N 区的少数载流子空穴和 P 区的少数载流子自由电子进行漂移运动,在回路中形成非常小的反向电流 I_R,PN 结反向截止,PN 结呈高阻状态,如图 5-3(b)所示。

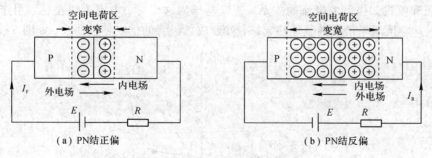

图 5-3 PN 结的单向导电性

综上,PN 结具有单向导电性,即加正向电压时导通,加反向电压时截止。

(二)半导体二极管的特性及主要参数

1. 二极管的结构和类型

将 PN 结的两个区,即 P 区和 N 区分别加上接触电极和引线引出,并用塑料或金属等管壳将其封装起来,就构成了半导体二极管,其结构与图形符号如图 5-4 所示,常见外形如图 5-5 所示。从 P 区引出的电极为阳极(或正极),从 N 区引出的电极为阴极(或负极)。

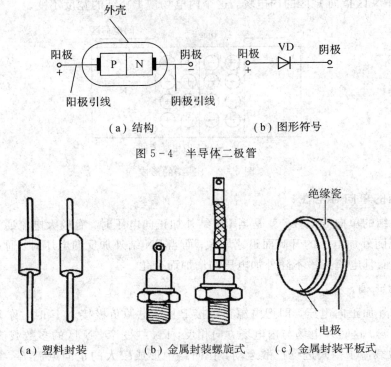

（a）结构　　　　　　　　（b）图形符号

图 5-4　半导体二极管

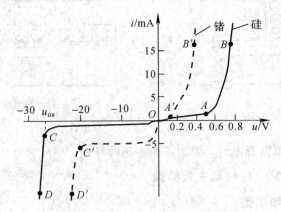

（a）塑料封装　　　（b）金属封装螺旋式　　　（c）金属封装平板式

图 5-5　常见二极管的外形

二极管按半导体材料不同可分为硅二极管和锗二极管两类；按用途不同可分为普通整流二极管、稳压二极管、光敏二极管及发光二极管等；按结构不同可分为点接触型、面接触型和平面型二极管。

2. 二极管的伏安特性

二极管的核心是 PN 结，因此同样具有单向导电性。二极管的伏安特性是指加在二极管两端的电压和流过二极管的电流的关系。若以电压为横坐标，电流为纵坐标，用作图法把电压、电流的对应值用平滑的曲线连接起来，就形成二极管的伏安特性曲线，如图 5-6 所示。

图 5-6　二极管的伏安特性曲线

1）正向导通特性

当外加正向电压很小时，正向电流几乎为 0；随着外加正向电压逐渐增加，当其超过一定数值后，电流迅速增大，这个一定数值的正向电压称为死区电压，其大小与管子的材料及环境温度有关，一般硅管的死区电压约为 0.5 V，锗管约为 0.1 V；当外加正向电压超过死区电压时，正向电流就会急剧地增大，二极管呈现很小的电阻而处于导通状态，这时硅管的正向导通压降约为 0.6～0.7 V，锗管约为 0.2～0.3 V。

2）反向截止特性

外加反向电压时，在开始的很大范围内，二极管相当于非常大的电阻，反向电流很小（此电流称反向饱和电流），且不随反向电压的变化而变化，此时二极管处于截止状态。

3）反向击穿特性

如果二极管反向电压继续增加到一定数值时，反向电流急剧增大，二极管失去单向导电性，这种现象称为反向击穿，此时对应的电压 u_{BR} 称为二极管的反向击穿电压。

3．二极管的主要参数

二极管的参数是描述二极管性能优劣的指标，主要参数有：

1）最大整流电流 I_S

最大整流电流 I_S 是指二极管长期正常运行时允许通过的最大正向平均电流。使用时正向平均电流不能超过此值，否则会烧坏二极管。

2）最高反向工作电压 U_{RM}

最高反向工作电压 U_{RM} 是指二极管正常工作时，保证二极管不被击穿而允许达到的最高反向电压，通常取反向击穿电压的一半左右。

3）反向饱和电流 I_R

反向饱和电流 I_R 是指在规定的反向电压和室温下，二极管未被击穿时的反向电流，其值越小，说明管子的单向导电性能越好。

（三）特殊二极管

为了适应各种不同功能的要求，还有很多特殊功能的二极管，如稳压二极管、发光二极管、光电二极管等。

1．稳压二极管

1）稳压二极管的结构

稳压二极管是一种用特殊工艺制造的硅二极管。只要反向电流不超过极限电流，管子工作在击穿区并不会损坏，属可逆击穿，这与普通二极管破坏性击穿是截然不同的。稳压管工作在反向击穿区域时，利用其陡峭的反向击穿特性在电路中起稳定电压作用。它的电路符号如图 5-7(a)所示，常见外形如图 5-7(b)所示。

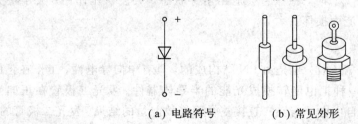

（a）电路符号　　　（b）常见外形

图 5-7　稳压二极管电路符号与常见外形

2) 稳压二极管的伏安特性

稳压二极管的正向特性曲线与普通二极管相似，它的反向击穿特性较陡，允许通过的电流也比较大，如图 5-8 所示。

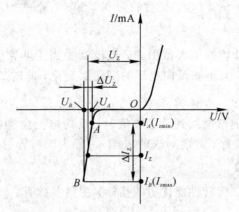

图 5-8　稳压二极管的伏安特性曲线

图 5-9 所示为稳压二极管的稳压电路。稳压管通常工作在反向击穿区，当反向击穿电流在较大范围内变化时，其两端电压变化很小，因而具有稳定电压的作用。只要反向电流不超过允许范围，稳压管就不会发生热击穿而损坏。在电路中，稳压管通常串联一个适当的限流电阻。

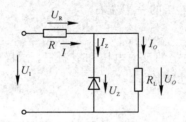

图 5-9　稳压二极管的稳压电路

3) 稳压二极管的主要参数

(1) 稳定电压 U_Z。

稳定电压就是稳压二极管的反向击穿电压。它是稳压二极管正常工作时，所能提供的稳定电压。

(2) 稳定电流 I_Z。

稳定电流就是稳压二极管在稳压状态时流过的电流，其值应该在 I_{Zmin} 和 I_{Zmax} 之间。当稳定电流小于最小稳定电流 I_{Zmin} 时，稳压管会退出击穿状态，失去稳压作用；大于最大稳定电流 I_{Zmax} 时，管子会因过流而损坏。

2. 发光二极管

发光二极管与普通二极管一样，也是由 PN 结构成的，具有单向导电性，工作在正向偏置状态，导通时能发光，是一种把电能转换成光能的半导体器件。发光二极管在正向导通时会发出可见光，这是由于自由电子与空穴直接复合而释放能量的结果。发光二极管的 PN 结通常用砷化镓、磷化镓等制成，可发出红、黄、蓝等颜色的光，可作为显示器件使用，工作电流一般为几毫安至十几毫安之间。图 5-10 所示为发光二极管的电路符号和常见外形。

发光二极管的用途很广泛,常用作设备的电源指示灯以及音响设备、数控装置中的显示器。

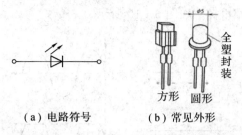

（a）电路符号　　　（b）常见外形

图 5-10　发光二极管的电路符号和常见外形

3. 光电二极管

光电二极管是一种很常用的光敏元件,工作在反向偏置状态。它的管壳上有一个玻璃窗口,用以接受光照,从而实现光信号到电信号的转换。光电二极管的电路符号如图 5-11(a)所示。

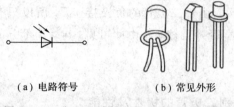

（a）电路符号　　　（b）常见外形

图 5-11　光电二极管的电路符号和常见外形

光电二极管和普通二极管一样,通常正向电阻为几千欧,反向电阻为无穷大,否则说明光电二极管质量变差或损坏。当光电二极管受到光线照射时,反向电阻显著变化,正向电阻不变。光电二极管的 PN 结可以接收外部的光照,PN 结工作在反向偏置状态下,其反向电流随光照强度的增加而上升。图 5-11(b)是光电二极管的常见外形图。

光电二极管是将光信号转换为电信号的常用器件,在自动控制和检测系统中应用广泛,主要在需要光电转换的自动探测、控制装置以及光导纤维通信系统中作为接收器件等。

四、知识拓展

1. 二极管的理想模型

理想二极管:加正向电压时导通,管压降为零,可等效为一个“闭合”的开关;加反向电压时截止,电流为零,可等效为一个“断开”的开关。因此,理想二极管具有“开关”特性,正偏时开关闭合,反偏时开关断开,如图 5-12 所示。

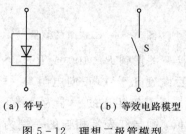

（a）符号　　　　（b）等效电路模型

图 5-12　理想二极管模型

2. 限幅电路

限幅是指限制输出信号的幅度。当输入信号幅度变化较大时，为使信号幅度得到一定的限制，可将信号接入限幅电路，如图 5-13 所示。

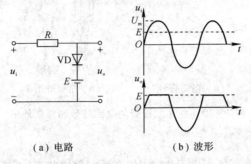

（a）电路　　　　　　　（b）波形

图 5-13 二极管限幅电路

设 VD 为理想二极管，当 VD 导通时，VD 可看作短路，于是 $u_o = E$；当 VD 截止时，VD 可看作开路，于是 $u_o = u_i$。由于二极管的负极接 $+E$，所以只有当二极管的正极电位高于 $+E$ 时，二极管才能导通，否则就截止。由此可见，$u_i \geqslant E$ 部分的输出波形就被限幅了。

五、技能训练

1. 用指针式万用表判别二极管的极性及性能

通常根据二极管外壳上的标记符号来辨别二极管的极性。如标记不清或者没有标记，可根据二极管的单向导电性即正向电阻小、反向电阻大的特点，用万用表来判断它的极性和性能。测试小功率二极管时应选 $R \times 100$ 或 $R \times 1$ k 挡。因为 $R \times 1$ 和 $R \times 10$ 挡内电阻小，流过二极管的电流大，正向电流过大容易烧毁二极管；而 $R \times 10$ k 挡内部电压高（一般为 12 V 或 15 V），易发生反向电压击穿。

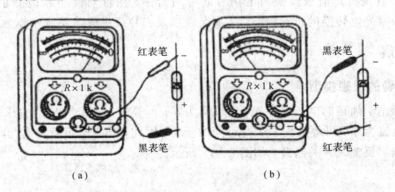

（a）　　　　　　　　　　（b）

图 5-14　二极管的测量

测试方法：将万用表的转换开关拨到 $R \times 100$ 或 $R \times 1$ k 挡，然后用两表笔分别正向、反向测量其电阻值，一个为几百欧到几千欧（正向电阻），一个为几百千欧（反向电阻）。如测量出几百欧的小电阻值，则与黑表笔相连的一端为正极，与红表笔相连的一端为负极；反之如测量出几百千欧的大阻值，则与红表笔相连的一端为正极，与黑表笔相连的一端为负极，如图 5-14 所示；若测量的正向电阻和反向电阻均很小（等于 0），则表明二极管短路；若测量的正向电阻和反向电阻均为无穷大，则表明二极管断路。

温馨提示：在指针式万用表电阻挡，黑表笔为表内电池的正极，红表笔为表内电池的负极，与插孔所标极性相反。

2. 用数字式万用表判别二极管的极性及性能

当用数字式万用表测试二极管时（挡位置于标有二极管符号的挡），用红表笔接二极管的正极，黑表笔接二极管的负极，数字式万用表直接显示二极管的正向电压降。正常情况下，硅二极管的正向电压降为 $0.5 \sim 0.7$ V，而锗二极管的正向电压降为 $0.2 \sim 0.3$ V，反接时应显示"1"。测量时，若正反向均显示"0"，则表明二极管已经击穿短路；而如果正反向皆溢出，则表明二极管内部断路。

温馨提示：数字万用表两表笔极性在各档与插孔所标极性相同。

任务 5.2　半导体二极管的作用

一、任务引入

电子电路必须要有直流电源才能工作，如何获得质量优良的直流电源，是我们需要解决的问题。通常获得直流电源的方法较多，如干电池、蓄电池、直流电机等，但相比而言，常用的是利用交流电源经过变换而成的直流电源。一般情况下，获取中小功率直流电源的方法是利用电网中的 220 V 交流电压，经过降压变压器降压以及整流和滤波电路后，得到一个幅值比较平滑的直流电压，再利用稳压电路使输出的直流电压稳定在负载需要的电压值上，其过程如图 5-15 所示。

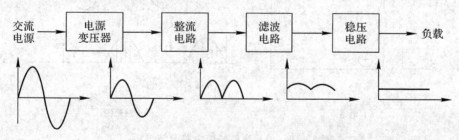

图 5-15　直流稳压电源的结构框图及波形图

整流环节是直流稳压电源的基础，主要利用二极管的单向导电性将交流电压整流为单方向的直流脉动电压。

本任务主要介绍直流稳压电源中的三个主要部分——整流电路、滤波电路和稳压电路。

二、教学目标

 知识目标

☆ 掌握直流稳压电源的基本组成及各部分的作用；
☆ 掌握整流电路、滤波电路和稳压电路的特点和工作原理。

能力目标

☆ 能够设计简单的直流稳压电源，并能正确分析；
☆ 能够对整流电路、滤波电路和稳压电路进行组装和测试。

素质目标

☆ 培养学生主动探索的创新精神；
☆ 提高学生的安全意识。

三、相关知识

(一) 整流电路

利用二极管的单向导电特性，将正负交替的正弦交流电压变换成单方向的脉动电压的电路，称为整流电路。常用的单相整流电路有单相半波和单相全波整流电路，其中单相全波整流电路又以单相桥式整流电路最为普遍。

1. 单相半波整流电路

单相半波整流电路如图 5-16(a)所示。该电路由电源变压器 T、整流二极管 VD 及负载电阻 R_L 组成。

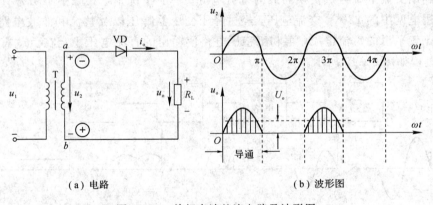

(a) 电路　　　　　　　　　(b) 波形图

图 5-16　单相半波整流电路及波形图

1) 整流原理

在 u_2 的正半周，$u_2 > 0$，其实际极性为 a 正 b 负，此时二极管正向导通，电流 i_o 流过负载电阻 R_L。若忽略二极管的正向压降，负载上的电压 $u_o = u_2$，两者波形相同。在 u_2 的负半周，$u_2 < 0$，其实际极性为 a 负 b 正，二极管反偏截止，负载上没有电流和电压，其波形如图 5-16(b)所示。因为这种电路只在交流电压的半个周期内才有电流流过负载，所以称为单相半波整流电路。

2) 负载电压和电流

由波形图可以看出负载上得到的整流电压方向不变，但大小是变化的（即为脉动的直流电压），常用一个周期的平均值 U_o 表示它的大小，即

$$U_o = \frac{1}{2\pi}\int_0^\pi \sqrt{2}U_2 \sin\omega t\, \mathrm{d}(\omega t) = \frac{\sqrt{2}}{\pi}U_2 = 0.45U_2$$

负载上的平均电流为

$$I_o = \frac{U_o}{R_L} = 0.45\frac{U_2}{R_L}$$

3）二极管的最高反向工作电压

$$U_{RM} = \sqrt{2}U_2$$

2. 单相全波整流电路

单相半波整流的缺点是只利用了电源的半个周期，同时输出电压的脉动较大。为了克服这些缺点，常采用全波整流电路，最常用的是单相桥式整流电路。它由四个二极管接成电桥的形式构成，其中一条对角线接变压器的次级，另一条对角线接负载 R_L，但二者不能互换，如图 5-17(a)所示，图 5-18 是它的简化画法。

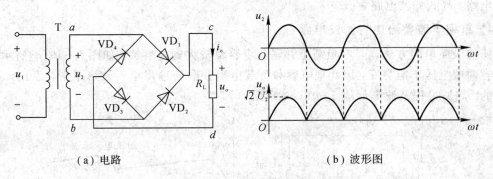

（a）电路　　　　　　　　　　（b）波形图

图 5-17　单相桥式整流电路及波形图

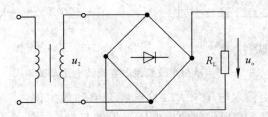

图 5-18　单相桥式整流电路简化画法

1）整流原理

在 u_2 的正半周，u_2 的实际极性为 a 正 b 负，二极管 VD_1、VD_3 正偏导通，VD_2、VD_4 反偏截止。从图 5-17(a)可知，电流流向为 $a \to VD_1 \to c \to R_L \to d \to VD_3 \to b$，波形如图 5-17(b)所示。在 u_2 的负半周，u_2 的实际极性为 a 负 b 正，二极管 VD_2、VD_4 正偏导通，VD_1、VD_3 反偏截止。从图 5-17(a)可知，电流流向为 $b \to VD_2 \to c \to R_L \to d \to VD_4 \to a$，波形如图 5-17(b)所示。

2）负载电压和电流

由图 5-17(b)可知，全波整流的整流电压的平均值 U_o 比半波整流增加了一倍，即

$$U_o = \frac{1}{2\pi}\int_0^{2\pi} u_o \mathrm{d}(\omega t) = \frac{1}{\pi}\int_0^\pi \sqrt{2}U_2 \sin\omega t\, \mathrm{d}(\omega t) = 0.9U_2$$

$$I_{o} = 0.9 \frac{U_2}{R_L}$$

3）二极管的最高反向工作电压

每个二极管的最高反向电压均为

$$U_{RM} = \sqrt{2} U_2$$

单相全波整流电路的整流效率高，输出电压高且波动较小，应用较为广泛。

（二）滤波电路

单相半波和全波整流电路的输出电压中都含有较大的脉动成分，不能直接为电子电路供电，必须要采取措施减小输出电压中的交流成分，使输出电压接近于理想的直流电压。这种措施通常就是采用滤波将交流成分滤除，以得到比较平滑的输出电压。滤波通常利用电容或电感的能量存储功能来实现。

滤波电路一般由电容、电感、电阻等元件组成，常用的滤波电路有电容滤波电路、电感滤波电路、复式滤波电路等。

1. 单相半波整流电容滤波电路

滤波最简单的方法就是在负载上并联一个容量较大的电容 C，如图 5 - 19（a）所示，由于电容两端电压不能突变，因此把电容和负载电阻并联使输出电压波形平滑，以达到滤波的目的。滤波过程及波形如图 5 - 19（b）所示。

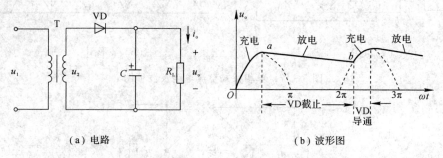

（a）电路　　　　　　　　　　　　（b）波形图

图 5 - 19　单相半波整流电容滤波电路及波形图

从能量的角度来看，输入电压增大时给电容充电到最大值，储存能量；输入电压减小时电容器放电，释放能量，实现了使输出电压平滑的目的，如图 5 - 19（b）所示。从电容器的阻抗特性来看，由于电容器对直流的阻抗为无穷大，因此直流不能通过；对交流来说，只要 C 足够大（如几百微法至几千微法），即使对工频交流电，X_C 也是很小的，可以近似看成对交流短路。因此整流后得到的脉动直流电中的交流成分被电容 C 旁路，流过 R_L 的电流基本上是一个平滑的直流电流，达到了滤除交流成分的目的。

可见，滤波后不但脉动减小，且输出电压的平均值有所提高。当满足 $R_L C = (3 - 5) \dfrac{T}{2}$ 条件时，单相半波整流电容滤波电路输出电压的平均值为

$$U_o = U_2$$

利用电容滤波时应注意滤波电容容量较大，一般用电解电容；应注意电容的正极性接高电位，负极性接低电位，如果接反则容易击穿、爆裂。

总之，电容滤波电路比较简单，直流电压较高，纹波也较小。缺点是输出特性较差，适

用于小电流的场合。

2. 单相全波整流电容滤波电路

图 5-20(a)为单相桥式整流电容滤波电路。并入电容 C 后，在 $u_2 > 0$ 时，VD_1、VD_3 导通，VD_2、VD_4 截止，电源在向 R_L 供电的同时，又向 C 充电储能；由于充电时间常数很小（绕线电阻和二极管的正向电阻都很小），充电很快，输出电压 u_o 随 u_2 上升；当 $u_C = \sqrt{2}\,u_2$ 后，u_2 开始下降；在 $u_2 < u_C$ 时，四个二极管全部反偏截止，由电容 C 向 R_L 放电；由于放电时间常数较大，放电较慢，输出电压 u_C 随 u_2 按指数规律缓慢下降，如图中所示的放电阶段；负半周电压 $u_2 > u_C$，VD_1、VD_3 截止，VD_2、VD_4 导通，C 又被充电至最大值，这一充电过程形成 $u_o = u_2$ 的波形；重新充电至最大值以后，$u_2 < u_C$，$VD_1 \sim VD_4$ 又截止，C 又放电。如此不断地充电、放电，使负载获得如图 5-20(b)中所示的 u_o 波形。由波形可见，桥式整流接电容滤波后，输出电压的脉动程度大为减小，此时，输出电压平均值为

$$U_o = 1.2U_2$$

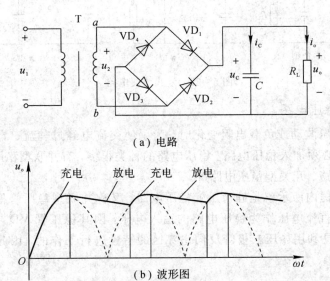

（a）电路

（b）波形图

图 5-20　单相桥式整流电容滤波电路及波形图

为获得比较平滑的输出电压，一般取时间常数 $R_L C \geqslant (3-5)T/2$，式中 T 为交流电源电压的周期。

电容滤波电路结构简单，输出电压较高，脉动较小，常用于负载电流变化不大的场合。

3. 电感滤波电路

由于通过电感的电流不能突变，因此用一个大电感与负载串联，流过负载的电流也就不能突变，电流平滑，输出电压的波形也就平稳了。这是因为电感对交流呈现很大的阻抗，频率愈高，感抗越大，则交流成分绝大部分降到了电感上。若忽略导线电阻，电感对直流没有压降，即直流均落在负载上，达到了滤波目的。

电感滤波电路如图 5-21 所示。在这种电路中，输出电压的交流成分是整流电路输出电压的交流成分经 X_L 和 R_L 分压的结果，只有 $\omega L \gg R_L$ 时，滤波效果才好。一般小于全波整流电路输出电压的平均值，如果忽略电感线圈的铜阻，则 $U_o \approx 0.9U_2$。

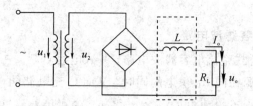

图 5-21 单相桥式整流电感滤波电路

电感滤波电路 L 越大，滤波的效果越好。为了增大 L 值，多用铁心电感。但铁心电感体积大、笨重，且输出电压的平均值 U_o 更低。

4. 复式滤波电路

为了提高滤波效果，可用电容、电感或电阻组成复式滤波电路，如图 5-22 所示。

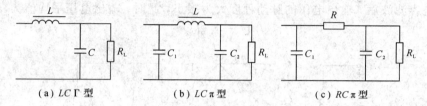

（a）$LC\Gamma$ 型　　　　　（b）$LC\pi$ 型　　　　　（c）$RC\pi$ 型

图 5-22 复式滤波电路

（三）稳压管稳压电路

当交流电网电压波动或负载电阻变化时，为了使交流电经过整流、滤波电路得到的直流电压保持稳定，必须加入稳压电路。稳压电路的种类很多，有并联型稳压管稳压电路、串联型三极管稳压电路、开关型稳压电路等。

图 5-23 虚线框内所示就是硅稳压管稳压电路，又称并联型稳压管稳压电路。电路经整流滤波后得到的直流电压作为稳压电路的输入电压，因其稳压管 VD 与负载电阻 R_L 并联而得名。此电路是利用稳压二极管反向击穿区的特性进行工作的，因此，稳压管在电路中要反向连接。

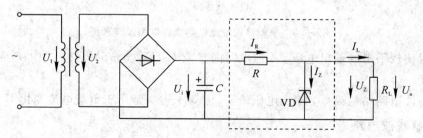

图 5-23 硅稳压管稳压电路

在这种电路中，不论是电网电压波动还是负载电阻变化，稳压管稳压电路都能起到稳压作用，电压基本恒定，$U_o = U_Z$。

四、知识拓展

三端集成稳压器

稳压电路一般用集成电路实现，称为集成稳压器。

所谓集成稳压器，就是把稳压器的功率调整管、取样电路、基准电压、比较放大电路、启动和保护电路等，全部集成在一块芯片上，作为一个器件使用。集成稳压器具有体积小，外围元器件少，性能稳定可靠，使用、调整方便等优点，因此得到了广泛应用。

集成稳压器类型很多，应用较多的是三端集成稳压器，它内部包括有串联反馈型稳压电路的各个单元以及完善的保护环节。三端是指稳压器对外只引出三个端子，即一个电压输入端、一个电压输出端和一个公共端，其外形和图形符号如图 5-24 所示。

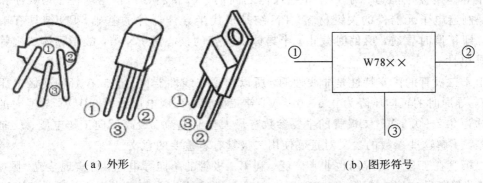

（a）外形　　　　　　　　　　　　（b）图形符号

图 5-24　三端集成稳压器的外形和图形符号

目前，国内生产的三端集成稳压器主要有 W78××（正电压输出）系列和 W79××（负电压输出）系列两种。对于具体器件，符号中的"××"用数字代替，表示输出电压值。两种系列都有 5 V、6 V、9 V、12 V、15 V、18 V 和 24 V 等 7 种输出电压等级，其电压偏差一般在 ±2% 以内。例如 W7812 表示输出稳定电压为 +12 V，而 W7912 表示输出稳定电压为 -12 V。两种系列的输出电流又有 100 mA(78L××)、0.5 A(78M××)和 1.5A(78××) 三种规格。

三端集成稳压器的使用十分方便，只要从产品手册中查出有关参数指标和外形尺寸，配上适当的散热片，就可以接成所需的稳压电源。

具有固定电压输出的三端集成稳压器如图 5-25 所示，其中 W78 系列的①脚为输入端，②脚为输出端，③脚为公共端，通常是在整流滤波电路之后接上三端稳压器，输入电压接①、③端，②、③端则输出稳定电压 U_o。W79 系列的②脚为输入端，③脚为输出端，①脚为公共端。在输入端并联一个电容 C_1 以旁路高频干扰信号，消除自激振荡；输出端的电容 C_2 起滤波作用。

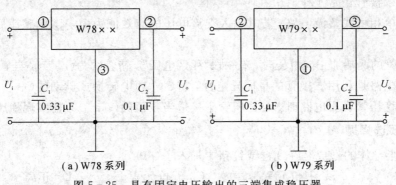

（a）W78 系列　　　　　　　　　　（b）W79 系列

图 5-25　具有固定电压输出的三端集成稳压器

项 目 总 结

本项目主要介绍半导体的基本知识、半导体二极管的特性及主要参数、特殊二极管以及半导体二极管的应用等。

半导体是导电能力介于导体和绝缘体之间的一种材料，具有热敏性、光敏性和掺杂性，是制造电子元器件的关键材料。PN 结是现代半导体器件的基础，PN 结具有单向导电性，即正偏时导通，反偏时截止。半导体二极管的核心是 PN 结，故半导体二极管具有单向导电性。

由于二极管的伏安特性是非线性的，所以它是非线性器件。硅二极管的死区电压约为 0.5 V，导通时的正向压降为 0.6～0.7 V；锗二极管的死区电压约为 0.1 V，导通时的正向压降约为 0.2～0.3 V。二极管的主要参数有最大整流电流、最高反向工作电压、反向饱和电流等，了解这些参数的含义对正确使用二极管有着重要的意义。

二极管在工程中的应用也非常广泛，利用二极管的单向导电性，可实现整流、限幅、稳压、开关等各种应用。其中，直流稳压电源是二极管的一个典型应用，主要包括电源变压器、整流电路、滤波电路和稳压电路四部分。电源变压器主要用来降低交流电的幅值；整流电路用来利用二极管的单向导电性把交流电变换成单方向的脉动直流电；滤波电路用来滤除脉动直流电中的交流成分；稳压电路用来在电网电压波动或负载改变的时候保持输出电压稳定。

思 考 与 练 习

一、填空题

1. 半导体的三个特征是（   ）、（   ）、（   ）。

2. PN 结的基本特性是（   ）。

3. 光电二极管是将（   ）转变为（   ）的半导体器件。

4. 二极管的正向电阻（   ），反向电阻（   ）。

5. 稳压二极管正常工作时应在（   ）区。

6. 对于单相桥式整流电路，若其输入交流电压的有效值为 10 V，则整流后的输出电压平均值等于（   ）。

7. 二极管的两端加正向电压时，有一段"死区电压"，锗管约为（   ），硅管约为（   ）。

8. 整流电路是利用二极管的单向导电性，将（   ）电转换成脉动的（   ）电。

9. 构成稳压管稳压电路时，与稳压管串接适当数值的（   ）方能实现稳压。

二、单项选择题

1. P 型半导体的形成是在纯硅或纯锗中加入了（   ）。

A. 空穴   B. 三价元素   C. 五价元素   D. 正离子

2. 硅二极管正偏导通时，其管压降约为(　　)。

A. 0.1 V　　　　　B. 0.2 V　　　　　C. 0.5 V　　　　　D. 0.7 V

3. 从二极管伏安特性曲线可以看出，二极管两端压降大于(　　)时二极管处于正偏导通状态。

A. 0　　　　　　　　　　　　　B. 死区电压

C. 反向击穿电压　　　　　　　　D. 正向压降

4. 光电二极管正常工作时应在(　　)状态。

A. 正向导通区　　B. 反向截止区　　　C. 反向击穿区　　　D. 死区

5. 已知变压器二次电压为 $u_2 = \sqrt{2}U_2 \sin\omega t$ V，负载电阻为 R_L，则单相半波整流电路中二极管承受的反向峰值电压为(　　)。

A. U_2　　　　　B. $0.45U_2$　　　　C. $\sqrt{2}U_2/2$　　　D. $\sqrt{2}U_2$

6. 直流稳压电源中滤波电路的目的是(　　)。

A. 将交流变为直流　　　　　　　B. 将直流变为交流

C. 将高频变为低频　　　　　　　D. 将交、直流混合量中的交流成分滤掉

三、综合题

1. PN 结正向偏置与反向偏置时各有什么特点？

2. 为什么二极管可以当做一个开关来使用？

3. 普通二极管与稳压管有何异同？普通二极管有稳压性能吗？

4. 选用二极管时主要考虑哪些参数？这些参数的含义是什么？

5. 图 5-26 所示各电路中，设二极管为理想元件，试求电路的输出电压 U_o。

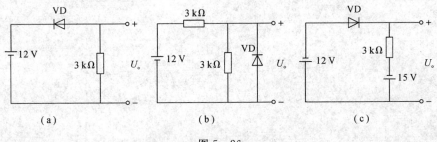

(a)　　　　　　　　　　　(b)　　　　　　　　　　　(c)

图 5-26

6. 理想二极管电路如图 5-27 所示，求输出电压 U_o 的值。

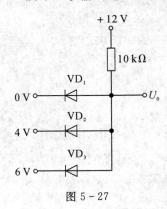

图 5-27

7. 单相半波整流电路如图 5-16(a)所示，负载电阻 $R_L = 2$ kΩ，变压器二次绕组电压 $U_2 = 30$ V，试求输出电压 U_o 和电流 I_o。

8. 单相桥式整流电路如图 5-17(a)所示，已知负载电阻 $R_L = 1$ kΩ，现要求该整流电路输出直流电压 $U_o = 80$ V，试求变压器二次绕组电压 U_2。

项目 6 晶体管及其作用

任务 6.1 晶 体 管

一、任务引入

日常生活所用的收音机，需要将天线接收到的微弱电信号进行处理、放大到一定程度，驱动扬声器发出声音。如图 6-1 所示为收音机的工作原理图，接收天线接收天空中的无线电信号，变成高频电信号放大之后送到混频电路；混频电路将经高频放大后的信号变为中频调幅信号，不管输入的高频信号的频率如何，混频后的频率是固定的，我国规定为 465 kHz；中频放大电路将中频调幅信号放大到检波器所要求的大小，再由检波器将中频调幅信号所携带的音频信号送给低频放大，并将其放大到功率能够推动扬声器或耳机的水平，从而使扬声器或耳机将音频信号最终转变为声音。

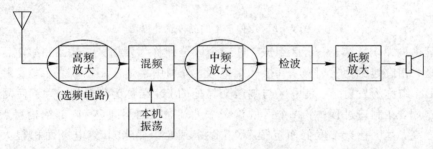

图 6-1 收音机的工作原理

在自动控制系统中，许多检测仪表利用传感器将温度、压力、流量、液位等非电量信号转变成微弱的电信号，再经过放大去驱动显示仪表显示被测量的大小，或者继续放大到一定的输出功率来驱动电磁铁、电动机、液压机构等执行部件工作，以实现自动控制。

以上信号的放大过程均是通过放大电路实现的，而放大电路的核心器件就是晶体管。本任务主要介绍晶体管的结构、电流放大作用及其主要参数等。

二、教学目标

 知识目标

☆ 掌握晶体管的结构及电路符号；
☆ 掌握晶体管的电流放大作用及伏安特性曲线；

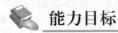
☆ 掌握晶体管的特性及主要参数。

能力目标

☆ 能够识别和检测晶体管管型；
☆ 能够用万用表识别晶体管各引脚。

素质目标

☆ 培养学生善于发现、勤于动脑的良好素质；
☆ 培养学生仔细观察、认真分析的科学态度。

三、相关知识

（一）晶体管的基本结构及分类

晶体管又称三极管，是重要的半导体器件之一，用于各类放大电路中。它具有体积小、重量轻、耗电省、寿命长、工作可靠等一系列优点，应用十分广泛。它的放大作用和开关作用促进了电子技术的飞跃发展，常见的晶体管如图 6-2 所示。

图 6-2　几种常见的晶体管外形图

晶体管由两个 PN 结、三个区组成，这三个区分别称为发射区、基区和集电区，各区引出一个电极，相应地称为发射极、基极和集电极，分别用字母 E、B、C 表示。发射区与基区交界处的 PN 结称为发射结，集电区与基区交界处的 PN 结称为集电结。为了使晶体管具有电流放大作用，在制造过程中，每个区的掺杂浓度及面积均不同，其内部结构特点是：发射区掺杂浓度高，基区掺杂浓度低而且很薄（几微米到几十微米），集电区面积很大，这些特点是晶体管实现放大作用的内部条件。

按照两个 PN 结结合方式的不同，晶体管分为 NPN 型和 PNP 型，其结构和图形符号如图 6-3 所示，符号中的箭头方向表示发射结正向偏置时的电流方向。

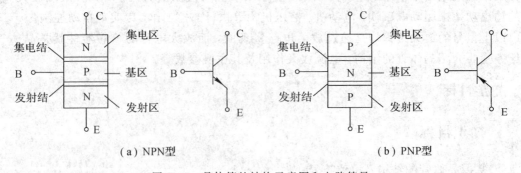

（a）NPN型　　　　　　　　　　　　　　　　（b）PNP型

图 6-3　晶体管的结构示意图和电路符号

晶体管的种类有很多,按照制造材料的不同,分为硅管和锗管;按照结构类型,分为NPN型和PNP型;按照功率大小,分为小功率管、中功率管和大功率管;按照工作频率的高低,分成低频管和高频管;按工作状态不同分为放大管和开关管。

(二)晶体管的电流放大作用

放大电路的核心器件是晶体管。要使晶体管具有电流放大作用,除了晶体管的内因外,还要有外部条件,即晶体管的发射结正偏、集电结反偏。晶体管有NPN型和PNP型两类,因此,为了保证其外部条件,这两类晶体管工作时外加电源的极性是不同的,如图6-4所示。图6-4(a)是为NPN管提供偏置电压的电路,这样,三个电极之间的电位关系为$U_C>U_B>U_E$,实现了发射结的正向偏置和集电结的反向偏置。图6-4(b)是为PNP管提供偏置电压的电路,和NPN管的偏置电路相比,电源极性正好相反。同理,为保证晶体管实现放大作用,则必须满足$U_C<U_B<U_E$。

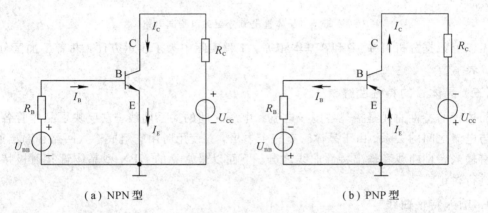

(a) NPN型   (b) PNP型

图6-4 晶体管的工作电压

为了了解晶体管各电极电流的分配关系,以NPN型晶体管为例,用图6-5所示的电路进行实验,调节电位器R_P,则基极电流I_B、集电极电流I_C和发射极电流I_E都发生变化,测量结果如表6-1所示。

表6-1 晶体管各极电流测试数据

测量次数 电流/mA	1	2	3	4	5
I_B	0	0.01	0.02	0.04	0.06
I_C	0.3	0.99	1.97	3.96	5.95
I_E	0.3	1.00	1.99	4.00	6.01

通过对表6-1进行分析、计算,可发现晶体管极间电流存在如下关系:

(1)$I_E=I_B+I_C$,其中$I_E\approx I_C\gg I_B$,此结果满足基尔霍夫电流定律,即流进管子的电流等于流出管子的电流。

(2)I_C/I_B=定值,即当基极电流I_B增大时,I_C基本上是成比例地相应增大,I_C与I_B的比值称为直流电流放大系数,通常用$\bar\beta$表示,$\bar\beta=I_C/I_B$表征晶体管的直流放大能力。

(3)$\Delta I_C/\Delta I_B$=定值,即基极电流I_B的较小变化可以引起集电极电流I_C的较大变化,这就是晶体管的电流放大作用。ΔI_C 与 ΔI_B 的比值称为交流电流放大系数，用 β 表示，$\beta=\Delta I_C / \Delta I_B$，表征晶体管的交流放大能力。

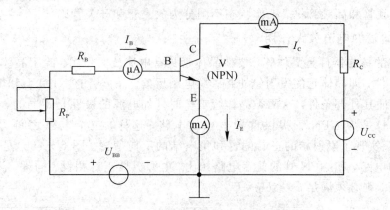

图 6-5　晶体管电流分配关系测试电路

由以上数据分析可知：$\bar\beta$ 和 β 基本相等。工程实际中为了表示方便，两者不加区分，统一用 β 表示。

（三）晶体管的特性曲线

晶体管的特性曲线是描述各电极电流和电压之间的关系曲线，它反映了晶体管各电极电压与电流之间的关系。由于晶体管有三个电极，在使用时用它组成输入回路和输出回路，因此有输入特性曲线和输出特性曲线之分。下面以最常见的 NPN 型晶体管共射极特性曲线来进行讨论。

1. 输入特性曲线

晶体管的输入特性曲线是指当集-射极电压 U_{CE} 为常数时，基极电流 I_B 与基-射极电压 U_{BE} 之间的关系曲线，如图 6-6 所示。图中画出了 $U_{CE}=0$ 和 $U_{CE}\geqslant1$ 时的输入特性曲线，U_{CE} 越大，曲线越向右移；但从 U_{CE} 大于 1 后，曲线基本重合。

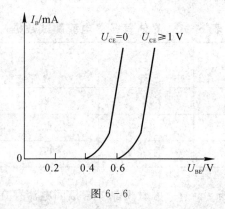

图 6-6

由于发射结相当于一个二极管，所以晶体管的输入特性与二极管的正向特性相似，也是非线性关系，同样存在着死区和正向工作区。当电压 U_{BE} 小于晶体管的死区电压（硅管约为 0.5 V，锗管约为 0.1 V）时，基极电流 I_B 几乎为零。当 U_{BE} 大于死区电压后，基极电流 I_B 才随 U_{BE} 迅速增大，晶体管导通；管子导通后，硅管的正向工作电压 U_{BE} 约为 0.7 V，锗管约为 0.3 V。

2. 输出特性曲线

晶体管的输出特性曲线是指当基极电流 I_B 一定时，集电极电流 I_C 与集-射极电压 U_{CE} 之间的关系曲线。在不同的 I_B 下，可得出不同的曲线，所以晶体管的输出特性是一组曲线，如图 6-7 所示。

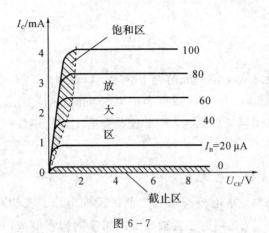

图 6-7

通常把输出特性曲线分为三个工作区：

1）截止区

$I_B = 0$ 的曲线以下的区域称为截止区。实际上，对 NPN 硅管而言，当 $U_{BE} < 0.5$ V 时已开始截止，但是为了使晶体管可靠截止，常使 $U_{BE} \leqslant 0$ V，此时发射结和集电结均处于反向偏置，I_E、I_C 基本为零，晶体管失去放大能力。如果把晶体管的 C 极和 E 极之间当做一个开关，这个状态相当于开关断开状态。

2）放大区

输出特性曲线接近于水平部分的区域是放大区，一般 $U_{CE} > 1$ V。在放大区，晶体管外加电压使发射结正偏，集电结反偏。放大区的特点是：I_C 受 I_B 的控制，输出电流变化量 ΔI_C 是输入电流变化量 ΔI_B 的 β 倍，即有电流放大作用。放大区输出特性曲线与横轴近似平行，随着 U_{CE} 的增加，曲线微微上翘，显然 I_C 不受 U_{CE} 控制，因此晶体管是一个受电流 I_B 控制的电流源。

3）饱和区

输出特性曲线的起始上升部分与纵轴之间的区域是饱和区，此时，晶体管的外加电压使发射结和集电结均为正向偏置。I_C 不受 I_B 的控制，晶体管失去放大作用。饱和时，集电极-发射极间的电压用 U_{CES} 表示，数值通常小于 1 V（硅管约为 0.3 V，锗管约为 0.1 V），可认为集电极和发射极电位近似相等，C、E 电极之间接近短路，等效于开关闭合状态。

综上所述，晶体管工作在放大区时，才有电流放大作用；工作于饱和区和截止区时，起电子开关的作用。电子开关的开关速度极高，常用于数字电路中。

（四）晶体管的主要参数

晶体管的参数是用来表征其性能和适用范围的，也是评价晶体管质量以及选择晶体管的依据。常用的主要参数有：

1. 电流放大系数

(1) 交流电流放大系数 β

$$\beta = \frac{\Delta I_C}{\Delta I_B}$$

(2) 直流电流放大系数 $\bar{\beta}$

$$\bar{\beta} = \frac{I_C}{I_B}$$

虽然 β 与 $\bar{\beta}$ 在概念上不同，但一般情况下 $\beta \approx \bar{\beta}$。需要指出的是，$\beta$ 的大小并不是一个不变的常数，它要受 I_C 的影响，I_C 过大或过小都会使 β 值减小，在选择晶体管时，如果 β 值太小，则电流放大能力差；若 β 值太大，则会使晶体管工作稳定性差。

2. 极间反向电流

1) 集电极-基极反向饱和电流 I_{CBO}

I_{CBO} 是指发射极开路时，集电极与基极之间的反向电流。该电流受温度变化的影响很大，在温度一定的情况下，I_{CBO} 接近于常数，所以叫反向饱和电流。I_{CBO} 的大小反映了晶体管的热稳定性，其值越小，说明稳定性越好。

2) 穿透电流 I_{CEO}

I_{CEO} 是指基极开路时，集电极与发射极间的反向电流。

$$I_{CEO} = (1 + \bar{\beta}) I_{CBO}$$

I_{CEO} 大的管子热稳定性差。

3. 极限参数

极限参数是指晶体管正常工作时所允许的电流、电压和功率等的极限值。如果超过这些值，就很难保证管子的正常工作，严重时将造成管子的损坏。常用的极限参数有以下三个：

1) 集电极最大允许电流 I_{CM}

当集电极电流过大时，晶体管的电流放大系数 β 值将下降。我们把使 β 下降至正常值的 2/3 时所对应的集电极电流，称为集电极最大允许电流 I_{CM}。为了保证晶体管的正常工作，在实际使用中，流过集电极的电流 I_C 必须满足 $I_C < I_{CM}$。

2) 反向击穿电压 $U_{(BR)CEO}$

$U_{(BR)CEO}$ 是指当基极开路时，加于集电极与发射极之间的反向击穿电压。温度上升时，击穿电压 $U_{(BR)CEO}$ 会下降，故在实际使用中，必须满足 $U_{CE} < U_{(BR)CEO}$，否则将可能导致晶体管损坏。

3) 集电极最大允许耗散功率 P_{CM}

P_{CM} 是指晶体管正常工作时最大允许消耗的功率。晶体管消耗的功率 $P_{CM} = i_C \cdot u_{CE}$ 转化为热能损耗于管内，并主要表现为温度升高。所以，当晶体管消耗的功率超过 P_{CM} 值时，其发热量将使管子性能变差，甚至烧坏管子。因此，在使用晶体管时，P_C 必须小于 P_{CM} 才能保证管子正常工作，根据 P_{CM} 值，可在输出特性曲线上画出一条 P_{CM} 线，称之为允许管耗线，如图 6-8 所示。

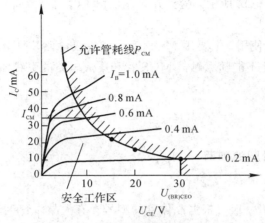

图 6－8 晶体管的安全工作区

四、知识拓展

场效应晶体管

场效应晶体管是一种较新型的半导体器件，它与普通晶体管不同。普通晶体管是电流控制型器件，通过改变基极电流来实现对集电极电流的控制。普通晶体管中空穴和自由电子两种载流子参与导电称之为双极型晶体管，其输入电阻较低（$10^2 \sim 10^4$ Ω）。场效应晶体管是电压控制型器件，其输入电阻很高（10^7 Ω 以上），具有噪声低、热稳定性好、抗辐射能力强、耗电少、便于集成等优点，另外，场效应管只有半导体中的多数载流子参与导电，所以又称为单极型晶体管。在现代电子技术，特别是大规模集成电路中，场效应晶体管得到了广泛应用。

根据结构的不同，场效应晶体管可分为结型场效应管（简称 JFET）和绝缘栅场效应管（简称 IGFET）两大类。结型场效应管是利用半导体内的电场效应来控制其电流大小的，也称体内场效应器件；而绝缘栅场效应管是利用半导体表面的电场效应来控制漏极电流的，有时也称表面场效应管。在绝缘栅场效应管中，目前用得最多的是以 SiO_2 作为绝缘介质的金属氧化物半导体管，简称为 MOS（Metal-Oxide-Semiconductor）管，按其导电类型可将场效应晶体管分为 N 沟道和 P 沟道两种，按其导电沟道的形成过程可分为耗尽型和增强型两种。

沟道增强型 MOS 管的结构如图 6－9（a）所示，它以一块掺杂浓度较低、电阻率较高的 P 型硅半导体薄片作为衬底，利用扩散的方法在 P 型硅中形成两个高掺杂的 N^+ 区，并用金属铝引出两个电极，分别称为漏极（D）和源极（S）；然后在半导体表面覆盖一层薄的 SiO_2 绝缘层，在漏极和源极间的绝缘层上再安置一个铝电极，作为栅极（G），就成了 N 沟道 MOS

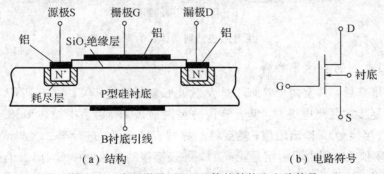

（a）结构　　　　　　　　　　（b）电路符号

图 6－9 沟通增强型 MOS 管的结构和电路符号

管。其电路符号如图 6-9(b)所示，箭头方向表示由 P(衬底)指向 N(沟道)，这种 MOS 管的栅极与源极和漏极间是绝缘的。

MOS 管一般不单独使用，主要用 MOS 管构成集成电路，由于 MOS 管的栅极和沟道之间的隔离层极薄，因此不能随意触摸 MOS 管和集成电路的引线插脚，以防人手上的静电损坏集成电路。

五、技能训练

1. 晶体管管型及管脚的判断

1）通过查手册判断

晶体管的管型和管脚一般可根据晶体管的型号在有关晶体管手册中找出其对应的管脚图，分清三个极的位置。当确定不了管型和管脚时，可用万用表来测试。

2）用万用表判别晶体管类型

用指针式万用表 $R\times 1$ k 挡，红表笔接任一管脚(假定接的为基极 B)，黑表笔分别搭在其余两管脚上，若两次测出阻值都很小(在 1 kΩ 以下)，则该管为 PNP 型晶体管；反之，若两次测出的阻值都很大，则该管为 NPN 型晶体管，此时与红表笔接触的电极就是基极 B，如图 6-10(a)所示。如果两次所测得阻值是一大一小，则说明假定的管脚不对，只要轮流假定基极，重复上述的测试方法，即可找到符合上述结果的基极及晶体管管型。

（a）晶体管管型的判别

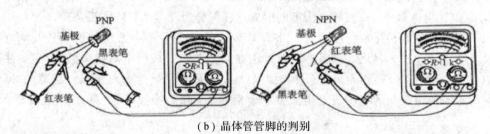

（b）晶体管管脚的判别

图 6-10　用万用表判别晶体管的管型和管脚

3）用万用表判别晶体管管脚

基极判别出来后，其余两个管脚不是发射极 E 就是集电极 C。对于 PNP 管来说，我们可以假定红表笔接的是集电极 C，黑表笔接的是发射极 E，用手指捏住 B、C 两极(但不可使 B、C 两极直接接触)，读出阻值；然后将红黑两表笔对调，进行第二次测试，将读数相比较。若第一次阻值小，则说明假定是正确的，红表笔接的是集电极 C，黑表笔接的是发射极 E，如图 6-10(b)所示。反之，对于 NPN 管来说，方法同上，但测得阻值小的一次，黑表笔所接的是晶体管的集电极 C。

测量时要注意，对于小功率管应使用万用表的 $R \times 100$ 挡或 $R \times 1$ k 挡。因 $R \times 1$ 或 $R \times 10$ 挡电流较大，$R \times 10$ k 挡表内电池电压又较高，不宜使用；测大功率管时应使用 $R \times 1$ 或 $R \times 10$ 挡。

2. 晶体管性能的判断

晶体管的性能可用万用表电阻档粗测。例如 PNP 型管，用 $R \times 100$ 挡或 $R \times 1$ k 挡，可将红表笔接晶体管的集电极 C，黑表笔接发射极 E，读取一个极间电阻值，锗管一般应在几十千欧以上，硅管的数值更大些。此阻值大，说明穿透电流小；若阻值接近于零，则表示晶体管的 C-E 极间已穿通，晶体管不能用了。然后在集电极与基极间接入一个 100 kΩ 的电阻，重测 C-E 极间电阻，再读极间电阻值。对两次电阻值进行比较，二者相差越大，放大倍数值就越高；如果二者电阻值接近或相同，说明三极管已坏。如手边没有 100 kΩ 左右的电阻，也可用人体代替它，即人的两只手分别接触集电极 C 和基极 B。若是 NPN 型管，测试时黑表笔应接集电极，红表笔接发射极。

任务 6.2　基本放大电路

一、任务引入

人们在日常生活中所用的收音机、电视机、扩音器及生产中所用的精密电子测量仪器、仪表的自动控制系统中都含有用晶体管构成的放大电路，其作用是将微弱的电信号放大成幅度足够大且与原来信号变化规律一致的信号，以便人们测量和使用。

图 6-11 所示为扩音器原理图。当人对着话筒讲话时，声音先经过话筒变成微弱的电信号，再经过放大电路，将微弱的电信号进行放大，然后经过扬声器将放大后的信号输出。这种放大还要求放大后的声音必须真实地反映讲话人的声音和语调，是一种不失真地放大。扩音机的工作是需要外接直流电源提供能量，若没有外接直流电源，扬声器将不能工作。

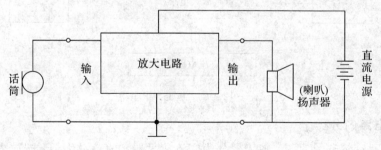

图 6-11　扩音器原理图

本任务主要介绍放大电路的概念、共射极放大电路的结构及其分析方法。

二、教学目标

 知识目标

☆ 了解基本放大电路的概念、组成和类型；

☆ 掌握共射级基本放大电路的静态和动态分析方法；

☆ 掌握分压式放大电路稳定静态工作点的原理。

能力目标

☆ 能够运用晶体管的微变等效电路法分析各种不同类型的放大电路；

☆ 能够对基本放大电路进行组装和测试。

素质目标

☆ 培养学生认真负责的工作态度；

☆ 培养学生科学分析问题和解决问题的能力；

☆ 培养学生较强的逻辑思维和推理能力。

三、相关知识

（一）基本放大电路的概念

1. 放大电路的概念

放大电路（又称放大器）是由放大器件、电阻、电容及电源等一些元件组成的。基本放大电路一般是指由一个晶体管或场效应管组成的放大电路。

放大电路的作用就是将微弱变化的电信号（非电信号可以通过传感器转变成电信号）放大成幅度足够大且与原来信号变化规律一致的信号，以便人们测量和使用。放大电路虽然应用的场合及作用各不相同，但信号的放大过程是相同的，都可以用图 6-12 来表示。另外，放大电路把小能量的输入信号放大成较大能量的输出信号，这些增加的能量就是由直流电源通过放大电路转换来的，绝非放大电路本身产生的。

图 6-12 放大电路结构框图

2. 放大电路的分类

按信号源是交流还是直流，放大器分为交流放大器和直流放大器；按放大的对象来分，放大器分为电压、电流和功率放大器；按放大器的工作频率来分，放大器分为低频、中频和高频放大器；按放大器件的不同，放大器可分为晶体管放大器、场效应管放大器、电子管放大器和集成运算放大器等；按放大器中晶体管的连接方式来分，放大器分为共发射极放大器、共基极放大器和共集电极放大器；按放大电路的级数来分，放大器分为单级和多级放大器。

3. 放大电路的主要性能指标

图 6-13 所示为放大电路的等效结构。$\dot{U}_s$ 和 R_s 为信号源电压和内阻，$\dot{U}_i$ 和 $\dot{I}_i$ 分别是

输入电压和输入电流，R_L 为负载电阻，$\dot{U}_o$ 和 $\dot{I}_o$ 分别为输出电压和输出电流。放大电路的输入端对信号源等效为电阻 R_i；输出端根据戴维南定理，可用电压源 $\dot{U}_o'$ 和内阻 R_o 等效。

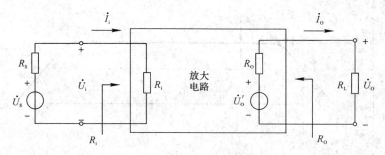

图 6-13　放大电路的等效结构

放大电路的几个主要性能指标有：

1）放大倍数

放大倍数是衡量放大电路对信号放大能力的主要技术参数。

（1）电压放大倍数 A_u。电压放大倍数是指放大电路输出电压与输入电压的比值，即 $A_u = \dot{U}_o / \dot{U}_i$。也常用对数来表示电压放大倍数，这时称为电压增益 G_u，单位是分贝（dB）

$$G_u = 20\lg|A_u|\text{（dB）}$$

（2）电流放大倍数 A_i。电流放大倍数是指放大电路输出电流与输入电流的比值，即 $A_i = \dot{I}_o / \dot{I}_i$。

（3）功率放大倍数 A_p。功率放大倍数是指放大电路输出功率与输入功率的比值，即

$$A_p = \frac{P_o}{P_i} = \frac{\dot{U}_o \dot{I}_o}{\dot{U}_i \dot{I}_i} = A_u A_i$$

2）输入电阻 R_i

输入电阻是指从放大电路输入端看进去的等效电阻，即

$$R_i = \frac{\dot{U}_i}{\dot{I}_i}$$

输入电阻反映放大电路从信号源索取电流的能力大小。R_i 越大，表明它从信号源 $\dot{U}_s$ 索取的电流越小，信号源 $\dot{U}_s$ 在其内阻 R_s 上的损失就小，加到放大电路上的输入电压 $\dot{U}_i$ 就大一些，即 R_i 对信号源的影响小。

3）输出电阻 R_o

输出电阻是指从放大电路输出端看进去的等效内阻，输出电阻 R_o 反映电路驱动负载的能力。R_o 愈小，则当 R_L 变化（即 $\dot{I}_o$ 变化）时，输出电压 $\dot{U}_o$ 变化越小，放大电路的带负载能力越强。

4）通频带 B_w

放大电路对不同频率的信号有不同的放大能力。低频段和高频段放大倍数下降到中频段放大倍数 A_{um} 的 $1/\sqrt{2}$ 倍时所对应的低端频率称为下限频率 f_L，高端频率称为上限频率

f_H，f_H 和 f_L 之间的频率范围称为放大电路的通频带，即 $B_w = f_H - f_L$，如图 6-14 所示。通频带表明放大电路对不同频率信号的适应能力。

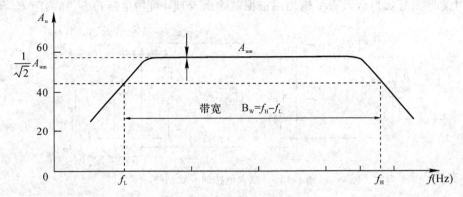

图 6-14　放大电路的频率特性

（二）共射级放大电路的结构

晶体管应用于电子电路时，通常将一对端点作为输入，另一对端点作为输出。对于三端电路就有一个端是输入电路和输出电路的公共端。如果输入信号加到基极和发射极之间，而输出信号从集电极和发射极间取出，这样的电路称为共发射极放大电路。此外，根据不同要求，也可分别把晶体管的集电极或基极作为输入和输出回路的公共端，从而组成共集电极放大电路和共基极放大电路，因此放大电路有三种不同组态。

共发射级放大电路是最基本的放大电路，也是放大电路的基础，很多复杂的电路都由它组合或演变而成。共发射级放大电路的画法通常如图 6-15 所示。

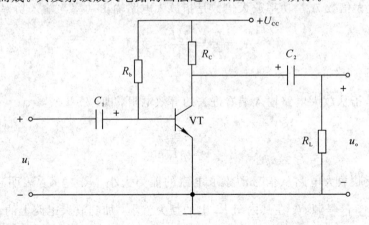

图 6-15　共发射级放大电路

电路中各元器件的作用如下：

（1）晶体管 VT：具有电流放大的能力，是放大电路中的核心元件。

（2）基极电阻 R_b：其作用是向晶体管的基极提供合适的偏置电流，并使发射结正向偏置。选择合理的 R_b 值，可使晶体管有恰当的静态工作点。通常 R_b 的取值为几十千欧到几百千欧。

（3）集电极电阻 R_c：其作用是把集电极电流的变化转换为集电极电压的变化。R_c 的取值通常为几千欧至几十千欧。

（4）直流电源 U_{CC}：通过 R_b 和 R_c 保证晶体管发射结正偏、集电结反偏，使晶体管工作在放大区。U_{CC} 是整个放大电路的能源，其电压一般为几伏到几十伏。

（5）电容 C_1 和 C_2：其作用是隔直通交，使电路的静态工作点不受输入端和输出端交流信号的影响；另外传递交流信号，当其容量足够大时，对交流信号呈现的容抗很小，可近似认为短路，大小一般为几微法至几十微法。

共发射极放大电路的电压、电流波形如图 6-16 所示。图中所示的也即放大电路的工作原理：在放大电路输入端加上输入电压信号 u_i，晶体管基极电流 i_B 发生变化；随之，集电极电流 i_C 将基极电流放大了 β 倍，实现电流放大的目的；然后放大电路把集电极电流 i_C 的变化通过电阻 R_c 转化成集-射极电压 u_{CE}（也即输出电压 u_o）的变化，且 i_C 与 u_{CE} 的变化正好相差 180 度，这样输出电压的幅值就远大于输入电压的幅值，从而实现了电压放大的目的。图中，电流 i_B 和 i_C 的单位是不一样的，如果 i_B 的单位为 μA，则 i_C 的单位为 mA。

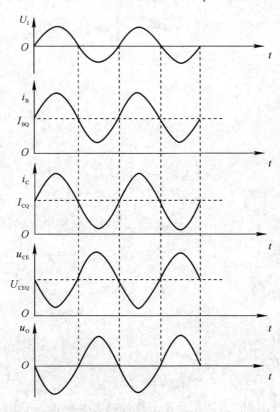

图 6-16 共发射极放大电路的电压、电流波形图

（三）共射级放大电路的静态分析

对一个放大电路的分析一般包括两个方面的内容：静态工作情况和动态工作情况的分析。前者主要确定静态工作点，后者主要研究放大电路的性能指标。

所谓静态，是指输入信号为零（即 $u_i=0$）时放大电路的工作状态，此时放大电路中只有直流电源作用，各处的电压和电流都是直流量，称为直流工作状态或静止状态，简称静态。

为了使放大电路能够正常工作，晶体管必须处于放大状态。因此，要求晶体管各极的直流电压、直流电流必须具有合适的静态工作参数 I_{BQ}、I_{CQ}、U_{BEQ}、U_{CEQ}。对于以上四个数值，可在晶体管的输入特性曲线和输出特性曲线上各确定一个固定不动的点"Q"，即静态工作点。静态工作点是放大电路工作的基础，它设置得合理及稳定与否，将直接影响放大电路的工作状况及性能质量。

1. 静态工作点的确定

静态工作点的电压电流均是直流量，故可用放大电路的直流通路来分析计算。静态情况下放大器各直流电流的流通路径称为放大器的直流通路。画直流通路的原则是：令交流输入信号 $u_i = 0$，电容 C_1 和 C_2 有隔断外部直流的作用。据此画出图 6-15 的直流通路，如图 6-17 所示。

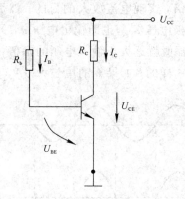

图 6-17　共发射级放大电路直流通路

由图 6-17 可得出

$$I_B R_b + U_{BE} = U_{CC}$$

故基极电流 I_B 为

$$I_B = \frac{U_{CC} - U_{BE}}{R_b}$$

当 $U_{CC} \gg U_{BE}$ 时，有

$$I_B \approx \frac{U_{CC}}{R_b}$$

集电极电流 I_C 为

$$I_C = \beta I_B$$

集电极-射级电压 U_{CE} 为

$$U_{CE} = U_{CC} - I_C R_c$$

【例 6-1】　试估算图 6-15 所示放大电路的静态工作点。已知 $U_{CC} = 12\ V$，$R_c = 3\ k\Omega$，$R_b = 280\ k\Omega$，$R_L = 3\ k\Omega$，$U_{BE} = 0.7\ V$，硅晶体管的 β 为 50。

解　根据题意，直流通路如图 6-17 所示，则有

$$I_B = \frac{U_{CC} - U_{BE}}{R_b} = \frac{12 - 0.7}{280} = 0.04\ mA = 40\ \mu A$$

集电极电流为

$$I_C = \beta I_B = 50 \times 0.04 = 2\ mA$$

集电极与发射极之间的电压为

$$U_{CE} = U_{CC} - I_C R_c = 12 - 2 \times 3 = 6\ V$$

2. 电路参数对静态工作点的影响

由以上可知，电路参数 R_b、R_c 和 U_{CC} 的改变，都会影响静态工作点 Q 的变化。由于晶体管放大器是非线性器件，如果工作点设置不合适将会使放大后的波形与输入信号波形不一致而引起失真，称为波形失真。这种情况是由晶体管的非线性特性引起的，所以这种波形失真又叫非线性失真。

（1）截止失真。当工作点设置过低（I_B 过小）时，晶体管的工作状态进入截止区，会引起 i_B、i_C、u_{CE} 的波形失真，称为截止失真。

（2）饱和失真。当工作点设置过高（I_B 过大）时，晶体管的工作状态进入饱和区，会引起 i_C、u_{CE} 的波形失真，称为饱和失真。

（四）共射级放大电路的动态分析

放大电路加了交流输入信号之后的状态称为动态。动态分析主要确定放大电路的各项性能指标，如电压放大倍数、输入电阻和输出电阻等。

动态分析时，因为有交流输入信号，晶体管的各个电流和电压瞬时值都含有直流分量和交流分量；而所谓放大，则放大的是其中的交流分量。动态分析最基本的方法是微变等效电路法。

在小信号的条件下，晶体管的电流和电压仅在其特性曲线上一个较小范围内变化。可以把非线性元件晶体管近似地用一个线性电路等效替代，利用线性电路的分析方法，求解放大电路的各项性能指标，这种方法称为微变等效电路法，又称小信号分析法。这里的微变，就是小信号的意思。

1. 晶体管的微变等效电路

晶体管的微变等效电路主要从共发射极接法的晶体管输入特性和输出特性两方面来分析。

1）晶体管输入回路的等效电路

晶体管的输入特性曲线是非线性的，如图 6-18(a) 所示。但当输入信号很小时，在静态工作点 Q 附近的工作段可近似为直线。ΔU_{BE} 与 ΔI_B 之比，称为晶体管的输入电阻，用 r_{be} 表示，即

$$r_{be} = \frac{\Delta U_{BE}}{\Delta I_B}$$

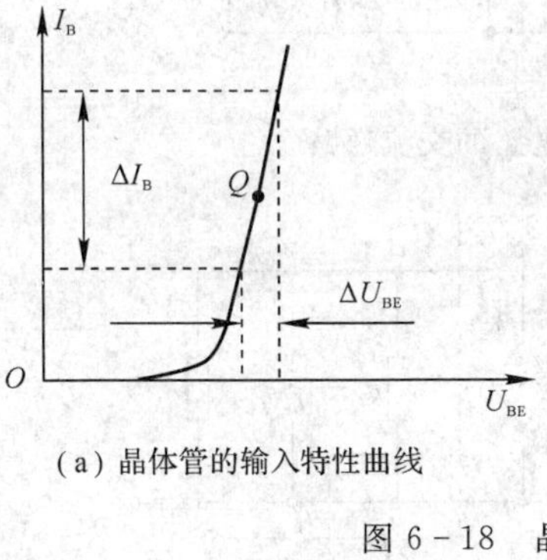

（a）晶体管的输入特性曲线 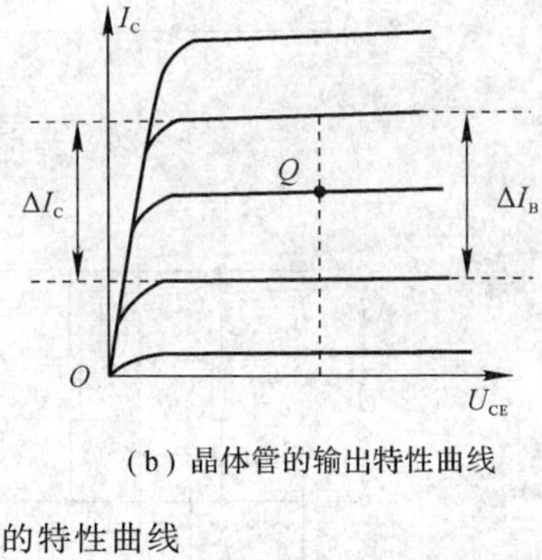　　　　（b）晶体管的输出特性曲线

图 6-18　晶体管的特性曲线

在小信号工作条件下，r_{be} 是个常数。因此，晶体管的输入回路可用 r_{be} 等效，如图 6-19 所示。在工程上，小功率管的 r_{be} 可用式(6-1)计算

$$r_{be} = 300 + (1 + \beta) \frac{26 \text{ mV}}{I_E \text{mA}} \tag{6-1}$$

式中，I_E 是发射极电流的静态值。

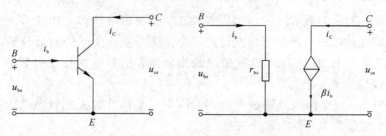

图 6-19　晶体管的微变等效电路

2）晶体管输出回路的等效电路

晶体管的输出特性曲线如图 6-18(b)所示。在线性工作区是一组近似等距离平行的直线，此时 I_C 只受 I_B 控制，与 U_{CE} 几乎无关。当 U_{CE} 为常数时，ΔI_C 与 ΔI_B 之比为

$$\beta = \frac{\Delta I_C}{\Delta I_B} = \frac{i_c}{i_b}$$

β 是晶体管共发射极放大电路的电流放大倍数，在小信号工作条件下是一个常数，因此，晶体管的输出回路可用一受控电流源 $i_c = \beta i_b$ 代替，如图 6-19 所示。

2. 放大电路的微变等效电路

由晶体管微变等效电路和放大电路的交流通路可得出放大电路的微变等效电路。图 6-20 是图 6-15 所示共发射极基本放大电路的交流通路。微变等效电路中的电压、电流都是交流分量，输入信号是正弦信号，可用相量来表示，如图 6-21 所示。

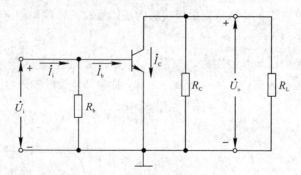

图 6-20　基本放大电路的交流通路

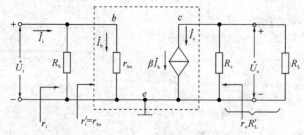

图 6-21　基本放大电路的微变等效电路

交流通路的画法是令直流电源 $U_{CC} = 0$，即将电源正极与地线短接。电容 C_1 和 C_2 的值较大，它们对交流信号呈现的容抗很小，可以忽略不计，用短路代替。

3. 放大电路性能指标的估算

1）电压放大倍数

放大电路输出电压与输入电压的比值叫做电压放大倍数，定义为

$$\dot{A}_u = \frac{\dot{U}_o}{\dot{U}_i}$$

由图 6-21 可得

$$\dot{U}_i = \dot{U}_{be} = \dot{I}_b r_{be}$$

$$\dot{U}_o = -\dot{I}_C (R_C \mathbin{/\mkern-5mu/} R_L) = -\beta \dot{I}_b R'_L$$

$$\dot{A}_u = \frac{\dot{U}_o}{\dot{U}_i} = \frac{-\beta \dot{I}_b R'_L}{\dot{I}_b r_{be}} = -\beta \frac{R'_L}{r_{be}}$$

式中，$R'_L = R_L \mathbin{/\mkern-5mu/} R_C$，负号表示输出电压与输入电压相位相反。

2）输入电阻

对于信号源来说，放大电路相当于一个负载电阻，这个电阻就是放大电路的输入电阻，定义为

$$r_i = \frac{u_i}{i_i}$$

由图 6-20 可得

$$r_i = \frac{u_i}{i_i} = R_b \mathbin{/\mkern-5mu/} r_{be} \tag{6-2}$$

一般 $R_b \gg r_{be}$，式（6-2）可近似为

$$r_i \approx r_{be}$$

3）输出电阻

对于负载来说，放大电路相当于一个具有内阻和电压的信号源，这个内阻 r_o 称为放大电路的输出电阻，即为从放大电路的输出端看进去的等效电阻。由于晶体管集电极与发射极之间的等效电阻 r_{ce} 很大，因此 r_o 近似等于 R_C，即

$$r_o \approx R_C$$

【例 6-2】 试用微变等效电路法计算图 6-15 所示放大电路的电压放大倍数、输入电阻 r_i、输出电阻 r_o。已知 $U_{CC} = 12\ \text{V}$，$R_c = 3\ \text{k}\Omega$，$R_b = 280\ \text{k}\Omega$，$R_L = 3\ \text{k}\Omega$，$U_{BE} = 0.7\ \text{V}$，硅晶体管的 β 为 50。

解 根据题意可得

$$R'_L = R_C \mathbin{/\mkern-5mu/} R_L = 3 \mathbin{/\mkern-5mu/} 3 = 1.5\ \text{k}\Omega$$

$$r_{be} = 300 + (1+\beta)\frac{26\ \text{mV}}{I_E\ \text{mA}} = 300 + (1+50)\frac{26}{2} = 963\ \Omega \approx 0.96\ \text{k}\Omega$$

$$\dot{A}_u = -\beta \frac{R'_L}{r_{be}} = -\frac{50 \times 1.5}{0.96} \approx -78$$

$$r_i \approx r_{be} = 0.96\ \text{k}\Omega$$

$$r_o \approx R_C = 3\ \text{k}\Omega$$

（五）分压式偏置放大电路

一个放大电路的性能与静态工作点 Q 的位置有着十分密切的关系，而静态工作点是由晶体管参数和放大器偏置电路共同决定的。晶体管是一个对温度非常敏感的器件，当环境温度改变时，其参数会随之变化。这样，放大器的静态工作点将发生变化，从而引起性能发生改变。因此，晶体管电路的温度稳定性是必须重视的问题。

以共发射极放大电路为例，由于晶体管参数的温度稳定性较差，当温度变化时，会导致静态电流 I_C 增加，从而引起电路静态工作点的变化，严重时会造成输出电压失真。如果在温度变化时，能设法使 I_C 近似维持恒定，就能增强晶体管的温度稳定性。

1. 电路组成

为了稳定放大电路的性能，需要在电路的结构上加以改进，使静态工作点保持稳定。分压式偏置放大电路就是一种静态工作点比较稳定的放大电路。电路如图 6-22 所示。从电路的组成来看，晶体管的基极连接有 R_{B1} 和 R_{B2} 两个偏置电阻，发射极支路串接了电阻 R_E（称为射极电阻）和旁路电容 C_E（称为射极旁路电容）。

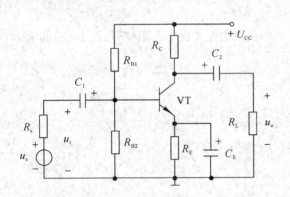

图 6-22　分压式偏置放大电路图

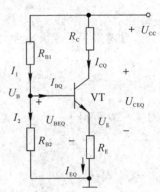

图 6-23　分压式偏置电路的直流通路

2. 稳定静态工作点的原理

分压式偏置放大电路的直流通路如图 6-23 所示，基极偏置电阻 R_{B1} 和 R_{B2} 的分压作用使晶体管的基极电位基本固定。由于基极电流 I_{BQ} 远远小于 R_{B1} 和 R_{B2} 的电流 I_1 和 I_2，因此 $I_1 \approx I_2$，晶体管的基极电位 U_{BQ} 完全由 U_{CC} 及 R_{B1}、R_{B2} 决定，即

$$U_{BQ} = \frac{R_{B2}}{R_{B1} + R_{B2}} \times U_{CC} \tag{6-3}$$

由式(6-3)可知，U_{BQ} 与晶体管的参数无关，几乎不受温度影响。

另外，分压式偏置电路利用发射极电阻 R_E 来获得反映发射极电流的变化，然后反馈到输入端，从而实现工作点稳定，其过程为

$$t(℃) \uparrow \to I_{CQ} \uparrow \to I_{EQ} \uparrow \to U_{EQ} \uparrow \to U_{BEQ} \downarrow \to I_{BQ} \downarrow \to I_{CQ} \downarrow$$

四、知识拓展

1. 共集电极放大电路

1）共集电极放大电路的构成

共集电极放大电路如图 6-24(a)所示。输入信号 u_i 加在基极，输出信号 u_o 取自发射

极，所以又称射极输出器。图(b)所示为其直流通路，图(c)为微变等效电路。由微变等效电路可知，输入回路与输出回路的公共端是集电极，因此称为共集电极电路。

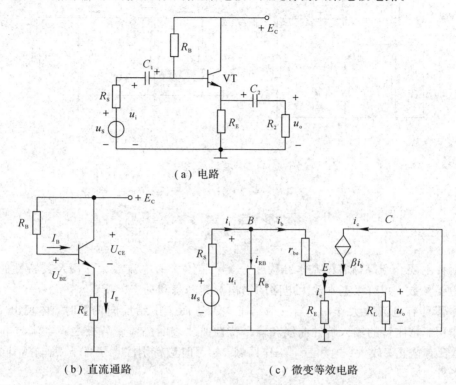

（a）电路

（b）直流通路　　　　　　　　　　　（c）微变等效电路

图 6-24　共集电极放大电路

2）共集电极放大电路的特点

共集电极放大电路的主要特点是：输入电阻高，传递信号效率高；输出电阻低，带负载能力强；电压放大倍数小于或近似等于 1；输出电压与输入电压同相位，具有跟随特性；虽然没有电压放大作用，但仍有电流放大作用，因而有功率放大作用。这些特点使它在电子电路中获得了广泛的应用。

2. 共基极放大电路

1）共基极放大电路的构成

图 6-25(a) 为共基极放大电路。从图可知，输入信号 u_i 由发射极输入，集电极输出信号 u_o，基极作为输入、输出的公共端。其直流通路与分压式偏置放大电路完全相同，因此，静态工作点的估算公式与分压式电路完全一样。图 6-25(b) 为其微变等效电路。

2）共基极放大电路的特点

共基极放大电路的特点是：输出电压 u_o 与输入电压 u_i 同相位，电压放大倍数与共射极放大电路相同；共基极电路的输入电阻低，不易受线路分布电容和杂散电容的影响，故高频特性好，常用在宽带放大器和高频电路中。

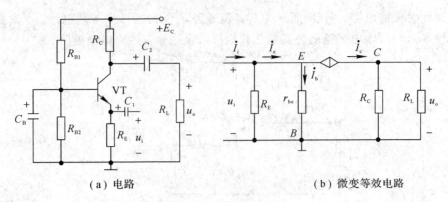

（a）电路　　　　　　　　　　（b）微变等效电路

图 6-25　共基极放大电路

项 目 总 结

　　本项目主要介绍晶体管的基本结构和分类，晶体管的电流放大作用及其特性曲线，晶体管的主要参数，共射级基本放大电路的结构及其静态和动态分析。

　　晶体管具有电流放大作用。当发射结正向偏置而集电结反向偏置时，体现出 I_B 对 I_C 的控制作用。晶体管的输入特性曲线和输出特性曲线表明晶体管各极之间电流与电压的关系。晶体管有截止、放大、饱和三个工作区域，学习时应特别注意使管子工作在不同工作区的外部条件。

　　放大的本质是在输入信号的作用下，通过有源元件（晶体管）对直流电源的能量进行控制和转换。放大电路的主要性能指标有放大倍数（A_u）、输入电阻（R_i）、输出电阻（R_o）。放大电路的分析方法主要有静态分析法和动态分析法。静态分析就是求解静态工作点 Q，在输入信号为零时，通过计算晶体管各电极间的直流电流与直流电压，就能确定 Q 点。动态分析就是求解各动态参数。通常，利用微变等效电路法计算小信号作用时的 A_u、R_i 和 R_o。放大电路的分析应遵循"先静态、后动态"的原则，只有静态工作点合适，动态分析才有意义。

思 考 与 练 习

一、填空题

　　1. 晶体三极管有两个 PN 结，分别是（　　）和（　　），分三个区域分别是（　　）区、（　　）区和（　　）区。晶体管的三种工作状态是（　　）、（　　）和（　　）。

　　2. 晶体管具有放大作用的外部条件是（　　）结正向偏置，（　　）结反向偏置。

　　3. 一个 NPN 三极管发射结和集电结都处于正偏，则此三极管处于（　　）状态；其发射结和集电结都处于反偏时，此三极管处于（　　）状态；当发射结正偏、集电结反偏时，三极管为（　　）状态。

　　4. 晶体管是一种（　　）控制（　　）的控制器件。

5. 在共射极放大电路分析过程中，对直流通路而言，放大器中的电容可视作（　　　）；对交流通路而言，容抗小的电容可视作（　　　），直流电源可视作（　　　）。

6. 共射极放大电路的输出电压与输入电压相位（　　　）。

7. 射极输出器具有（　　　）恒小于 1 或接近于 1，输入电压和输出电压（　　　），并具有输入电阻（　　　）和输出电阻（　　　）的特点。

8. 分压式偏置共发射极放大电路是能够稳定（　　　）的一种放大器。

9. 放大电路的输入电阻愈（　　　），向信号源索取的电流就愈小；输出电阻愈（　　　），带负载能力愈强。

二、单项选择题

1. 处于截止状态的三极管，其工作状态为（　　　）。

A. 发射结正偏，集电结反偏　　　　　　　　B. 发射结反偏，集电结反偏

C. 发射结正偏，集电结正偏　　　　　　　　D. 发射结反偏，集电结正偏

2. 用万用表直流电压挡测得晶体管三个管脚的对地电压分别是 $V_1 = 2$ V，$V_2 = 6$ V，$V_3 = 2.7$ V，由此可判断该晶体管的管型和三个管脚依次为（　　　）。

A. PNP 管，CBE　　　　　　　　　　　　B. NPN 管，ECB

C. NPN 管，CBE　　　　　　　　　　　　D. PNP 管，EBC

3. 在共集电极放大电路中，输出电压与输入电压的关系是（　　　）。

A. 相位相同，幅度增大　　　　　　　　　　B. 相位相反，幅度增大

C. 相位相同，幅度相似　　　　　　　　　　D. 相位相反，幅度减小

4. 测得某电路板上晶体管三个电极对地的直流电位分别为 $V_E = 3$ V，$V_B = 3.7$ V，$V_C = 3.3$ V，则该管工作在（　　　）。

A. 放大区　　　　　　B. 饱和区　　　　　　C. 截止区　　　　　　D. 击穿区

5. 工作在放大区域的某晶体管，当 I_B 从 20 μA 增大到 40 μA 时，I_C 从 1 mA 变为 2 mA，则它的 β 值约为（　　　）。

A. 10　　　　　　　　B. 50　　　　　　　　C. 80　　　　　　　　D. 100

6. 放大电路的三种组态（　　　）。

A. 都有电压放大作用　　　　　　　　　　　B. 都有电流放大作用

C. 都有功率放大作用　　　　　　　　　　　D. 只有共射级电路有功率放大作用

7. 放大电路中，微变等效电路分析法（　　　）。

A. 能分析静态，也能分析动态　　　　　　　B. 只能分析静态

C. 只能分析动态　　　　　　　　　　　　　D. 只能分析动态小信号

8. 温度影响了放大电路中的（　　　），从而使静态工作点不稳定。

A. 电阻　　　　　　　B. 电容　　　　　　　C. 三极管　　　　　　D. 电源

三、综合题

1. 试总结晶体三极管分别工作在放大、饱和、截止三种工作状态时，三极管中两个 PN 结所具有的特点。

2. 什么是静态工作点？静态工作点对放大电路有什么影响？

3. 共发射极基本放大电路中晶体管 VT、基极电阻 R_b、集电极电阻 R_c、电容 C_1、C_2 和

电源 U_{CC} 各起什么作用？

4. 某一晶体管的极限参数为 $P_{CM}=100$ mW，$I_{CM}=20$ mA，$U_{(BR)CEO}=15$ V，试问在下列几种情况下，哪种能正常工作？

(1) $U_{CE}=3$ V，$I_C=10$ mA；

(2) $U_{CE}=2$ V，$I_C=40$ mA；

(3) $U_{CE}=6$ V，$I_C=20$ mA。

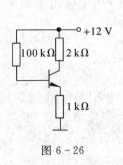

图 6 - 26

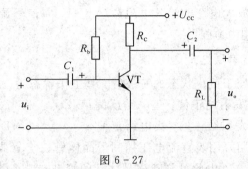

图 6 - 27

5. 已知如图 6 - 26 所示电路中，晶体管为硅管，且 $\beta=50$，试估算静态值 I_B、I_C、U_{CE}。

6. 晶体管放大电路如图 6 - 27 所示，已知 $U_{CC}=15$ V，$R_b=500$ kΩ，$R_c=5$ kΩ，$R_L=5$ kΩ，$\beta=50$。

(1) 求静态工作点；

(2) 画出微变等效电路；

(3) 求放大倍数、输入电阻、输出电阻。

7. 在图 6 - 27 所示的电路中，已知 $I_C=1.5$ mA，$U_{CC}=12$ V，$\beta=37.5$，$r_{be}=1$ kΩ，同时把输出端 R_L 开路。若要求 $A_u=-150$，求该电路的 R_b 和 R_c 值。

8. 分压式偏置电路如图 6 - 22 所示，已知 $R_{B1}=30$ kΩ，$R_{B2}=10$ kΩ，$R_c=1.5$ kΩ，$R_E=2$ kΩ，$\beta=50$。

(1) 简要说明图中各元件的名称及作用；

(2) 简述稳定静态工作点的过程；

(3) 估算静态工作点。

项目 7　集成运算放大器

任务 7.1　多级放大电路

一、任务引入

音频功放（音频功率放大器）电路的组成框图如图 7-1 所示，它的作用是将声音源输入的信号进行放大，然后输出驱动扬声器。声音源的种类有多种，如传声器（话筒）、录音机（放音磁头）、CD 唱机及线路传输等。这些声音源输出信号的电压差别很大，从零点几毫伏到几百毫伏，这样微弱的电信号，必须经过多次电压放大和功率放大，才能驱动扬声器发出声音。为此需要把若干单级放大器连接后组成多级放大电路，对微弱信号进行连续放大（往往要把毫伏级甚至微伏级的微弱信号放大数千倍乃至上万倍），使输出具有一定的电压幅值和足够大的功率，从而驱动负载工作。

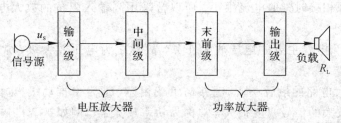

图 7-1　音频功率放大器的电路组成框图

本任务主要介绍多级放大电路的耦合方式及主要参数、功率放大电路和差动放大电路。

二、教学目标

 知识目标

☆ 掌握多级放大电路的结构、耦合方式及主要参数；
☆ 掌握多级放大电路的分析方法；
☆ 了解差动放大电路的特点及其应用。

 能力目标

☆ 能够对多级放大电路的性能进行分析和应用；

☆ 能够对多级放大电路、功率放大电路和差动放大电路等进行组装和测试。

素质目标

☆ 培养学生热爱科学、实事求是的态度；

☆ 培养学生严肃认真、一丝不苟的工作作风和创新能力。

三、相关知识

（一）多级放大电路的耦合方式

1. 多级放大电路的电路结构

图 7-2 所示为多级放大电路的组成框图。

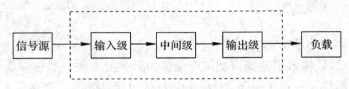

图 7-2　多级放大电路的组成框图

根据每级所处的位置和作用的不同，多级放大电路通常可分为输入级、中间级和输出级三部分。

输入级是多级放大电路的第一级，有时也称为前置级。该级一般要求有较高的输入阻抗，使它与信号源相接时索取电流很小，所以常采用高输入阻抗的放大电路，如射极输出器等。

中间级一般承担着主要的电压放大任务，故称之为电压放大级，常采用共射级放大电路。

输出级是放大电路的最后一级，直接与负载相连，通常由推动级（也称末前级）和功率放大级组成，所放大的信号幅度很大，常称为功率放大器。例如扩音机输出推动喇叭就需要一定的功率，功率小了声音弱，甚至不响。

2. 多级放大电路的耦合方式

多级放大电路中级与级之间、信号源与放大电路之间、放大电路与负载之间的连接方式称为"耦合方式"。各种耦合方式必须满足以下要求：晶体管有合适的工作点，以避免信号失真；前级信号尽可能多地传送到后级，减小信号损失。

多级放大电路中常见的级间耦合方式有阻容耦合、直接耦合、电隔离耦合（变压器耦合、光电耦合）三种。

1）阻容耦合

阻容耦合就是通过电容和后级的输入电阻（或负载）实现级间的耦合，如图 7-3 所示。图中所示的是一个两级放大电路，信号源与第一级、第一级与第二级、第二级与负载之间分别通过大电容 C_1、C_2、C_3 实现耦合。

阻容耦合的特点是由于耦合电容的"隔直通交"作用，使各级工作点彼此独立，一定频率范围内的前级信号可几乎无损失地传送到后一级。耦合电容不能传送缓慢变化的信号和直流信号。由于在集成电路中制造大电容很困难，因此集成电路中不采用阻容耦合方式，但该方式常用于分立元件电路。

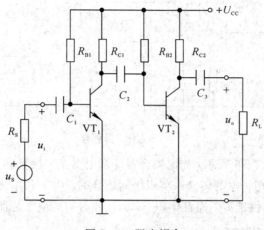

图 7 - 3　阻容耦合

2）直接耦合

前级的输出端和后级的输入端直接连接的方式，称为直接耦合，如图 7 - 4 所示。

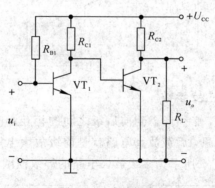

图 7 - 4　直接耦合

在集成电路工艺中，电容元件和电感元件难以集成，集成电路一般都采用直接耦合方式。直接耦合主要存在前后级静态工作点相互影响和零点漂移等不稳定因素，在集成电路中需对电路结构进行很大的改进，如采用差动放大电路。

3）电隔离耦合

电隔离耦合包括变压器耦合和光电耦合两种，由于它们的前后级相互绝缘，故统称为电隔离耦合。

（1）变压器耦合。如图 7 - 5 所示，变压器绕组代替了阻容耦合电路中的电容。变压器隔断了直流，所以各级工作点相互独立，变压器通过磁耦合传输交流信号，同时还起阻抗匹配作用。但变压器体积大、笨重、价贵，难以集成，一般用于功率放大电路、中频调谐放大电路。

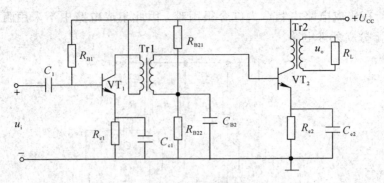

图 7-5　变压器耦合

（2）光电耦合。如图 7-6 所示，光电耦合器件常由发光二极管和光电三极管（又称光敏三极管）组成，是通过电—光—电的转换来实现级间耦合的。由于利用光信号实现耦合，因此前后级电路相互绝缘，隔离性能好，而且体积小，频率特性好；缺点是性能受温度影响较大。

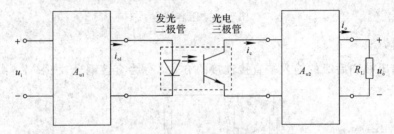

图 7-6　光电耦合

（二）多级放大电路的主要参数

在分析多级放大电路时，必须考虑到前后级之间的相互影响。通常前级放大电路的输出就是后级放大电路的信号源，后级放大电路就是前级放大电路的负载，后级的输入电阻就是前级的负载电阻。图 7-7 所示为多级放大电路的等效框图。

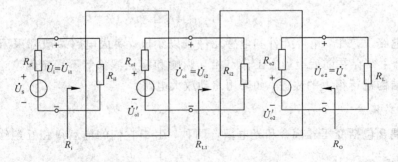

图 7-7　多级放大电路的等效框图

1. 电压放大倍数

多级放大电路中，前一级的输出信号就是后一级的输入信号。设各级放大器的放大倍数依次为 A_{u1}、A_{u2}、…、A_{un}，则输入信号 u_i 被第一级放大电路放大后输出电压成了 $A_{u1}u_i$，经第二级放大电路放大后的输出电压成为 $A_{u1}A_{u2}u_i$，依此类推，通过 n 级放大电路放大后，输出电压为 $A_{u1}A_{u2}A_{u3}\cdots A_{un}u_i$。所以多级放大电路总的电压放大倍数为各级电压放大倍数

之积，对于 n 级放大电路，就有

$$A_\mathrm{u}=A_\mathrm{u1}A_\mathrm{u2}\cdots A_\mathrm{un}$$

这样，在求总电压放大倍数时，可以先分别求出单级电压的放大倍数，再把结果相乘。但必须注意每级电压放大倍数都是带负载后的电压放大倍数，不能作为开路来处理，即考虑了后级对它的影响。

2. 输入电阻

多级放大电路的输入电阻 R_i 就是第一级的输入电阻 R_i1，即

$$R_\mathrm{i}=R_\mathrm{i1}$$

3. 输出电阻

多级放大电路的输出电阻 R_o 就是最后一级放大电路的输出电阻 R_on，即

$$R_\mathrm{o}=R_\mathrm{on}$$

4. 非线性失真

对于任何放大电路，总希望它的非线性失真越小越好。在多级放大电路中，由于各级电路均存在着失真，则输出端波形失真更大。要减小输出波形的失真，必然要尽力克服各级放大器的失真。

(三) 功率放大电路

前面讲过多级放大电路由输入级、中间级和输出级组成。输出级要带负载，而负载可以是不同类型的装置，在电子设备中，负载可能是扬声器音圈或电视机的扫描偏转线圈等；在自动控制系统中，负载可能是电机或继电器。为此输出级不但要输出较高的电压，同时还要提供足够的电流，从而提供给负载足够大的功率。这种用来放大功率的放大器称为功率放大器。

功率放大电路的基本特点有以下几个：

1. 输出功率足够大

为了获得足够大的功率输出，要求功放管的电压和电流都有足够大的输出幅度，即功放管中的信号在接近截止区与饱和区之间摆动，因此管子往往在接近极限运行状态下工作，很容易过载而损坏。所以，选择功放管时要留有一定的余量，不得超越极限参数进入非安全区。输出功率表示为

$$P_\mathrm{o}=U_\mathrm{o}I_\mathrm{o}$$

2. 效率要高

所谓效率就是负载得到的有用信号功率和电源供给的直流功率的比值，它代表了电路将电源直流能量转换为输出交流能量的能力，即

$$\eta=\frac{P_\mathrm{o}}{P_\mathrm{CC}}$$

3. 失真要小

功率放大电路在大信号下工作，所以不可避免地会产生非线性失真。通常，同一功放管输出功率越大，非线性失真越严重。这就使输出功率和非线性失真成为一对主要矛盾，要求非线性失真小，就必须限制输出功率。

输入端，和输入信号作比较（相加或相减），再由比较所得的信号去控制输出。这样一来，输出不仅取决于输入，也取决于输出本身，这就是反馈的整个过程。本任务从反馈的基本概念入手，给出负反馈放大电路的组成框图，介绍反馈的分类及判别方法，分析负反馈对放大电路性能的影响。

二、教学目标

知识目标

☆ 理解反馈的基本概念；
☆ 掌握判断反馈类型的方法；
☆ 掌握负反馈对放大电路性能的影响。

能力目标

☆ 能够正确判断反馈的类型；
☆ 能够判断电路是否存在反馈及反馈类型。

▤ 素质目标

☆ 培养学生对实际问题进行抽象和分析的能力；
☆ 培养学生的理解和创新能力。

三、相关知识

（一）反馈的基本概念

1. 反馈的概念

前面我们学习的各种类型的基本放大电路，都是将信号从输入端输入，经过放大电路后从输出端输送给负载。而实际应用中，往往将输出信号（电流或电压）的一部分或全部经过一定的电路（称为反馈网络）回送到放大电路的输入端，和输入信号相叠加后形成新的输入信号，这种连接方式称为反馈。不含反馈支路的放大电路称为开环电路，引入反馈支路的放大电路称为闭环电路。

2. 反馈放大电路的组成

有反馈的放大电路包含两部分：一是基本放大电路 A；二是反馈电路（或反馈网络）F。反馈放大电路的组成框图如图 7-10 所示。图中，分别用 $\dot{X}_i$、$\dot{X}_o$ 表示输入信号和输出信号，用 $\dot{X}_f$ 表示反馈信号，用 $\dot{X}_i'$ 表示净输入信号，可得净输入信号 $\dot{X}_i'$ 为

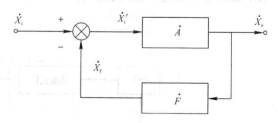

图 7-10　反馈放大电路组成框图

$$\dot{X}_i' = \dot{X}_i - \dot{X}_f$$

基本放大电路的放大倍数（即开环放大倍数）为

$$\dot{A} = \frac{\dot{X}_o}{\dot{X}_i'}$$

反馈网路的反馈系数为

$$\dot{F} = \frac{\dot{X}_f}{\dot{X}_o}$$

带有负反馈的放大电路的放大倍数（即闭环放大倍数）为

$$\dot{A}_f = \frac{\dot{X}_o}{\dot{X}_i}$$

（二）反馈的类型

1. 根据反馈的性质不同分类

（1）负反馈：反馈信号与输入信号叠加的结果使放大器的净输入信号减小，电路的放大倍数降低，称为负反馈。

（2）正反馈：反馈信号与输入信号叠加的结果使放大器的净输入信号增加，电路的放大倍数提高，称为正反馈。

反馈的正、负极性通常采用瞬时极性法判别，首先在放大器输入端设输入信号的极性为"＋"或"－"，再依次按相关点的相位变化推出各点的对地交流瞬时极性。当反馈信号与输入信号直接相连时，若反馈信号与原输入信号的瞬时极性相反，则为负反馈，反之为正反馈；当反馈信号与输入信号不直接相连时，若反馈信号与原输入信号的瞬时极性相同，则为负反馈，反之为正反馈。

【**例 7 - 1**】　判断图 7 - 11 所示电路的反馈极性为正反馈还是负反馈。

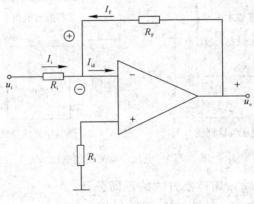

图 7 - 11　例 7 - 1 图

解　在图 7 - 11 所示的电路中，反馈元件 R_F 接在输出端与反相输入端之间，所以该电路存在反馈。假设输入信号 u_i 对地的瞬时极性为"－"，由图可以看出为反相输入形式，故输出信号 u_o 的瞬时极性为"＋"，经 R_F 反馈到输入端的信号的瞬时极性也为"＋"。从图中可以看出，输入信号与反馈信号直接相连在反相输入端，两者极性相反，所以是负反馈。

2. 根据反馈的成分不同分类

(1)交流反馈：反馈信号只有交流成分时为交流反馈，交流负反馈多用于改善放大器的性能。

(2)直流反馈：反馈信号只有直流成分时为直流反馈，直流负反馈多用于稳定静态工作点。

(3)交直流反馈：如果反馈回来的信号既有直流分量又有交流分量，则同时存在交、直流反馈。

如图 7-12 所示的电路中，根据电容隔直通交特性可知：图(a)电路反馈量为交流量，因而该电路为交流反馈放大电路；图(b)反馈元件仅为 R_F，因而该电路为交直流反馈放大电路。

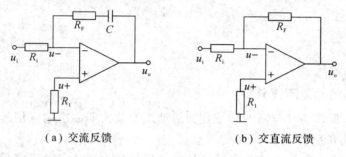

（a）交流反馈　　　　　　　　（b）交直流反馈

图 7-12　直流和交流反馈

3. 根据反馈信号从输出端的取样方式不同分类

(1)电压反馈：反馈信号取自输出电压，并与输出电压成正比或者是反馈网络和放大电路及负载并联连接的反馈，称为电压反馈。

(2)电流反馈：反馈信号取自输出电流，并与输出电流成正比或者是反馈网络和放大电路及负载串联连接的反馈，称为电流反馈。

图 7-13 所示为电压、电流反馈框图。

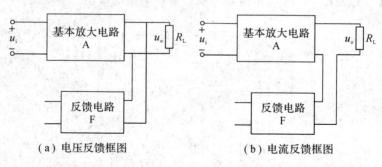

（a）电压反馈框图　　　　　　　（b）电流反馈框图

图 7-13　电压、电流反馈框图

4. 根据反馈信号在输入端连接方式的不同分类

(1)串联反馈：如果在放大电路的输入端，反馈信号与外加输入信号以电压的形式相叠加(比较)，也就是说反馈信号与外加输入信号二者相互串联，则称为串联反馈。

(2)并联反馈：如果反馈信号与外加输入信号以电流的形式相叠加，或者说两种信号在输入回路并联，则称为并联反馈。

图 7-14 所示为串联、并联反馈框图。

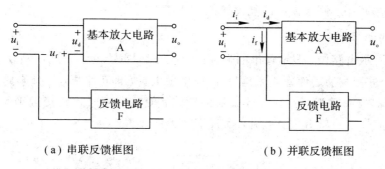

（a）串联反馈框图　　　　　　　　　（b）并联反馈框图

图 7-14　串、并联反馈框图

5. 根据反馈作用的范围不同分类

（1）本级反馈：把本级的输出信号送回到本级的输入端，本级中出现的反馈称为本级反馈。

（2）级间反馈：把后级的输出信号回送到前级输入端，级间出现的反馈称为级间反馈。

在图 7-15 所示的反馈放大电路中，很明显第一级放大电路 A_1 的反馈支路为 R_{F1}，第二级放大电路 A_2 的反馈支路为 R_{F2}，这两个反馈均为本级反馈。而图中的 R_F 将放大电路的输出和输入端之间连接起来，也构成了反馈支路，这种在不同级之间构成的反馈即为级间反馈。

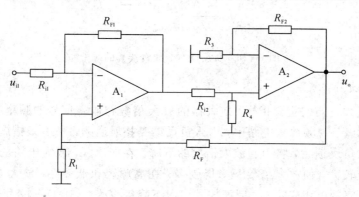

图 7-15　本级反馈和级间反馈

（三）负反馈对放大电路性能的影响

1. 降低放大倍数

根据图 7-10 所示，可以推导出具有负反馈（闭环）的放大电路的放大倍数为

$$\dot{A}_f = \frac{\dot{X}_o}{\dot{X}_i} = \frac{\dot{A}}{1 + \dot{A}\dot{F}}$$

式中，$\dot{F}$ 反映反馈量的大小，其数值在 $0\sim1$ 之间，$\dot{F}=0$ 表示无反馈，$\dot{F}=1$ 则表示输出量全部反馈到输入端。

显然有负反馈时，$\dot{A}_f < \dot{A}$。

2. 提高放大倍数的稳定性

负反馈能提高放大倍数的稳定性是不难理解的。例如，如果由于某种原因使输出信号减小，则反馈信号也相应减小，于是净输入信号增大，随之输出信号也相应增大，这样就限制了输出信号的减小，使放大电路能比较稳定地工作。

3. 改善非线性失真

图 7-16 所示电路中，假定输出的失真波形是正半周大、负半周小，负反馈信号电压 u_f 与输入信号 u_i 进行叠加后使净输入信号 u_d 产生预失真，即正半周小、负半周大。这种失真波形通过放大器放大后正好弥补了放大器的缺陷，使输出信号比较接近于无失真的波形。但是，如果原信号本身就有失真，引入负反馈也无法改善。

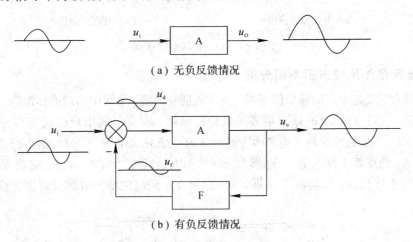

（a）无负反馈情况

（b）有负反馈情况

图 7-16 负反馈对非线性失真的改善

4. 拓宽通频带

通频带是放大电路的重要指标，放大器的放大倍数和输入信号的频率有关。在一些要求有较宽频带的音、视频放大电路中，引入负反馈是拓展通频带的有效措施之一。

放大器引入负反馈后，将引起放大倍数的下降。在中频区，放大电路的输出信号较强，反馈信号也相应较大，使放大倍数下降得较多；在高频区和低频区，放大电路的输出信号相对较小，反馈信号也相应减小，因而放大倍数下降得少些。如图 7-17 所示，加入负反馈之后，幅频特性变得平坦，通频带变宽。

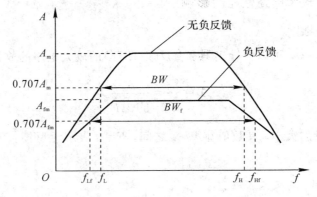

图 7-17 引入负反馈后的通频带

5. 改变输入、输出电阻

放大电路引入负反馈后，其输入、输出电阻也随之变化。不同类型的反馈对输入、输出电阻的影响各不相同，串联负反馈使输入电阻增大，并联负反馈使输入电阻减小；电压负反馈使输出电阻减小，电流负反馈使输出电阻增大。因此，在放大电路设计时可以选择不同类型的负反馈以满足对于输入、输出电阻的不同需要。

四、知识拓展

1. 工程应用中引入负反馈的原则

放大电路引入负反馈以后，可以改善放大器多方面的性能，而且反馈组态不同，引起的影响也不同。所以引入反馈时，应根据不同的目的、不同的要求，引入合适的负反馈组态。

在实际使用时，引入负反馈的一般原则如下：

（1）为了稳定静态工作点，应引入直流负反馈；为了改善电路的动态性能，应引入交流负反馈。

（2）根据信号源的性质引入串联负反馈或者并联负反馈的目的是充分利用信号源或提高信号源的利用率。当信号源为恒压源或内阻较小的电压源时，为增大放大电路的输入电阻，减小信号源的输出电流和内阻上的压降，应引入串联负反馈；当信号源为恒流源或内阻较大的电压源时，为减小电路的输入电阻，使电路获得更大的输入电流，应引入并联负反馈。

（3）根据负载对放大电路输出量的要求，即负载对其信号源的要求，应引入电压负反馈或电流负反馈。当负载需要稳定的电压信号时，应引入电压负反馈；当负载需要稳定的电流信号时，应引入电流负反馈。

（4）在需要进行信号变换时，应选择合适的组态。若将电流信号转换成电压信号，应引入电压并联负反馈；若将电压信号转换成电流信号，应引入电流串联负反馈；若将电流信号转换成与之成比例的电流信号，应引入电流并联负反馈；若将电压信号转换成与之成比例的电压信号，应引入电压串联负反馈。

2. 工程应用中引入负反馈的方法

在放大电路中引入适当的负反馈的一般方法如下：

（1）根据需求确定应引入何种组态的负反馈。

（2）根据反馈信号的取样方式（电压反馈或电流反馈）确定反馈信号应由输出回路的哪一点引出。

（3）根据反馈信号与输入信号的叠加方式（串联反馈或并联反馈）确定反馈信号应馈送到输入回路的哪一点。

（4）要注意保证反馈极性是负反馈。

任务 7.3　集成运算放大器

一、任务引入

集成运放被用作电压比较器时，常见于汽车电子电路中，蓄电池电压过低报警电路就是集成运算放大器非线性应用的一个体现。蓄电池电压过低报警电路如图 7-18 所示，由集成运放、电阻、稳压管及发光二极管组成。

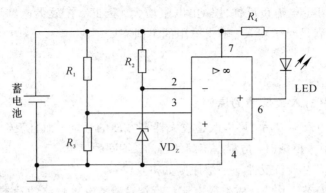

图 7-18　蓄电池电压过低报警电路

电阻 R_2 与稳压管 VD_z 组成电压基准电路，向比较器提供 5 V 的基准电压。R_1、R_2 组成分压电路，中间点作为电压检测点。当蓄电池电压高于 10 V 时，输入信号电压大于基准电压，则比较器输出电压为蓄电池电压（10～12 V），发光二极管因承受反向电压不发光，表示蓄电池电压正常；当蓄电池电压低于 10 V 时，输入信号电压小于基准电压，则比较器输出电压为零，发光二极管承受正向电压导通而发光，指示蓄电池电压过低。

本任务主要介绍集成运放的基本特征、主要参数及其理想特性以及集成运放在线性区的应用。

二、教学目标

知识目标

☆ 了解集成运算放大器的外形和符号；
☆ 掌握集成运算放大器的理想特性；
☆ 理解虚短、虚断的概念；
☆ 掌握集成运算放大器的应用。

能力目标

☆ 学会用两个重要特性分析集成运算放大器；
☆ 能够根据电路正确选择集成运算放大器。

素质目标

☆ 培养学生的沟通意识和团队协作精神；
☆ 培养学生的自我反思与探索能力。

三、相关知识

（一）集成运算放大器的基本特征

集成电路是利用半导体制造工艺把整个电路的各个元器件以及相互之间的连接线同时

制造在一块半导体芯片上，组成一个不可分割的整体，实现材料、元器件和电路的统一。随着集成电路制造工艺的日益完善，目前已能将数以千万计的元器件集成在一片面积只有几十平方毫米的硅片上。按照集成度的高低，将集成电路分为小规模集成电路(SSI，Small Scale Integration)、中规模集成电路(MSI，Middle Scale Integration)、大规模集成电路(LSI，Large Scale Integration)和超大规模集成电路(VLSI，Very Large Scale Integration)。

运算放大器实质上是高增益的直接耦合放大电路。集成运算放大器是集成电路的一种，简称集成运放，常用于各种模拟信号的运算，例如比例运算、微分运算、积分运算等。由于它具备高性能、低价位的特点，在模拟信号处理和发生电路中几乎完全取代了分立元件放大电路。

1. 集成运放的组成

运算放大器是一种高增益的直接耦合放大器。由于采用直接耦合，因此运算放大器既可以放大交流信号，也可以放大变化极为缓慢的信号。

集成运放的类型不同，其内部结构有很大的差别，但不管内部结构多么复杂，其基本组成主要有输入级、中间放大级、输出级和偏置电路四部分，可用如图 7-19 所示的方框图表示。

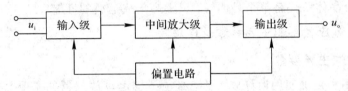

图 7-19　集成运算放大器组成框图

输入级常用差分放大电路，这一级对整个运算放大器及其性能指标有重要的影响。一般要求输入电阻高，差模放大倍数大，抑制共模信号的能力强，静态电流小。

中间级是一个高放大倍数的放大器，常由共发射极放大电路组成。

输出级直接带负载，具有输出电压线性范围宽、输出电阻小的特点。集成运放输出级多采用互补对称输出电路。

偏置电路向各级提供合适的静态工作点。

2. 集成运放的图形符号及外形

集成运放的图形符号如图 7-20 所示，它有两个输入端(反相输入端和同相输入端)和一个输出端，反相输入端标有"一"号，当输入信号从反相输入端输入时，输出信号与输入信号的相位相反；同相输入端标有"十"号，当输入信号从同相输入端输入时，输出信号与输入信号的相位相同。它们对地的电压分别用 u_-(或 u_N)和 u_+(或 u_P)表示。图中的符号"∞"表示电压放大倍数 $A_{uo} \to \infty$。

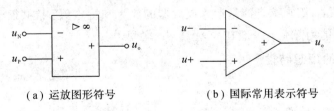

（a）运放图形符号　　　　　　（b）国际常用表示符号

图 7-20　集成运放的图形符号

常见集成运放的外形有双列直插式、单列直插式和圆壳式等，如图7-21所示。双列直插式引脚号的识别是：引脚朝外，缺口向左，从左下脚开始为1，逆时针排列。

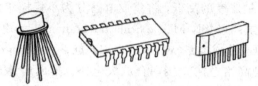

图7-21 集成运放外形图

3. 集成运放的特点

（1）硅片上不能制作大容量电容，所以集成运算放大器均采用直接耦合方式。

（2）集成运放中大量采用差分放大电路和恒流源电路，这些电路可以抑制零点漂移和稳定工作点。

（3）电路设计过程中注重电路的性能，而不在乎元件的多少。

（4）用有源元件代替大阻值的电阻。

（5）常用复合晶体管代替单个晶体管，以提高集成运放的性能。

（二）集成运算放大器的主要参数及理想特性

1. 集成运放的主要参数

为了合理选用和正确使用运算放大器，必须了解运算放大器的主要参数及意义。其主要参数有如下几个：

1）开环电压放大倍数 A_{uo}

开环电压放大倍数 A_{uo} 是指运算放大器在无外加反馈情况下的空载电压放大倍数（差模输入），它是决定运算精度的重要因素，其值越大越好。一般约为 $10^4 \sim 10^7$，即 $80 \sim 140$ dB（$20 \lg |A_{uo}|$）。

2）差模输入电阻 r_{id}

差模输入电阻 r_{id} 是指运算放大器在差模输入时的开环输入电阻，一般在几十千欧至几十兆欧范围。r_{id} 越大，运放性能越好。

3）开环输出电阻 r_o

开环输出电阻 r_o 是指运算放大器无外加反馈回路时的输出电阻。开环输出电阻 r_o 越小，带负载能力越强，一般约为 $20 \sim 200$ Ω。

4）共模抑制比 K_{CMR}

共模抑制比 K_{CMR} 用来综合衡量运算放大器的放大和抗零漂、抗共模干扰的能力。K_{CMR} 越大，抗共模干扰能力越强，一般在 $65 \sim 75$ dB 之间。

2. 集成运放的理想特性

1）理想化条件

· 开环电压放大倍数 $A_{uo} \rightarrow \infty$；

· 差模输入电阻 $r_{id} \rightarrow \infty$；

- 开环输出电阻 $r_o \rightarrow 0$；

- 共模抑制比 $K_{CMR} \rightarrow \infty$。

以上条件俗称"三高一低"。由于实际运算放大器的上述指标足够大，接近理想化条件，因此在分析时用理想运算放大器代替实际放大器所引起的误差并不严重，在工程上是允许的，这样就使分析过程极大地简化。在分析运算放大器时，一般可将它看成是一个理想运算放大器。

2）分析依据

运算放大器工作在线性区时，依据"虚短""虚断"两个重要的概念对运算放大器组成的电路进行分析，极大地简化了分析过程。

（1）由于 $A_{uo} \rightarrow \infty$，而输出电压是有限电压，从 $u_o = A_{uo}(u_+ - u_-)$ 可知

$$u_+ - u_- = \frac{u_o}{A_{uo}} \approx 0$$

即

$$u_+ \approx u_- \qquad\qquad (7-1)$$

式(7-1)说明同相输入端和反相输入端之间相当于短路。由于不是真正的短路，故称为"虚短"。

（2）由于运算放大器的差模输入电阻 $r_{id} \rightarrow \infty$，而输入电压 $u_i = u_+ - u_-$ 是有限值，因此两个输入端电流 $i_+ = i_- = u_i / r_{id}$，即

$$i_+ = i_- \approx 0 \qquad\qquad (7-2)$$

式(7-2)说明同相输入端和反相输入端之间相当于断路。由于不是真正的断路，故称为"虚断"。

（三）集成运算放大器的应用

集成运放的应用表现在它能构成各种运算电路图，并因此而得名。集成运放的线性应用用于各种运算电路、放大电路等。在运算电路中，以输入电压作为自变量，以输出电压作为函数；当输入电压变化时，输出电压将按一定的数学规律变化，即输出电压反映输入电压某种运算的结果。因此集成运放工作在线性区、深度负反馈条件下，利用反馈网络能实现如比例、加减、积分、微分、指数、对数及乘除等数学运算。

1. 比例运算电路

比例运算电路的输出电压和输入电压之间存在着一定的比例关系，常见的比例运算电路包括反相比例运算电路和同相比例运算电路。它们是最基本的运算电路，也是组成其他各种运算电路的基础。

1）反相比例运算电路

图 7-22 所示为反相比例运算电路。输入信号 u_i 经电阻 R_1 接到集成运算放大器的反相输入端，同相输入端经电阻 R_2 接地；输出电压 u_o 经电阻 R_f 接回到反相输入端。在实际电路中，为了保证运算放大器的两个输入端处于平衡状态，应使 $R_2 = R_1 /\!/ R_f$。

在图 7-22 中，应用"虚断"和"虚短"的概念可知，从同相输入端流入运算放大器的电流 $i_+ = 0$，R_2 上没有压降，因此 $u_+ = 0$。在理想状态下 $u_+ = u_-$，所以

$$u_- = 0$$

虽然反相输入端的电位等于零，但实际上反相输入端没有接"地"，这种现象称为"虚地"，即虚假接地。"虚地"是反相运算放大电路的一个重要特点。

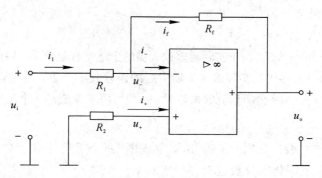

图 7-22 反相比例运算电路

由于从反相输入端流入运算放大器的电流 $i_- = 0$，所以 $i_1 = i_f$。由图 7-22 可得

$$i_1 = \frac{u_i - u_-}{R_1} = \frac{u_i}{R_1}, \quad i_f = \frac{u_- - u_o}{R_f} = -\frac{u_o}{R_f} \tag{7-3}$$

故

$$\frac{u_i}{R_1} = -\frac{u_o}{R_f}, \quad u_o = -\frac{R_f}{R_1}u_i \tag{7-4}$$

闭环电压放大倍数为

$$A_{uf} = \frac{u_o}{u_i} = -\frac{R_f}{R_1} \tag{7-5}$$

式中，负号代表输出与输入反相。

输出与输入的比例由 R_f 与 R_1 的比值来决定，而与集成运放内部各项参数无关。从反馈组态来看，属于电压并联负反馈，当 $R_f = R_1$ 时，$u_o = -u_i$，$A_{uf} = -1$，这就是反相器。

2) 同相比例运算电路

图 7-23(a)为同相比例运算电路，信号 u_i 接到同相输入端，R_f 引入负反馈。在同相比例运算的实际电路中，也应使 $R_2 = R_1 // R_f$，以保证两个输入端处于平衡状态。

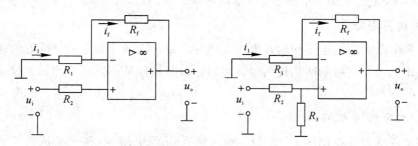

（a）同相比例运算电路　　　　（b）同相输入端的前置电路

图 7-23 同相比例运算电路

由 $u_- = u_+$ 及 $i_+ = i_- = 0$，可得

$$u_+ = u_i, \quad i_1 = i_f$$

则有

$$i_1 = -\frac{u_-}{R_1} = -\frac{u_+}{R_1}$$

$$i_f = \frac{u_- - u_o}{R_f} = \frac{u_+ - u_o}{R_f}$$

$$u_o = \left(1 + \frac{R_f}{R_1}\right)u_+ \qquad (7-6)$$

于是

$$u_o = \left(1 + \frac{R_f}{R_1}\right)u_i$$

闭环电压放大倍数为

$$A_{uf} = \frac{u_o}{u_i} = 1 + \frac{R_f}{R_1} \qquad (7-7)$$

式(7-6)更有一般性。当同相输入端的前置电路结构较复杂时，如图 7-23(b)所示，只需要将 u_+ 求出代入式(7-6)便可求得输出电压。

式(7-7)说明输出电压与输入电压的大小成正比，且相位相同，电路实现了同相比例运算。一般 A_{uf} 值恒大于1，但当 $R_f = 0$ 或 $R_1 = \infty$ 时，$A_{uf} = 1$，这种电路称为电压跟随器，如图 7-24 所示。从反馈组态来看，图 7-24 所示电路属于电压串联负反馈。

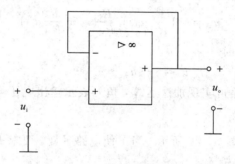

图 7-24　电压跟随器

【**例 7-2**】　电路如图 7-23(b)所示，求 u_o 与 u_i 的关系式。

解　由于 $i_+ = 0$，所以 R_2 与 R_3 是串联关系，由分压公式可得

$$u_+ = \frac{R_3}{R_2 + R_3}u_i$$

将 u_+ 带入式(7-6)可得

$$u_o = \left(1 + \frac{R_f}{R_1}\right)\left(\frac{R_3}{R_2 + R_3}\right)u_i$$

2. 加法运算电路

实现多个输入信号按各自不同的比例求和的电路称为加法运算电路，若所有输入信号均作用于集成运放的同一个输入端，则实现加法运算。据此，根据所加信号输入端的不同，可将加法运算电路分为反相加法运算电路和同相加法运算电路。

1）反相加法运算电路

如图 7-25 所示，反相输入端有若干个输入信号，此电路构成反相加法运算电路。平衡电阻 $R_2 = R_{11} /\!/ R_{12} /\!/ R_{13} /\!/ R_f$。

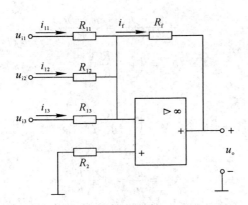

图 7 - 25 反相加法运算电路

由于 $u_- = u_+$ 及 $i_+ = i_- = 0$，且运放的反相输入端是"虚地"点，于是

$$i_f = i_{11} + i_{12} + i_{13}$$

$$-\frac{u_o}{R_f} = \frac{u_{i1}}{R_{11}} + \frac{u_{i2}}{R_{12}} + \frac{u_{i3}}{R_{13}}$$

$$u_o = -\left(\frac{R_f}{R_{11}}u_{i1} + \frac{R_f}{R_{12}}u_{i2} + \frac{R_f}{R_{13}}u_{i3}\right)$$

当 $R_{11} = R_{12} = R_{13} = R_f$ 时

$$u_o = -(u_{i1} + u_{i2} + u_{i3}) \tag{7-8}$$

式(7-8)表明，该电路可实现加法运算，负号表示输出电压与输入电压反相。

2) 同相加法运算电路

同相加法运算电路如图 7 - 26 所示。为了使电路平衡，要求 $R_1 /\!/ R_f = R_2 /\!/ R_3 /\!/ R_4$，输入信号分别从 R_2、R_3 支路输入。

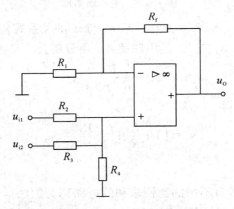

图 7 - 26 同相加法运算电路

分析此类电路，可以采用两种方法：一是利用运放工作于线性状态的两个法则和一些电路理论来分析；二是采用线性叠加原理，根据同相输入方式和反相输入方式电路已有的结论进行分析。

所谓线性叠加原理，是指在线性电路中，若有多个输入信号同时工作时，则可以先等效为各个输入信号单独工作，然后再把它们的输入结果相加，所得结果就是多个输入信号同时工作的结果。下面利用此原理来分析同相加法运算电路。

根据线性叠加原理可知，u_{i1} 单独作用、$u_{i2}=0$ 时，电路相当于同相输入方式，其输出电压 u_{o1} 为

$$u_{o1}=\left(1+\frac{R_f}{R_1}\right)u_+=\left(1+\frac{R_f}{R_1}\right)\frac{u_{i1}}{R_2+R_3\mathbin{/\mkern-5mu/}R_4}(R_3\mathbin{/\mkern-5mu/}R_4)$$

u_{i2} 单独作用、$u_{i1}=0$ 时，其输出电压 u_{o2} 为

$$u_{o2}=\left(1+\frac{R_f}{R_1}\right)u_+=\left(1+\frac{R_f}{R_1}\right)\frac{u_{i2}}{R_3+R_2\mathbin{/\mkern-5mu/}R_4}(R_2\mathbin{/\mkern-5mu/}R_4)$$

所以，总输出电压 u_o 为

$$u_o=u_{o1}+u_{o2}=\left(1+\frac{R_f}{R_1}\right)\left(\frac{R_3\mathbin{/\mkern-5mu/}R_4}{R_2+R_3\mathbin{/\mkern-5mu/}R_4}u_{i1}+\frac{R_2\mathbin{/\mkern-5mu/}R_4}{R_3+R_2\mathbin{/\mkern-5mu/}R_4}u_{i2}\right)$$

若取 $R_2=R_3=R_4$，$R_f=2R_1$，则有 $u_o=u_{i1}+u_{i2}$。

同相加法电路若改变某一支路输入电阻时，则会影响到其他支路的工作情况，因此调节极其不便。故此，通常用反相加法电路来实现加法运算。

3. 减法运算电路

减法运算电路通常采用差分输入方式实现，如图 7-27 所示。集成运放同相输入端和反相输入端均有输入信号，这种电路形式叫做差分输入方式。

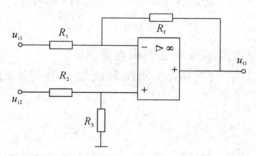

图 7-27 减法运算电路

同样用叠加原理来分析减法运算电路。只有 u_{i1} 单独工作时，令 $u_{i2}=0$，电路相当于一个反相比例运算电路，所以此时电路产生的输出电压 u_{o1} 为

$$u_{o1}=-\frac{R_f}{R_1}u_{i1}$$

只有 u_{i2} 单独工作时，令 $u_{i1}=0$，则电路相当于一个同相比例运算电路，所以此时电路产生的输出电压 u_{o2} 为

$$u_{o2}=\left(1+\frac{R_f}{R_1}\right)u_+=\left(1+\frac{R_f}{R_1}\right)\frac{R_3}{R_2+R_3}u_{i2}$$

因此，当两个输入信号 u_{i1}、u_{i2} 同时工作时，电路的总输出电压 u_o 为

$$u_o=u_{o1}+u_{o2}=\left(1+\frac{R_f}{R_1}\right)\frac{R_3}{R_2+R_3}u_{i2}-\frac{R_f}{R_1}u_{i1}$$

若取 $R_f=R_1=R_2=R_3$，则有 $u_o=u_{i2}-u_{i1}$，所以，此电路称为减法运算电路。

四、知识拓展

集成运放在幅值比较方面的应用

当集成运放工作于非线性区时，可构成幅值比较器（电压比较器），其功能是对送到集

成运放输入端的两个信号（模拟输入信号和参考信号）进行比较，并在输出端以高、低电平的形式得到比较结果。需要注意的是，电压比较器是工作于非线性区的集成运放，它的两个输入电压中，一个是基准电压，另一个是被比较的输入电压。当两个电压不相等时，集成运放输出的电压不是等于正电源电压就是等于零（当单电源供电时，若采取正负电源供电，就等于负电源电压），即在输出端只输出两种电压值，或者是正电源电压，或者是零。在汽车电路中，电压比较器用于信号测量、越限报警等电路中。

图 7-28（a）所示电路为简单的单限电压比较器，图中反相输入端接输入信号 U_i，同相输入端接基准电压 U_R。集成运算放大器处于开环工作状态，当 $U_i < U_R$ 时，输出为高电位 $+U_{om}$；当 $U_i > U_R$ 时，输出为低电位 $-U_{om}$，其传输特性如图 7-28（b）所示。

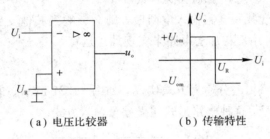

（a）电压比较器　　　　　　　（b）传输特性

图 7-28　简单电压比较器

由图可见，电压比较器其实是双电源供电系统，只要输入电压相对于基准电压 U_R 发生微小的正负变化时，输出电压 U_o 就在负的最大值到正的最大值之间作相应的变化。

五、技能训练

开路测量电阻法检测集成电路的质量好坏

开路测量电阻法是指在集成电路未与其他电路连接时，通过测量集成电路各引脚与接地引脚之间的电阻来判别其质量好坏的方法。

集成电路都有一个接地引脚（GND），其他各引脚与接地引脚之间都有一定的电阻。由于同型号的集成电路内部电路相同，因此同型号的正常集成电路的各引脚与接地引脚之间的电阻均是相同的。根据这一点，可使用开路测量电阻的方法来判别集成电路的好坏。

在检测时，将万用表拨至 $R \times 100\ \Omega$ 挡，红表笔固定接被测集成电路的接地引脚，黑表笔依次接其他各引脚，如图 7-29 所示，测出并记下各引脚与接地引脚之间的电阻，然后用

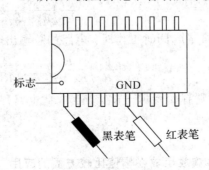

图 7-29　开路测量电阻法测量集成电路的质量

同样的方法测出同型号的正常集成电路的各引脚对地电阻，再将两个集成电路各引脚对地电阻一一对照。如果两者完全相同，则被测集成电路正常；如果有引脚电阻差距很大，则被测集成电路损坏。在测量各引脚电阻时最好用同一挡位，如果因某一引脚电阻过大或过小难以观察而需要更换挡位时，则测量正常集成电路的该引脚电阻时也要换到该挡位。这是因为集成电路内部大部分是半导体元件，不同的欧姆挡提供的电流不同，对于同一引脚使用不同欧姆挡测量时内部元件导通程度有所不同，故不同的欧姆挡测量同一引脚得到的阻值可能有一定差距。

项 目 总 结

本项目主要介绍了多级放大电路的组成及特点，多级放大电路之间常用的耦合方式；反馈的概念，反馈的类型及判断方法，负反馈对放大电路性能的影响；集成运放的结构、应用，以及集成运放工作在线性和非线性区的特点。

多级放大器内部通常可分为输入级、中间级和输出级三部分，其常用的耦合方式有直接耦合、阻容耦合、变压器耦合和光电耦合，总的电压放大倍数为各级电压放大倍数之乘积，即 $A_u = A_{u1} A_{u2} \cdots A_{un}$。在多级放大器中，后级的输入电阻就是前级的负载。

在放大电路中，把输出信号馈送到输入回路的过程称为反馈。反馈放大器主要由基本放大电路和反馈网络两部分组成。负反馈是电子电路中一项非常重要的技术措施，负反馈虽然牺牲了部分放大倍数，但却换来放大器性能的改善，如稳定放大倍数、展宽通频带、减小非线性失真、抑制反馈环内噪声和干扰、增大或减小输入和输出电阻等。实际应用中可根据不同的要求引入不同的反馈方式。

集成运放在实际电路中通常看作理想状态来分析，理想运放可以工作在线性状态和非线性状态。工作在线性状态的理想运放具有"虚短"和"虚断"两个法则；工作于非线性状态的理想运放有"输出总是等于正或负的最大输出电压值"这一特点。利用这些法则和其他电路理论就可以分析各种各样的运放电路。

思 考 与 练 习

一、填空题

1. 在多级放大器里，前级是后级的（　　　），后级是前级的（　　　）。

2. 多级放大器常用的耦合方式有（　　　）、（　　　）和（　　　）。

3. 集成运放在输入电压为零的情况下，存在一定的输出电压，这种现象称为（　　　）。

4. 放大电路输出端的零漂电压主要来自放大器（　　　）静态电位的干扰变动，因此要抑制零漂，首先要抑制（　　　）的零漂。目前抑制零漂比较有效的方法是采用（　　　）。

5. 串联负反馈电路能够（　　　）输入阻抗，电流负反馈能够使输出阻抗（　　　）。

6. 理想运算放大器工作在线性区时有两个重要特点：一是差模输入电压（　　　），称为（　　　）；二是输入电流为（　　　），称为（　　　）。

二、单项选择题

1. 某放大器由三级组成，已知每级电压放大倍数为 A，则总放大倍数为（　　）。

A. $3A$ 　　　　　B. A^3 　　　　　C. $A^3/3$ 　　　　　D. A

2. 一个三级放大器，各级放大电路的输入阻抗分别为 $R_{i1}=1\ \text{M}\Omega$，$R_{i2}=100\ \text{k}\Omega$，$R_{i3}=200\ \text{k}\Omega$，则此多级放大电路的输入阻抗为（　　）。

A. $1\ \text{M}\Omega$ 　　　　B. $100\ \text{k}\Omega$ 　　　　C. $200\ \text{k}\Omega$ 　　　　D. $1.3\ \text{k}\Omega$

3. 在放大交流信号的多级放大器中，放大级之间主要采用（　　）两种耦合方式。

A. 阻容耦合和变压器耦合 　　　　　B. 阻容耦合和直接耦合

C. 变压器耦合和直接耦合 　　　　　D. 以上都不是

4. 为了放大变化缓慢的微弱信号，放大电路应采用的耦合方式是（　　）。

A. 光电 　　　　　B. 变压器 　　　　　C. 阻容 　　　　　D. 直接

5. 在输入量不变的情况下，若引入的是负反馈，则以下说法正确的是（　　）。

A. 输入电阻增大 　　　　　　　　B. 输出量增大

C. 净输入量增大 　　　　　　　　D. 净输入量减小

6. 功率放大器最重要的指标是（　　）。

A. 输出电压 　　　　　　　　　　B. 输出功率及效率

C. 输入、输出电阻 　　　　　　　　D. 电压放大倍数

三、综合题

1. 比较阻容耦合放大电路和直接耦合放大电路的差异点及各自存在的问题。

2. 负反馈放大器对放大电路有什么影响？

3. 集成运算放大电路的输入级最常采用什么放大电路？其内部是什么耦合方式？

4. 电路如图 7-22 所示，已知 $R_1=10\ \text{k}\Omega$，$R_f=20\ \text{k}\Omega$，试计算电压放大倍数及平衡电阻 R_2。

5. 电路如图 7-23(a)所示，若电压放大倍数等于 5，$R_1=3\ \text{k}\Omega$，求反馈电阻 R_f 的值。如果电路如图 7-23(b)所示，若电压放大倍数仍然等于 5，$R_1=3\ \text{k}\Omega$，$R_2=R_3=1.5\ \text{k}\Omega$，再求反馈电阻 R_f 的值。

6. 电路如图 7-30 所示，求输出电压 U_o 的表达式。

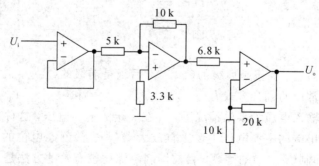

图 7-30

7. 电路如图 7-31 所示，$R_1=10\ \text{k}\Omega$，$R_2=20\ \text{k}\Omega$，$R_F=100\ \text{k}\Omega$，$u_{i1}=0.2\ \text{V}$，$u_{i2}=-0.5\ \text{V}$，求输出电压 u_o。

8. 电路如图 7-32 所示，求下列情况下，u_o 和 u_i 的关系式：

(1) S_1 和 S_3 闭合，S_2 断开时；

(2) S_1 和 S_2 闭合，S_3 断开时。

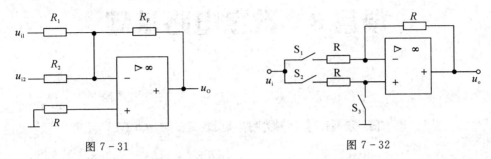

图 7-31　　　　　　　　　　　　图 7-32

9. 按下面的运算关系画出运算电路并计算各电阻的阻值。

(1) $u_o = -3u_i \ (R_f = 50 \ \text{k}\Omega)$

(2) $u_o = 0.2u_i \ (R_f = 20 \ \text{k}\Omega)$

(3) $u_o = 2u_{i2} - u_{i1} \ (R_f = 10 \ \text{k}\Omega)$

项目8 数字电路基础

任务8.1 数字电路基础知识

一、任务引入

通过与自动控制技术的紧密结合，现代汽车的智能化程度越来越高，其控制过程为：通过传感器采集汽车运行过程中的各部分信号，这些信号有模拟信号，如空气流量传感器、水温传感器、发动机冷却液温度传感器、燃油温度传感器等；还有数字信号，如发动机曲轴转速数字传感器、车轮转速传感器等。采集到的信号进入电子控制单元(ECU)进行处理，由于ECU控制中心只能处理数字信号，模拟信号在进入前，需要进行模拟到数字的转换。进入到ECU控制中心的信号经过加工、处理后，输出信号控制电磁阀、电动机、各类开关工作，从而实现对汽车运行过程中各部分的自动控制。汽车电控部分控制过程如图8-1所示。

本任务主要介绍数字电路的基本知识以及数制和编码。

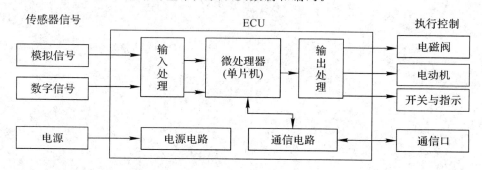

图8-1 汽车电控部分工作过程图

二、教学目标

 知识目标

☆ 掌握数字信号与模拟信号的概念和区别；
☆ 掌握几种常用的数制及其相互转换方法；
☆ 了解几种常用的编码。

能力目标

☆ 能够区分模拟信号和数字信号；

☆ 能够进行常用数制之间的相互转换。

素质目标

☆ 锻炼学生积极思考、类比推导、举一反三的能力；

☆ 培养学生的逻辑思维能力。

三、相关知识

（一）数字电路基本知识

信号是消息的载体，是运载消息的工具。从广义上讲，它包含光信号、声信号和电信号等。

电子电路中传输和处理的信号是电信号，它有模拟信号和数字信号两大类。由于数字信号自身的特点并随着技术的发展，特别是微型计算机的发展，数字电子技术已进入了一个新的阶段。数字电子技术不仅广泛应用于现代数字通信、自动控制、测控等各个领域，而且已经进入了千家万户的日常生活，如现在的有线电视信号已经由模拟信号转向数字信号。电视已成为一种拍摄、剪辑、制作、播出、传输、接收等全过程都使用数字技术的电视系统。

1. 模拟信号与数字信号

（1）模拟量：在时间上和数值（幅度）上连续变化的量，如电压量、温度值、语音等。

（2）模拟信号：表示模拟量的信号，例如正弦交流电、收音机内部传输的信号、电话中的声音信号等。工作在模拟信号下的电路称作模拟电路，例如前面学过的交直流放大电路、集成运算放大电路等。

（3）数字量：在时间上和数值上变化都是离散的量，或说其变化是发生在一系列离散的瞬间的量，如产品的数目、运动员的号码等。

（4）数字信号：表示数字量的信号，例如电子表的秒信号。工作在数字信号下的电路称作数字电路。模拟信号和数字信号波形如图8-2所示。

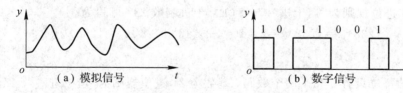

图 8-2　模拟信号和数字信号波形

想一想：在日常生活中哪些信号是模拟信号，哪些信号是数字信号？

2. 数字电路的特点

数字电路中的信号是脉冲信号，一般仅有高电平、低电平两种状态，高、低电平分别用1、0表示。这里的1和0不是通常所说的数字，而是逻辑1和逻辑0，因而称之为数字逻辑。

客观世界的许多事物可以用彼此相关又相互独立的两种状态来描述，例如是与非、真与假、开与关、高与低等，这些彼此对立的状态都可用1和0表示。所以，数字电路在结构、工作状态、研究内容和分析方法上都与模拟电路不同，其具有如下特点：

（1）数字信号在时间上和数值上是离散的（不连续），反应在电路上就是低电平和高电平两种状态（即 0 和 1 两个逻辑值）。

（2）在数字电路中，研究的主要问题是电路的逻辑功能，即输入信号的状态和输出信号的状态之间的关系。

（3）对组成数字电路的元器件的精度要求不高，只要在工作时能够可靠地区分 0 和 1 两种状态即可，因此数字电路易于集成化、系列化生产。

3．数字电路的优点

（1）抗干扰能力强，稳定性好；

（2）实现简单，系统可靠性高；

（3）具有算术运算和逻辑运算功能；

（4）可实现高度集成化，功能实现容易；

（5）可长期存储；

（6）方便计算机进行信息处理。

（二）数制

数制就是计数的方法，也就是多位数码中每一位的构成方法和进位规则，常见的数制有十进制、二进制、八进制和十六进制等。在日常生活中，人们习惯使用十进制，而在数字电路系统中通常采用二进制数。

（1）进位制：多位数码每一位的构成以及从低位到高位的进位规则称为进位计数制，简称进位制。表示数时，仅用一位数码往往不够用，必须用进位计数的方法组成多位数码。

（2）基数：进位制的基数，就是在该进位制中可能用到的数码个数。

（3）位权（位的权数）：在某一进位制的数中，每一位的大小都对应着该位上的数码乘上一个固定的数，这个固定的数就是这一位的权数，权数是一个幂。

1．几种常见数制的表示方法

1）十进制

十进制是指用 0、1、2、3、4、5、6、7、8、9 十个数码代表一位十进制数的十个不同状态，基数是 10，进位规则为"逢十进一"。例如，十进制数 238 可写为

$$(238)_{10} = (238)_D = 2 \times 10^2 + 3 \times 10^1 + 8 \times 10^0 = (238)_{10}$$

2）二进制

二进制数的每位只有 0 和 1 两个数码，基数为 2，进位规则为"逢二进一"。二进制数是数字电路中最基本的数制。例如，二进制数 101.01 可写为

$$(101.01)_2 = 1 \times 2^2 + 0 \times 2^1 + 1 \times 2^0 + 0 \times 2^{-1} + 1 \times 2^{-2} = (5.25)_{10}$$

二进制数的运算规则如下：

加法规则：$0+0=0$，$0+1=1$，$1+0=1$，$1+1=10$

乘法规则：$0 \cdot 0=0$，$0 \cdot 1=0$，$1 \cdot 0=0$，$1 \cdot 1=1$

3）十六进制

十六进制数的每位有 0、1、2、3、4、5、6、7、8、9 以及 A(10)、B(11)、C(12)、D(13)、E(14)

和 F(15)十六个数码，基数是 16，进位规则为"逢十六进一"。例如，十六进制数 D8. A 可写为

$$(D8. A)_{16} = 13 \times 16^1 + 8 \times 16^0 + 10 \times 16^{-1} = (216.625)_{10}$$

4）常用数制的表示方法

在表示一个数的括号外加下角标，下角标可以是数字或字母，其中 2 或 B 表示二进制数，如 $(11011100)_2$，$(11011100)_B$；10 或 D 表示十进制数，如 $(26)_{10}$，$(26)_D$；16 或 H 表示十六进制数，如 $(2B3D)_{16}$，$(2B3D)_H$。通常，十进制数后面的 10 或 D 可以省略。

表 8-1 列出了十进制数、二进制数、八进制数和十六进制数之间的对照关系。

表 8-1 十进制、二进制、八进制和十六进制数对照表

十进制	二进制	八进制	十六进制	十进制	二进制	八进制	十六进制	十进制	二进制	八进制	十六进制
0	0000	0	0	6	0110	6	6	12	1100	14	C
1	0001	1	1	7	0111	7	7	13	1101	15	D
2	0010	2	2	8	1000	10	8	14	1110	16	E
3	0011	3	3	9	1001	11	9	15	1111	17	F
4	0100	4	4	10	1010	12	A				
5	0101	5	5	11	1011	13	B				

2. 不同进制数之间的转换

1）二进制、十六进制数转换为十进制数

只要将 N 进制数按位权展开，求出各位加权系数之和，则得相应的十进制数。

例如：$(1101.101)_2 = 1 \times 2^3 + 1 \times 2^2 + 0 \times 2^1 + 1 \times 2^0 + 1 \times 2^{-1} + 0 \times 2^{-2} + 1 \times 2^{-3}$
$$= 8 + 4 + 1 + 0.5 + 0.125 = (13.625)_{10}$$

2）十进制数转换为二进制、十六进制数

将十进制正整数转换为 N 进制数可以采用除 R 倒取余法，R 代表所要转换成数制的基数。转换步骤如下：

第一步：把给定的十进制数 $(N)_{10}$ 除以 R，取出余数，即为最低位数的数码 K_0。

第二步：将前一步得到的商再除以 R，再取出余数，即得次低位数的数码 K_1。

以此类推，直到商为 0，最后得到的余数即为最高位数的数码 K_{n-1}。

【例 8-1】 将 $(67)_{10}$ 转换成二进制数。

解 $(67)_{10} = (1000011)_2$

```
2 | 67
2 | 33  …… 1
2 | 16  …… 1
2 |  8  …… 0
2 |  4  …… 0
2 |  2  …… 0
2 |  1  …… 0
    0   …… 1
```

将十进制小数转换成二进制、十六进制数时，采用"乘基取整法"，即分别采用小数部分"乘 2 取整法"和"乘 16 取整法"，便可以求得二进制、十六进制的各位数码，再按从上至下排列数码就可以得到转换的二进制、十六进制数。

【例 8 - 2】 将十进制数 $(0.125)_D$ 转换为二进制数。

解 采用"乘 2 取整法"，步骤如下：

$$
\begin{array}{r}
0.125 \\
\times \quad 2 \\
\hline
0.25 \quad \cdots\cdots \text{取整数} 0 \\
\times \quad 2 \\
\hline
0.5 \quad \cdots\cdots \text{取整数} 0 \\
\times \quad 2 \\
\hline
1.0 \quad \cdots\cdots \text{取整数} 1
\end{array}
$$

即 $(0.125)_D = (0.001)_B$

在乘 2 取整过程中，如果小数部分始终不为 0，则根据题目要求，乘到所要求的小数位数再加 1 位就可以了，后面部分可以省略；然后按照"0 舍 1 入"原则将最后一位进上去，这种取舍原则类似于十进制数中的"4 舍 5 入"。

注意：如果被转换的十进制数整数和小数都有，则整数部分按照整数的转换方法进行，小数部分按照小数的转换方法进行，小数点位置保持不变，最后再将整数和小数部分整合起来。

3）二进制数与十六进制数之间的转换——"4 位 1 组"法

$$4\text{位二进制数} \xrightarrow{\text{对应}} 1\text{位十六进制数}$$

$$1\text{位十六进制数} \xrightarrow{\text{对应}} 4\text{位二进制数}$$

【例 8 - 3】 将 $(1011011.11)_2$ 转换成十六进制数。

解 二进制数 　　0101 1011. 1100

　　十六进制数 　　5 　　B . C

则 $(1011011.11)_2 = (5B.C)_{16}$。

【例 8 - 4】 将 $(21A)_{16}$ 转换成二进制数。

解 十六进制数 　　2 　　1 　　A

　　二进制数 　　0010 0001 1010

则 $(21A)_{16} = (1000011010)_2$。

(三) 编码

在数字系统中，对十进制数的运算处理都是将其转换成所对应的二进制代码，再进行运算，这种用二进制代码表示十进制数的方法，称为二-十进制编码，简称 BCD 码。一位十进制数有 0~9 共 10 个数符，必须用四位二进制数来表示；而四位二进制数有 16 种组态，指定其中任意 10 个组态来表示十进制的 10 个数，其编码方案有很多种，但较常用的是有权 BCD 码和无权 BCD 码，有权 BCD 码指这种代码每一位的权值是固定不变的。表 8 - 2 列出了几种常见的 BCD 码。

用一定位数的二进制数来表示十进制数码、字母、符号等信息的过程称为编码。用以表示十进制数码、字母、符号等信息的一定位数的二进制数称为代码。用 4 位二进制数 $b_3 b_2 b_1 b_0$ 来表示十进制数中的 0~9 十个数码，简称 BCD 码。

表 8-2 常见的 BCD 码

十进制数	8421 码	2421 码	5421 码	余 3 码	格雷码
0	0000	0000	0000	0011	0000
1	0001	0001	0001	0100	0001
2	0010	0010	0010	0101	0011
3	0011	0011	0011	0110	0010
4	0100	0100	0100	0111	0110
5	0101	1011	1000	1000	0111
6	0110	1100	1001	1001	0110
7	0111	1101	1010	1010	0100
8	1000	1110	1011	1011	1100
9	1001	1111	1100	1100	1101
位权	8421	2421	5421	无权	

说明：

（1）用 4 位自然二进制码中的前 10 个码字来表示十进制数码，因各位的权值依次为 8、4、2、1，故称 8421BCD 码。

（2）2421 码的权值依次为 2、4、2、1。

（3）余 3 码由 8421 码加 0011 得到。

（4）格雷码是一种循环码，其特点是任何相邻的两个码字仅有一位代码不同，其他各位都相同。该特性使它在形成和传输过程中带来的误差较小，如计数电路按照格雷码计数时，电路每次状态更新只有一位代码变化，从而减少了计数错误。

（5）余 3 码和格雷码属于无权码，其余属于有权码。

任务 8.2 逻辑门电路

一、任务引入

现有一两层小楼，在楼梯中间位置安装一盏照明灯。设计控制电路时，要求楼上的人下楼可以控制这盏灯的亮灭，楼下的人上楼也可以控制这盏灯的亮灭。

分析：在楼上和楼下分别安装一个单刀双掷开关 A 和 B。上楼之前，在楼下扳动开关 B 开灯，上楼后扳动开关 A 关灯；反之下楼之前，在楼上扳动开关 A 开灯，下楼后扳动开关 B 关灯。其控制电路结构图如图 8-3 所示。

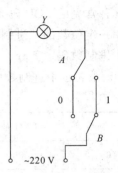

图 8-3　照明灯控制电路结构图

开关 A 和 B 的状态与灯亮灭状态之间的关系如表 8-3 所示。

设开关 A、B 扳向左侧时为 0 状态，扳向右侧时为 1 状态；Y 表示灯，灯亮时为 1 状态，灯灭时为 0 状态。输入开关 A 和 B 与输出灯 Y 关系的真值表如表 8-4 所示。

表 8-3　开关状态表

开关 A	开关 B	灯 Y
左	左	亮
左	右	灭
右	左	灭
右	右	亮

表 8-4　真值表

A	B	Y
0	0	1
0	1	0
1	0	0
1	1	1

输入和输出的逻辑表达式为

$$Y = A \cdot B + \overline{A} \cdot \overline{B}$$

输入量 A、B 和输出量 Y 之间的关系可以描述为：当 A、B 同相（同左或同右，同 1 或同 0），输出量 $Y=1$，灯亮；当 A、B 不同相（一左一右或一右一左，一个 1 一个 0 或一个 0 一个 1），输出量 $Y=0$，灯灭。

本任务重点介绍基本逻辑运算、复合逻辑运算以及逻辑函数的表示和化简方法。

二、教学目标

 知识目标

☆ 掌握逻辑代数中的三种基本逻辑关系及其运算；
☆ 掌握复合逻辑关系及其运算；
☆ 掌握逻辑代数的基本定理和常用公式；
☆ 掌握逻辑函数及其表示方法；
☆ 了解逻辑函数的化简方法。

 技能目标

☆ 能够进行几种常用逻辑关系表示方法的转换；
☆ 能够运用常用方法进行逻辑函数的化简。

素质目标

☆ 培养学生查阅资料的能力；

☆ 培养学生的逻辑推理能力和思维能力；

☆ 培养学生具有严谨的作风。

三、相关知识

逻辑代数又称布尔代数，是由英国数学家乔治·布尔于19世纪中叶首先提出并用于描述客观事物逻辑关系的数学方法，后来用于继电器开关电路的分析和设计，现被广泛用于数字逻辑电路和数字系统中，成为逻辑电路分析和设计的有力工具。

当用0和1表示逻辑状态时，两个二进制数码按照某种指定的因果关系进行的运算称为逻辑运算。逻辑运算与算术运算完全不同，它所使用的数学工具是逻辑代数。

逻辑代数是按一定的逻辑关系进行运算的代数，是分析和设计数字电路的数学工具。在逻辑代数中，只有0和1两种逻辑值，有与、或、非三种基本逻辑运算，还有与或、与非、与或非、异或等几种复合逻辑运算。

逻辑代数和普通代数一样有自变量（逻辑变量）和因变量（逻辑函数），自变量通常用字母 A、B、C、…来表示，该变量只有0和1两种取值。这里的0和1不代表数量的大小，而是表示两种相对立的逻辑状态。例如：用"1"和"0"表示事物的"真"与"假"，电位的"高"与"低"，开关的"闭合"与"断开"，脉冲的"有"与"无"等。

因变量（逻辑函数）是由逻辑变量 A、B、C、…经过有限次基本逻辑运算确定的，通常用 Y 表示。在数字逻辑电路中，如果输入变量 A、B、C…的取值确定后，输出变量 Y 的值也被唯一确定了，那么就称 Y 是 A、B、C、…的逻辑函数。逻辑函数和逻辑变量一样，都只有逻辑1和逻辑0两种取值。

（一）基本逻辑运算

数字电路中，利用输入信号来反映"条件"，用输出信号来反映"结果"，于是输出与输入之间的因果关系即为逻辑关系。逻辑代数中，基本的逻辑关系有三种，即与逻辑、或逻辑、非逻辑，相对应的基本运算有与运算、或运算、非运算。实现这三种逻辑关系的电路分别叫做与门、或门、非门。

1. 与逻辑（与运算）

定义：仅当决定事件（Y）发生的所有条件（A、B、C、…）均满足时，事件（Y）才能发生，表达式为

$$Y = ABC\cdots$$

在图8-4(a)中，开关 A、B 串联控制灯泡 Y。在这个电路中，开关 A、B 与灯泡 Y 的逻辑关系是：只有当开关 A 与 B 全部闭合时，灯泡 Y 才会亮；若开关 A 或 B 其中有一个不闭合，灯泡 Y 就不会亮，这种关系称为与逻辑。

与逻辑的逻辑表达式写为

$$Y = A \cdot B = AB$$

其中"·"表示逻辑乘，可以省略不写。

图8-4中的(b)(c)(d)图分别为与逻辑的逻辑符号、逻辑状态表、逻辑真值表。

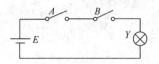

（a）电路图

（b）逻辑符号

A	B	Y
不闭合	不闭合	不亮
不闭合	闭合	不亮
闭合	不闭合	不亮
闭合	闭合	亮

（c）逻辑状态表

A	B	Y
0	0	0
0	1	0
1	0	0
1	1	1

（d）逻辑真值表

图8-4　与逻辑关系

2. 或逻辑(或运算)

定义： 当决定事件(Y)发生的各种条件(A、B、C、…)中，只要有一个或多个条件具备，事件(Y)就发生，表达式为

$$Y = A + B + C + \cdots$$

在8-5(a)图中，开关A、B并联控制灯泡Y。此电路中，开关A、B与灯泡Y的逻辑关系是：只要开关A或B其中任一个闭合，灯泡Y就亮；只有A和B都断开时，灯泡Y才不会亮，这种关系称为或逻辑。

或逻辑的逻辑表达式为

$$Y = A + B$$

其中"＋"代表或运算。

图8-5中的(b)(c)(d)图分别为与逻辑的逻辑符号、逻辑状态表、逻辑真值表。

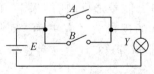

（a）电路图

（b）逻辑符号

A	B	Y
不闭合	不闭合	不亮
不闭合	闭合	亮
闭合	不闭合	亮
闭合	闭合	亮

（c）逻辑状态表

A	B	Y
0	0	0
0	1	1
1	0	1
1	1	1

（d）逻辑真值表

图8-5　或逻辑关系

3. 非逻辑(非运算)

定义： 当决定事件(Y)发生的条件(A)满足时，事件不发生；条件不满足时，事件反而

发生,表达式为

$$Y = \overline{A}$$

在图 8-6(a)中,开关 A 控制灯泡 Y,当开关 A 闭合时,灯泡 Y 不亮;当开关 A 断开时,灯泡 Y 才会亮。这种逻辑关系称为非逻辑。

非逻辑的逻辑表达式为

$$Y = \overline{A}$$

其中"—"代表非运算。

图 8-6 中的(b)(c)(d)图分别为非逻辑的逻辑符号、逻辑状态表、逻辑真值表。

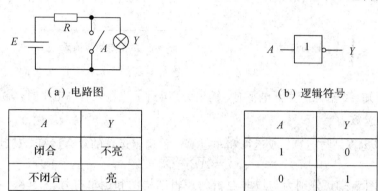

(a) 电路图　　　　　　　　　(b) 逻辑符号

A	Y
闭合	不亮
不闭合	亮

(c) 逻辑状态表

A	Y
1	0
0	1

(d) 逻辑真值表

图 8-6　非逻辑关系

(二) 复合逻辑运算

1. 与非运算

与非逻辑运算是与运算和非运算的复合运算,即先进行与运算,而后再进行非运算,其逻辑表达式为

$$Y = \overline{AB}$$

图 8-7 中的(a)(b)图分别为与非逻辑的逻辑符号、逻辑真值表。

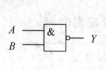

输入		输出
A	B	Y
0	0	1
0	1	1
1	0	1
1	1	0

(a) 逻辑符号　　　　　　　　(b) 逻辑真值表

图 8-7　与非逻辑关系

经过分析可知:当输入全为高电平时,输出为低电平;当输入有低电平时,输出为高电平。

2. 或非运算

或非逻辑运算是或运算和非运算的复合运算,即先进行或运算,而后再进行非运算,

其逻辑表达式为

$$Y=\overline{A+B}$$

图 8-8 中的(a)、(b)图分别为或非逻辑的逻辑符号、逻辑真值表。

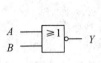

输入		输出
A	B	Y
0	0	1
0	1	0
1	0	0
1	1	0

（a）逻辑符号 　　　　　　　（b）逻辑真值表

图 8-8　或非逻辑关系

经过分析可知：当输入全为低电平时，输出为高电平；当输入有高电平时，输出为低电平。

3. 与或非运算

与或非逻辑运算是与运算、或运算和非运算三种逻辑运算的复合运算，其逻辑表达式为

$$Y=\overline{AB+CD}$$

图 8-9 和图 8-10 分别为与或非逻辑的逻辑结构图和逻辑符号。

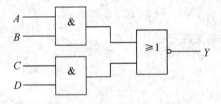

图 8-9　与或非逻辑结构图

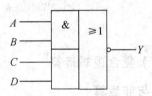

图 8-10　与或非逻辑符号

想一想：写出与或非运算的真值表。

4. 异或运算

异或逻辑运算是只有两个输入变量的运算。当输入变量 A、B 相异时，输出 Y 为 1；当输入变量 A、B 相同时，输出 Y 为 0。其逻辑表达式为

$$Y=\overline{A}B+A\overline{B}=A\oplus B$$

图 8-11 的(a)(b)图分别为异或逻辑的逻辑符号、逻辑真值表。

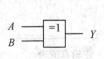

输入		输出
A	B	Y
0	0	0
0	1	1
1	0	1
1	1	0

（a）逻辑符号 　　　　　　　（b）逻辑真值表

图 8-11　异或逻辑关系

5. 同或运算

同或逻辑运算是只有两个输入变量的运算。当输入变量 A、B 相同时，输出 Y 为 1；当 A、B 相异时，输出 Y 为 0。其逻辑表达式为

$$Y = \overline{A} \cdot \overline{B} + AB = A \odot B$$

图 8-12 的 (a)(b) 图分别为同或逻辑的逻辑符号和逻辑真值表。

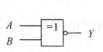

输入		输出
A	B	Y
0	0	1
0	1	0
1	0	0
1	1	1

（a）逻辑符号　　　　　　　　　（b）逻辑真值表

图 8-12　同或逻辑关系

（三）逻辑函数的表示

逻辑函数常用的表示形式有真值表、逻辑函数式、逻辑图等。几种表示形式之间各有特点，又相互联系，相互间可以进行转换。

1. 真值表

对一个逻辑函数，如将输入变量的所有可能取值和其对应的输出值用表格的形式罗列出来，即可得到该函数的真值表。真值表能直观地反映逻辑变量的取值和函数值之间的对应关系，一个函数的真值表具有唯一性，直观、明了。但变量数比较多时，取值的组合就太多，应用起来太繁琐。

2. 逻辑函数式

逻辑函数式是指以逻辑变量作为输入，以运算结果作为输出，写出输入和输出之间的关系式，输出结果由输入变量的取值来确定。逻辑函数式形式简洁，书写方便，容易利用公式、定理来进行相应的运算、化简等，但是缺乏唯一性。

3. 逻辑图

将逻辑函数中各变量的逻辑关系用相应的逻辑电路符号表示出来，所构成的图称为逻辑图。逻辑图与工程实际比较接近，根据逻辑图实现具体电路是较容易的，但逻辑图也没有唯一性。

4. 逻辑函数表示方法之间的相互转换

1）真值表→函数式

（1）找出真值表中使函数值为 1 的输入变量取值。

（2）每个输入变量取值都对应一个乘积项，变量取值为 1，用原变量表示；变量取值为 0，用反变量表示。

（3）将这些乘积项相加（或运算）即可。

2）函数式→真值表

首先在表格左侧将多个不同输入变量的取值依次按递增顺序列出来，然后将每组输入变量的取值代入函数式，并将得到的函数值对应地填在表格右侧即可。

3）函数式→逻辑图

将函数式转换成逻辑图的方法是：从输入到输出分别用相应的逻辑符号取代函数式中的逻辑运算符号即可。

4）逻辑图→函数式

将逻辑图转换成函数式的方法是：从输入到输出分别用相应的逻辑运算符号取代逻辑图中的逻辑符号即可。

（四）逻辑函数及其化简

1. 逻辑代数的公式和定理

1）常量之间的关系

与运算：$0 \cdot 0 = 0$ $0 \cdot 1 = 0$ $1 \cdot 0 = 0$ $1 \cdot 1 = 1$

或运算：$0 + 0 = 0$ $0 + 1 = 1$ $1 + 0 = 1$ $1 + 1 = 1$

非运算：$\overline{1} = 0$ $\overline{0} = 1$

2）基本公式

0-1律：$\begin{cases} A + 0 = A \\ A \cdot 1 = A \end{cases}$ $\begin{cases} A + 1 = 1 \\ A \cdot 0 = 0 \end{cases}$

互补律：$A + \overline{A} = 1$ $A \cdot \overline{A} = 0$

等幂律：$A + A = A$ $A \cdot A = A$

双重否定律：$\overline{\overline{A}} = A$

交换律：$\begin{cases} A \cdot B = B \cdot A \\ A + B = B + A \end{cases}$

结合律：$\begin{cases} (A \cdot B) \cdot C = A \cdot (B \cdot C) \\ (A + B) + C = A + (B + C) \end{cases}$

分配律：$\begin{cases} A \cdot (B + C) = A \cdot B + A \cdot C \\ A + B \cdot C = (A + B) \cdot (A + C) \end{cases}$

吸收律：$\begin{cases} A + A \cdot B = A \\ A \cdot (A + B) = A \end{cases}$ $\begin{cases} A \cdot (\overline{A} + B) = A \cdot B \\ A + \overline{A} \cdot B = A + B \end{cases}$

3）基本定理

反演定理（摩根定理）：$\begin{cases} \overline{A \cdot B} = \overline{A} + \overline{B} \\ \overline{A + B} = \overline{A} \cdot \overline{B} \end{cases}$

4）常用公式

$$AB + \overline{A}C + BC = AB + \overline{A}C$$

$$AB + \overline{A}C + BCD = AB + \overline{A}C$$

利用真值表很容易证明这些公式和定理的正确性。

例如证明摩根定理：

$A\ \ B$	$\bar{A}\ \ \bar{B}$	$\overline{A+B}$	$\bar{A}\,\bar{B}$	$\overline{AB}$	$\bar{A}+\bar{B}$
0　0	1　1	1	1	1	1
0　1	1　0	0	0	1	1
1　0	0　1	0	0	1	1
1　1	0　0	0	0	0	0

2. 逻辑代数的基本运算规则

（1）代入规则：对任何一个逻辑等式，以某个逻辑变量或逻辑函数同时取代等式两端任何一个逻辑变量后，该等式仍然成立。

例如：已知等式 $\overline{AB}=\bar{A}+\bar{B}$，其中 $A=CD$，用 CD 代替等式中的 A，根据代入规则，等式仍然成立，即有：

$$\overline{CDB}=\overline{CD}+\bar{B}=\bar{C}+\bar{D}+\bar{B}$$

（2）反演规则：在一个函数式 Y 中，若将其中所有的"＋"变成"·"，"·"变成"＋"，"0"变成"1"，"1"变成"0"，原变量变成反变量，反变量变成原变量，所得函数式即为原函数式 Y 的反函数式，记作 $\bar{Y}$。

例如，$Y=A\bar{B}+(C+\bar{D})E$，则 $\bar{Y}=(\bar{A}+B)\cdot(\bar{C}\cdot D+E)$。

注意：反演前后运算的优先顺序保持不变，必要时可加括号表明运算的先后顺序；反变量换成原变量或原变量换成反变量时只对单个变量有效。

反演规则常用于求一个已知逻辑函数的反函数。

3. 逻辑函数化简

在实际分析和设计逻辑电路时，同一种逻辑功能可以用多种不同的逻辑电路实现，有的简单，有的复杂。为了便于了解电路的逻辑功能，或者为了用更简单、更可靠的电路实现该逻辑功能，常常要将逻辑函数进行化简。

通常是将逻辑函数化简成最简与或式，其他形式的最简式可根据最简与或式变换得到。最简与或式的标准为：

（1）逻辑函数式中乘积项（与项）的个数最少。

（2）每个乘积项中的变量数最少。

化简逻辑函数的方法有公式法和卡诺图法两种，本任务只介绍用公式法化简逻辑函数。

常用公式化简法有并项法、吸收法、消因子法、消项法、配项法。

1）并项法：$AB+A\bar{B}=A$

例如：

$$Y_1=\bar{A}B\bar{C}+AB+\bar{A}BC=(\bar{A}B\bar{C}+\bar{A}BC)+AB=\bar{A}B+AB=B$$

$$Y_2=\bar{A}\,\bar{B}C+ABC+\bar{A}BC+A\bar{B}C=(A\bar{B}+AB)\cdot C+(\bar{A}B+A\bar{B})\cdot C$$

$$=\overline{A\oplus B}\cdot C+(A\oplus B)\cdot C=C$$

$$Y_3=\bar{A}B+B\bar{C}+ABC=(\bar{A}+\bar{C})\cdot B+ABC=\overline{AC}\cdot B+ABC=B$$

2）吸收法：$A+AB=A$

例如：

$$Y_1=AB+ABC+ABCD=AB$$

$$Y_2=AB+\overline{C}+\overline{\overline{AB}\cdot C}(A+\overline{CD}+B)=AB+\overline{C}+(AB+\overline{C})(A+\overline{CD}+B)=AB+\overline{C}$$

3）消因子法：$A+\overline{A}B=A+B$

例如：

$$Y_1=AB+\overline{AB}C+\overline{AB}D\,\overline{E}=AB+C+D\,\overline{E}$$

$$Y_2=A\,\overline{B}+BC+\overline{A}C=A\,\overline{B}+(B+\overline{A})C=A\,\overline{B}+\overline{A\,\overline{B}}C=A\,\overline{B}+C$$

$$Y_3=AB+\overline{AB}C+A\,\overline{C}D=AB+C+A\,\overline{C}D=AB+C+AD$$

4）消项法：$AB+\overline{A}C+BC=AB+\overline{A}C$ 和 $AB+\overline{A}C+BCD=AB+\overline{A}C$

例如：

$$Y_1=ABC+\overline{A}BDE+CDEF=ABC+\overline{A}BDE$$

$$Y_2=ABC+\overline{A}\,\overline{B}C+\overline{A}BD+A\,\overline{B}D+CDE=(AB+\overline{A}\,\overline{B})C+(\overline{A}B+A\,\overline{B})D+CDE$$

$$=\overline{A\oplus B}\cdot C+(A\oplus B)\cdot D+CDE=\overline{A\oplus B}\cdot C+(A\oplus B)\cdot D$$

5）配项法：$A+A=A$ 或 $A+\overline{A}=1$

例如：

$$Y_1=A\,\overline{B}+\overline{B}C+B\,\overline{C}+\overline{A}B=A\,\overline{B}(C+\overline{C})+\overline{B}C+(A+\overline{A})B\,\overline{C}+\overline{A}B$$

$$=A\,\overline{B}C+A\,\overline{B}\,\overline{C}+\overline{B}C+AB\,\overline{C}+\overline{A}B\,\overline{C}+\overline{A}B$$

$$=(A\,\overline{B}C+\overline{B}C)+(A\,\overline{B}\,\overline{C}+AB\,\overline{C})+(\overline{A}B\,\overline{C}+\overline{A}B)$$

$$=\overline{B}C+A\,\overline{C}+\overline{A}B$$

$$Y_2=\overline{A}BC+A\,\overline{B}C+AB\,\overline{C}+ABC$$

$$=(\overline{A}BC+ABC)+(A\,\overline{B}C+ABC)+(AB\,\overline{C}+ABC)$$

$$=BC+AC+AB$$

$$Y=BD+\overline{A}D+A\,\overline{C}+\overline{C}D+B(A+\overline{D})+A\,\overline{B}\,\overline{C}D+\overline{A}BCE$$

$$=\underline{BD}+\overline{A}D+A\,\overline{C}+\overline{C}D+AB+B\overline{D}+A\,\overline{B}\,\overline{C}D+\overline{A}BCE$$

$$=\underline{B}+\overline{A}D+A\,\overline{C}+\overline{C}D+\underline{AB}+A\,\overline{B}\,\overline{C}D+\overline{A}BCE$$

$$=B+\overline{A}D+A\,\overline{C}+\overline{C}D$$

$$=B+\overline{A}D+A\,\overline{C}$$

四、知识拓展

1. 正负逻辑

在数字电路中，可以采用两种不同的逻辑体制表示电路输入和输出的高、低电平。

（1）正逻辑体制：将高电平用逻辑 1 来表示，低电平用逻辑 0 来表示，这种表示方法称为正逻辑体制。

（2）负逻辑体制：将高电平用逻辑 0 表示，低电平用逻辑 1 表示。

对于同一个电路的输入与输出关系的描述，可以采用正逻辑，也可以采用负逻辑。正逻辑和负逻辑两种体制不牵涉逻辑电路本身的结构问题，但根据所选正负逻辑的不同，即使同一电路也有不同的逻辑功能。

2. 电子工业的隐形杀手——"静电"

静电是客观存在的自然现象，在人们的日常生活和工作中，经常会遇到。它存在于物体表面，是正负电荷在局部失衡时产生的一种现象，是一种电能，只要物体之间有摩擦、剥离、感应就会产生静电。

在电子工业中，随着电子产品的集成度越来越高，集成电路的内绝缘层越来越薄，导线的宽度与间距越来越小，相应的击穿电压也越来越低。而电子产品在制造、运输及存储等过程中所产生的静电电压远远高于击穿电压，经常会使器件产生硬击穿或软击穿（器件局部损伤）现象，使其失效或严重影响产品的可靠性。同时静电对电子产品的危害具有隐蔽性、潜在性、随机性和复杂性的特点，使之成为电子工业的隐形杀手。

五、技能训练

面包板及其使用

1. 面包板介绍

面包板（集成电路实验板）是电路实验中一种常用的具有多孔插座的插件板。在进行电路实验时，可以根据电路连接要求，在相应孔内插入电子元器件的引脚以及导线等，使其与孔内弹性接触簧片接触，由此连接成所需的实验电路。

图 8-13 为 SYB-118 型面包板示意图，为 4 行 59 列，每条金属簧片上有 5 个插孔，因此插入这 5 个孔内的导线就被金属簧片连接在一起，簧片之间在电气上彼此绝缘。插孔间及簧片间的距离均与双列直插式（DIP）集成电路管脚的标准间距（2.54 mm）相同，因而适于插入各种数字集成电路。

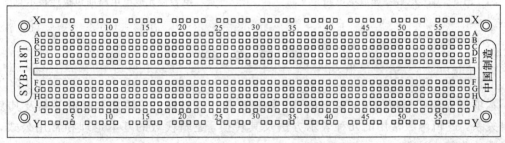

图 8-13 SYB-118 型面包板示意图

插入面包板上孔内的引脚或导线铜芯直径为 0.4~0.6 mm，比大头针的直径略微细一点。元器件引脚或导线头要沿面包板的板面垂直方向插入方孔，应能感觉到有轻微、均匀的摩擦阻力。在面包板倒置时，元器件应能被簧片夹住而不脱落。面包板应该在通风、干燥处存放，特别要避免被电池漏出的电解液所腐蚀。要保持面包板清洁，焊接过的元器件不要插在面包板上。在做电路实验的时候，通常在宽条部分搭接电路的主体部分，上面的"窄条"取一排做电源正极，下面的"窄条"取一排做电源负极。

2. 面包板实验

图 8-14 为电容器的充电与放电电路，通过观察电容器的充、放电现象，了解实验电阻

器、电容器的时间常数对电容器充电、放电的影响。实验电路中，电容器 C_1（220 μF）和 C_2（220 μF）并联，总电容量等于两个电容器的容量之和（440 μF）。电路左方由电源 GB、按钮开关 SB_1、电阻器 R_1 和并联的电容器 C_1、C_2 组成 RC（阻容）充电电路，充电电流由红色发光二极管的发光亮度显示出来。当 SB_1 闭合接通电源瞬间，红色发光二极管闪亮一次。R_1 的电阻值越大，红色发光二极管瞬间电流（最大电流）越小，向电容器充电的时间越长。

右方为电容器的放电电路，由 SB_2、R_2、绿色发光二极管和并联的电容器 C_1、C_2 组成。当 C_1、C_2 充足电后，断开 SB_1，电容器 C_1、C_2 与电源 GB 脱离，这时再按下 SB_2，绿色发光二极管发生闪亮现象，这是由于电容器 C_1、C_2 存储的电荷放电造成的，说明电容器能够存储电荷。电容器放电时，随着电容器中存储的电荷不断减少，其两端电压急剧减小，放电电流也随之按指数规律急剧减小。

图 8-15 为电容器充放电电路面包板连接示意图，在面包板左下角进行连接。电容器选用工作电压为 10～16 V 的小型电解电容器，由于其体积较大，在面包板上要留有一定的空间，并需要一条导线将两个电容器的正极并联在一起。电解电容器在使用时要注意极性，长引脚为正极，短引脚为负极，通常电容器壳体负极引脚一侧有"-"的标志。

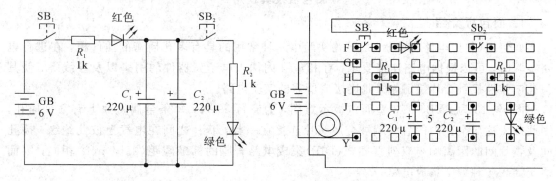

图 8-14　电容器充放电电路　　　　图 8-15　电容器充放电电路面包板连接示意图

项 目 总 结

本项目介绍了模拟信号、数字信号、数制及其相互转换，三种基本逻辑关系及其复合逻辑关系，逻辑函数常用的几种表示方法及其转换，逻辑代数的基本定理和常用公式，逻辑函数的化简方法等。

常用的计数值有二进制、十进制、十六进制等，其各有特点，在生产生活中各有用处。由于二进制的特点，数字信号中的高、低电平分别用 1 和 0 两个二进制数表示。掌握常用数制及其相互转换的规律，了解常用的 BCD 码。

"与"、"或"、"非"是三种基本逻辑关系，是构成各种复杂数字电路的基础。而逻辑代数的基本定理和常用公式是进行逻辑运算的基础，熟练掌握逻辑运算可大大提高运算速度。

逻辑函数的表示方法有真值表、逻辑函数式、逻辑图等，各种表示方法之间可以相互转换。

逻辑函数的化简方法有并项法、吸收法、消因子法、消项法、配项法。通过练习，应熟练使用这些化简方法。

思 考 与 练 习

一、填空题

1. 在时间上和数值上均作连续变化的电信号称为（　　　）信号，在时间上和数值上离散的信号叫做（　　　）信号。

2. 在正逻辑的约定下，"1"表示（　　　）电平，"0"表示（　　　）电平。

3. 十进制数的基数是（　　　），（　　　）是 10 的幂。

4. $(136)_{10} = ($　　　　　　$)_2 = ($　　　　　　$)_{16}$。

5. $(10111011)_2 = ($　　　　　　$)_{10} = ($　　　　　　$)_{16}$。

6. 基本的逻辑关系有（　　　）、（　　　）、（　　　）。

7. 功能为有 1 出 1、全 0 出 0 的门电路称为（　　　）门。

8. 逻辑函数常用的表达方式有（　　　　）、（　　　　）、（　　　　）。

9. 最简与或表达式是指在表达式中（　　　）最少，且（　　　）也最少。

二、单项选择题

1. 与逻辑式 $\overline{AB}$ 表示不同逻辑关系的逻辑式是（　　　）。

A. $\overline{A} + \overline{B}$ 　　　　B. $\overline{A} \cdot \overline{B}$ 　　　　C. $\overline{A} \cdot B + \overline{B}$ 　　　　D. $A\overline{B} + \overline{A}$

2. 数字电路中使用的数制是（　　　）。

A. 二进制 　　　　B. 八进制 　　　　C. 十进制 　　　　D. 十六进制

3. 一个二输入端的门电路，当输入为 1 和 0 时，输出不是 1 的门是（　　　）。

A. 与非门 　　　　B. 或门 　　　　C. 或非门 　　　　D. 异或门

4. 十进制数 100 对应的二进制数为（　　　）。

A. 1011110 　　　　B. 1100010 　　　　C. 1100100 　　　　D. 11000100

5. 若逻辑表达式 $F = \overline{A + B} + CD = 1$，则 A、B、C、D 分别为（　　　）

A. 1000 　　　　B. 0100 　　　　C. 0110 　　　　D. 1011

6. 下列逻辑真值表对应的逻辑表达式为（　　　）。

A. $F = A + B$ 　　B. $F = A \cdot B$ 　　C. $F = \overline{A + B}$ 　　D. $F = \overline{A \cdot B}$

真值表

A	B	F
0	0	1
0	1	0
1	0	0
1	1	0

7. 在图 8 - 16 中，能使 F 恒为逻辑 1 的逻辑门是（　　　）。

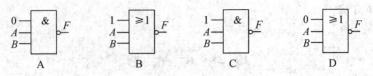

图 8 - 16

8. 在图 8 - 17 所示的逻辑电路中，F 的逻辑表达式是（　　）。

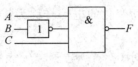

图 8 - 17

A. $\overline{A\,\overline{B}C}$ 　　　　B. $\overline{\overline{AB\,\overline{C}}}$ 　　　　C. $A\,\overline{B}C$ 　　　　D. $\overline{A+\overline{B}+C}$

9. 在图 8 - 18 所示的逻辑符号中，能实现 $F=\overline{AB}$ 逻辑功能的是（　　）。

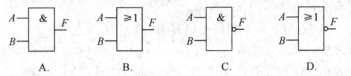

图 8 - 18

10. 设逻辑表达式 $F=A+B+C=0$，则 A、B、C 分别为（　　）。

A. 0、0、0 　　　　B. 1、0、0 　　　　C. 0、1、1 　　　　D. 1、0、1

三、综合题

1. 某逻辑门电路的逻辑表达式为 $F=A+B+C$，试写出该门电路的逻辑真值表。

2. 写出图 8 - 19 所示逻辑电路的逻辑函数表达式和真值表。

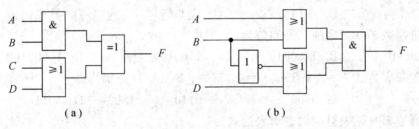

（a）　　　　　　　　　　　　　　　　（b）

图 8 - 19

3. 化简下列逻辑函数式

(1) $F=(A+\overline{B})C+\overline{A}B$

(2) $F=A\,\overline{C}+\overline{A}B+BC$

(3) $F=\overline{A}\,\overline{B}C+\overline{A}BC+AB\,\overline{C}+\overline{A}\,\overline{B}\,\overline{C}+ABC$

(4) $F=\overline{A+\overline{BC}}+AB+B\,\overline{C}D$

(5) $F=(A+B)C+\overline{A}C+AB+\overline{B}C$

(6) $F=\overline{A}B+B\,\overline{C}+\overline{B}\,\overline{C}$

4. 画出实现逻辑函数 $F=AB+A\,\overline{B}C+\overline{A}C$ 的逻辑电路。

5. 两个输入变量 A、B 的状态波形如图 8-20 所示,请画出表示与门输出变量 Y_1 和或门输出变量 Y_2 的波形。

6. 列出下述问题的真值表:有 A、B、C 三个输入信号,当三个输入信号均为 0 或其中一个信号为 1 时,输出 $Y=1$,其余情况下 $Y=0$。

7. 已知各复合门的逻辑图如图 8-21 所示,试分别写出函数 Y_1、Y_2、Y_3 的逻辑表达式。若 $A=1$,$B=0$,计算函数 Y_1、Y_2、Y_3 的逻辑值。

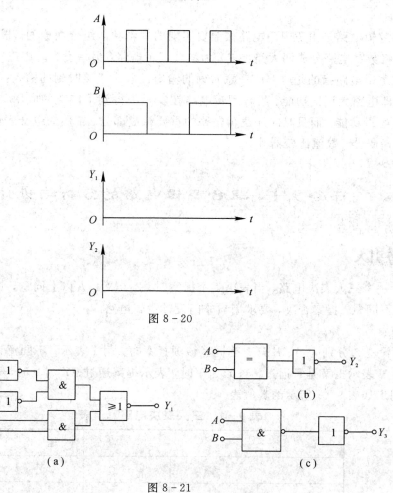

图 8-20

(a)

(b)

(c)

图 8-21

项目 9 组合逻辑电路

数字逻辑电路是由逻辑门电路按照要实现的逻辑功能组合而成的,根据逻辑功能的不同,可以将数字电路分成两大类:一类为组合逻辑电路,另一类为时序逻辑电路。

组合逻辑电路指的是电路中任意时刻的输出仅取决于该时刻的输入,与电路原来的状态无关,即电路无记忆功能。组合逻辑电路在实际中得到了广泛的应用,它不仅能实现各种复杂的逻辑功能,而且是时序逻辑电路的重要组成部分。常用的组合逻辑电路有加法器、编码器、译码器、数值比较器等。

任务 9.1 组合逻辑电路的分析与设计

一、任务引入

设计一个三人表决电路,当表决某个提案时,2 人及 2 人以上同意,提案通过;2 人及 2 人以上不同意,提案否决,要求用与非门设计逻辑电路。

分析:

(1) 设三人分别为 A、B、C,当同意该项提案时,用 1 表示;不同意该项提案时,用 0 表示。用 Y 表示提案是否通过,当 Y 为 1 时,表示提案通过;Y 为 0 时,表示提案被否决。由此可列出如表 9-1 所示的真值表。

表 9-1 三人表决电路真值表

输　入			输　出
A	B	C	Y
0	0	0	0
0	0	1	0
0	1	0	0
0	1	1	1
1	0	0	0
1	0	1	1
1	1	0	1
1	1	1	1

（2）由真值表可写出逻辑函数的标准与或式：

$$Y = \overline{A}BC + A\overline{B}C + AB\overline{C} + ABC$$

（3）将输出逻辑函数化简，变换为与非表达式。

$$\begin{aligned}
Y &= \overline{A}BC + A\overline{B}C + AB\overline{C} + ABC \\
&= \overline{A}BC + ABC + A\overline{B}C + ABC + AB\overline{C} + ABC \\
&= (A + \overline{A})BC + (B + \overline{B})AC + (C + \overline{C})AB \\
&= BC + AC + AB \\
&= \overline{\overline{AB} \cdot \overline{BC} \cdot \overline{AC}}
\end{aligned}$$

（4）绘制用与非门实现的逻辑电路图，如图 9-1 所示。

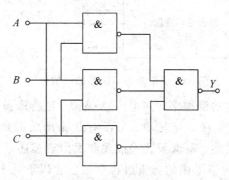

图 9-1　三人表决电路逻辑电路图

　　通过上面的实例可以了解组合逻辑电路的设计过程。本任务主要介绍组合逻辑电路分析和设计两个方面的内容。

二、教学目标

 知识目标

☆ 掌握组合逻辑电路的概念、特点；
☆ 掌握组合逻辑电路的分析方法；
☆ 掌握组合逻辑电路的设计方法。

 技能目标

☆ 能进行组合逻辑电路的分析；
☆ 能进行实际问题的分析并设计相关电路；
☆ 能够对实际问题按照数字逻辑的思维进行分析和设计。

素质目标

☆ 培养学生严谨的逻辑思维能力；
☆ 培养学生对实际问题进行抽象和分析的能力；
☆ 培养学生科学的问题分析方法。

三、相关知识

组合逻辑电路的分析主要是根据给定的逻辑电路，经过分析找出输出信号和输入信号之间的关系，从而确定它的逻辑功能。组合逻辑电路的设计主要是根据给出的实际问题，设计出能解决这一实际问题的最简逻辑电路，分析和设计恰好是相反的两个过程。

(一) 组合逻辑电路的分析

组合逻辑电路是指任何时刻的输出只取决于这一时刻的输入，而与电路的原来状态无关的电路。图 9-2 所示的是组合逻辑电路的一般框图。

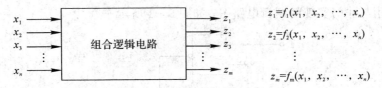

图 9-2 组合逻辑电路的一般框图

生活中组合逻辑电路的实例很多，如电子密码锁，银行取款机等。组合逻辑电路由逻辑门电路组成，其电路特点是没有记忆单元，没有从输出反馈到输入的回路。组合逻辑电路的逻辑功能可用逻辑图描述、逻辑函数式描述和真值表描述。

如图 9-3 所示，组合逻辑电路的分析过程一般包含以下几个步骤：

图 9-3 组合逻辑电路的分析过程

(1) 根据组合逻辑电路的逻辑图，写出电路输出函数的逻辑表达式；

(2) 对逻辑表达式进行化简，得到最简的逻辑表达式；

(3) 列真值表，将输入输出变量所有可能的取值列出来；

(4) 确定功能，根据真值表和逻辑表达式确定电路的逻辑功能。

【例 9-1】 组合逻辑电路如图 9-4 所示，分析该电路的逻辑功能。

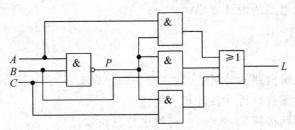

图 9-4 逻辑电路

解 (1) 由逻辑电路图写出逻辑表达式。为了方便，借助中间变量 P。

$$P = \overline{ABC}$$

$$L = AP + BP + CP$$

$$= A\,\overline{ABC} + B\,\overline{ABC} + C\,\overline{ABC}$$

$$L = \overline{\overline{ABC}(A+B+C)}$$
$$= \overline{\overline{ABC}} + \overline{A+B+C}$$
$$= ABC + \overline{A}\,\overline{B}\,\overline{C}$$

（2）化简并进行变换

$$L = \overline{ABC + \overline{A}\,\overline{B}\,\overline{C}}$$
$$= \overline{ABC} \cdot \overline{\overline{A}\,\overline{B}\,\overline{C}}$$
$$= (\overline{A}+\overline{B}+\overline{C}) \cdot (A+B+C)$$
$$= \overline{A}B + A\overline{B} + \overline{A}C + A\overline{C} + \overline{B}C + B\overline{C}$$
$$= (\overline{A}B + A\overline{C} + B\overline{C}) + (A\overline{B} + \overline{A}C + \overline{B}C)$$
$$= \overline{A}B + A\overline{C} + A\overline{B} + \overline{A}C$$

（3）由化简后表达式列出真值表，如表 9 - 2 所示。

（4）分析逻辑功能：当 A、B、C 三个变量同时为"0"或"1"时，输出 L 为"0"；当 A、B、C 三个变量不一致时，电路输出为"1"，所以这个电路称为"逻辑不一致电路"。

表 9 - 2　真值表

A	B	C	L
0	0	0	0
0	0	1	1
0	1	0	1
0	1	1	1
1	0	0	1
1	0	1	1
1	1	0	1
1	1	1	0

（二）组合逻辑电路的设计

组合逻辑电路的设计是根据给出的实际逻辑问题，求出解决这一实际问题的最简逻辑电路，其过程与组合逻辑电路的分析过程恰好相反。其中"最简"指的是电路所用的器件数最少，且器件之间的连线也最少。组合逻辑电路的设计步骤如下：

（1）根据给出的条件，找出什么是逻辑变量（输入信号），什么是逻辑函数（输出信号），分别用字母表示，用"0"和"1"分别表示输入信号和输出信号的一种设定状态，找出逻辑变量和逻辑函数之间的关系。

（2）根据逻辑变量和逻辑函数之间的关系写出真值表。

（3）根据真值表写出逻辑表达式，然后再化简逻辑表达式。

（4）根据最简逻辑表达式画出逻辑电路图。

（5）验证所绘制的逻辑电路图是否能满足设计的要求。

设计过程的步骤如图 9 - 5 所示。

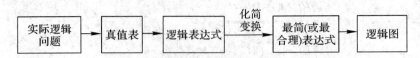

图 9 - 5　组合逻辑电路的设计过程

【例 9 - 2】　用与非门设计一个交通报警控制电路，交通信号灯有红、绿、黄 3 种，3 种灯分别单独工作或黄、绿灯同时工作时属正常情况，其他情况均属故障，出现故障时输出报警信号。

　　解　通过分析，可知输入为红、绿、黄 3 个交通信号灯的工作状态，输出为报警信号。现设红、绿、黄灯分别用 A、B、C 表示，灯亮时其值为 1，灯灭时其值为 0；输出报警信号用 F 表示，正常工作时报警信号 F 值为 0，出现故障时报警信号 F 值为 1。根据题意，列出真值表如表 9 - 3 所示：

表 9 - 3　真值表

A（红）	B（绿）	C（黄）	F（报警信号）
0	0	0	1
0	0	1	0
0	1	0	0
0	1	1	0
1	0	0	0
1	0	1	1
1	1	0	1
1	1	1	1

根据真值表，列出逻辑表达式

$$F=\overline{A}\,\overline{B}\,\overline{C}+A\,\overline{B}C+AB\overline{C}+ABC$$

对逻辑表达式进行化简

$$\begin{aligned}F &=\overline{A}\,\overline{B}\,\overline{C}+ABC+AB\overline{C}+ABC+A\,\overline{B}C\\ &=\overline{A}\,\overline{B}\,\overline{C}+AB(C+\overline{C})+AC(B+\overline{B})\\ &=\overline{A}\,\overline{B}\,\overline{C}+AB+AC=\overline{\overline{A}\,\overline{B}\,\overline{C}\,\overline{AB}\,\overline{AC}}\end{aligned}$$

根据化简后的逻辑表达式，画出逻辑电路图，如图 9 - 6 所示。

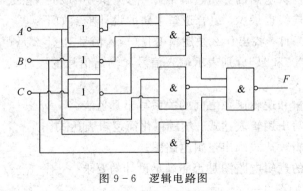

图 9 - 6　逻辑电路图

四、知识拓展

电子电路仿真是指使用数学模型来对电子电路的真实行为进行模拟的工程方法，它可以提高电子应用开发的效率，是当今相关专业学习者及工作者必须掌握的技术之一，它有诸多优点：第一，电子电路仿真软件一般都有海量而齐全的电子元器件库和先进的虚拟仪器、仪表，十分便于仿真与测试；第二，仿真电路的连接简单快捷智能化，不需焊接，使用仪器调试不用担心损坏，大大减少了设计时间及金钱成本；第三，电子电路仿真软件可进行多种准确而复杂的电路分析。随着电子电路仿真技术的不断发展，许多公司推出了各种功能先进、性能强劲的仿真软件，下面介绍几款常用电子电路仿真软件。

1. Multisim

在模电、数电的复杂电路虚拟仿真方面，Multisim 应用广泛。它有形象化的极其真实的虚拟仪器，无论界面的外观还是内在的功能，都达到了较高水平。它有专业的界面和分类以及强大而复杂的功能，对数据的计算极其准确。Multisim 的缺点是软件过于庞大，对MCU 的支持不足，制板等附加功能比不上其他的专门软件。

2. Proteus

Proteus 作为一款集电路仿真、PCB 设计、单片机仿真于一体的软件，不仅含有大量的基于真实环境的元器件，支持众多主流的单片机型号及通用外设模型，还提供最优秀的实时显示效果，它的动态仿真是基于帧和动画的，因此能够提供更好的视觉效果。Proteus 的缺点是对电路的数据计算方面不足。

3. Altium Designer

Altium Designer 除了全面继承包括 Protel 99SE、Protel DXP 在内的先前一系列版本的功能和优点外，还增加了许多改进和很多高端功能。该平台拓宽了板级设计的传统界面，全面集成了 FPGA 设计功能和 SOPC 设计实现功能，从而允许工程设计人员能将系统设计中的 FPGA 与 PCB 设计及嵌入式设计集成在一起。Altium Designer 主要用于原理图设计、电路仿真、PCB 绘制编辑，也是电子竞赛必备的软件。Altium Designer 的缺点是对复杂板的设计不及 Cadence。

五、技能训练

设计一个四人表决电路，对比赛结果进行判定，其中设 1 名主裁判和 3 名副裁判。当3 名及以上裁判判定合格时，比赛通过；当主裁判和一名副裁判判定合格时，比赛也通过；其他情况为比赛没有通过。要求用与非门设计出逻辑电路。

（1）任务分析：输入为 4 名裁判的判定，输出为比赛是否通过。设四个裁判分别为 A、B、C、D，其中 A 为主裁判，B、C、D 分别为 3 个副裁判。现将裁判判定合格设定为"1"，判定不合格设定为"0"。比赛是否通过用 Y 来表示，设定比赛通过时 Y 为"1"，比赛不通过时 Y 为"0"。根据题目要求可知，当 A、B、C、D 至少有 3 个为 1 时，$Y=1$；当 $A=1$，B、C、D 至少有一个为 1 时，$Y=1$；其他情况下 $Y=0$。

（2）根据任务分析情况列真值表，如表 9-4 所示。

表 9 - 4 四人表决电路真值表

输　　　入				输　　出
A（主裁）	B	C	D	Y
0	0	0	0	0
0	0	0	1	0
0	0	1	0	0
0	0	1	1	0
0	1	0	0	0
0	1	0	1	0
0	1	1	0	0
0	1	1	1	1
1	0	0	0	0
1	0	0	1	1
1	0	1	0	1
1	0	1	1	1
1	1	0	0	1
1	1	0	1	1
1	1	1	0	1
1	1	1	1	1

（3）由真值表写出逻辑表达式

$$Y = \overline{A}BCD + A\overline{B}\,\overline{C}D + A\overline{B}C\overline{D} + A\overline{B}CD + AB\overline{C}\,\overline{D} + AB\overline{C}D + ABC\overline{D} + ABCD$$

对逻辑表达式进行化简

$$Y = AB + AC + AD + BCD$$

将其化为与非门形式：

$$Y = \overline{\overline{AB + AC + AD + BCD}}$$
$$= \overline{\overline{AB} \cdot \overline{AC} \cdot \overline{AD} \cdot \overline{BCD}}$$

（4）采用与非门绘制逻辑图，其逻辑图如图 9 - 7 所示。

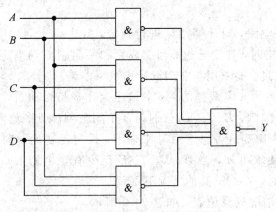

图 9 - 7 四人表决电路逻辑图

任务 9.2　组合逻辑电路的应用

一、任务引入

　　你知道电脑是怎么知道你按下的是哪个键吗？其实键盘上的每个键都有自己唯一的二进制代码，例如，Enter 键的代码是 0001101，Backspace 键的代码是 0001000。当你敲击键盘，电脑实际上收到的就是这样一串二进制代码。根据代码的不同电脑就知道你按下的是哪个键了，而将键盘按键转换成二进制代码的工作就是由编码器完成的。

　　我们家里或办公室固定电话的号码，是电信局给我们这台电话的一个编号，这个编号是由十进制数组成，有 8 位或 7 位。由于十进制数共有 10 个，理论上一个城市可以编出的电话号码共有 10^8 或 10^7，但由于存在特殊号码，实际上没有这么多。电话号码的形成也是典型的编码过程。车牌号、身份证号码也都是对若干个字符典型信息的编码过程。

　　与编码相对应的过程叫译码，比如，现在需要查询某车辆的违章情况，告诉工作人员车辆的车牌号，工作人员就可以通过车牌号查询到车辆的违章情况，这一过程就称为译码。车牌号就是一个代码，通过该代码，就可以译出该车辆，也就是找出该车辆的违章信息。日常拨打电话时，当我们输入完电话号码，输入的电话号码会传送到电信局的程控交换机中；程控交换机将收到的号码进行译码，然后找到对方电话的端口，在二者之间建立通话通道，从而实现双方的通话。实际生活中的很多地方都用到了译码这一思想和过程。本任务主要介绍常见的组合逻辑电路——编码器和译码器。

二、教学目标

知识目标

☆ 掌握编码器的功能、作用和类型；
☆ 掌握译码器的功能、作用和类型。

技能目标

☆ 能够在电路中熟练地运用编码器；
☆ 能够在电路中熟练地运用译码器。

素质目标

☆ 培养学生使用和分析集成电路的方法；
☆ 培养学生严谨的逻辑思维能力。

三、相关知识

　　组合逻辑电路的应用较为广泛，常见的有编码器、译码器、数据选择器和数字比较器等，这些集成器件通常设置有一些控制端、功能端及级联端等，在不用或少用附加电路的情况下，就能将若干功能部件扩展成位数更多、功能更复杂的电路。下面介绍几种应用较为广泛的组合逻辑电路。

（一）编码器

1. 普通编码器

将具有特定意义的信息编成相应二进制代码的过程，称为编码。实现编码功能的电路称为编码器，其输入端为被编信号，输出端为其相对应的二进制代码。

一般而言，M 个不同的信号，至少需要 n 位二进制数编码。M 和 n 之间应满足 $2^n \geq M$。

3 位二进制编码器有 8 个输入端，3 个输出端，所以常称为 8 线–3 线编码器，其功能真值表如表 9–5 所示，其中输入为高电平有效。

表 9–5 8 线–3 线编码器的真值表

输　　入								输　　出		
I_0	I_1	I_2	I_3	I_4	I_5	I_6	I_7	A_2	A_1	A_0
1	0	0	0	0	0	0	0	0	0	0
0	1	0	0	0	0	0	0	0	0	1
0	0	1	0	0	0	0	0	0	1	0
0	0	0	1	0	0	0	0	0	1	1
0	0	0	0	1	0	0	0	1	0	0
0	0	0	0	0	1	0	0	1	0	1
0	0	0	0	0	0	1	0	1	1	0
0	0	0	0	0	0	0	1	1	1	1

由真值表写出各输出的逻辑表达式为

$$A_2 = \overline{\overline{I_4}\ \overline{I_5}\ \overline{I_6}\ \overline{I_7}}$$
$$A_1 = \overline{\overline{I_2}\ \overline{I_3}\ \overline{I_6}\ \overline{I_7}}$$
$$A_0 = \overline{\overline{I_1}\ \overline{I_3}\ \overline{I_5}\ \overline{I_7}}$$

用门电路实现逻辑电路如图 9–8 所示，8 线–3 线编码器框图如图 9–9 所示。

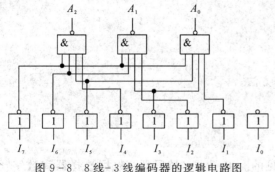

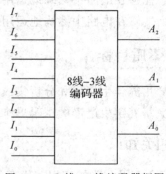

图 9–8 8 线–3 线编码器的逻辑电路图　　　　图 9–9 8 线–3 线编码器框图

2. 优先编码器

优先编码器电路中，允许输入端同时输入两个及以上的编码信号。当有两个或多个输入端同时有信号时，编码器仅对优先级别最高的信号进行编码。优先编码器与普通编码器的主要区别为：一是允许有多个输入信号，二是对多输入信号进行优先级的排序。

74LS148 是 8 线－3 线优先编码器，其外形和引脚如下图 9－10 和 9－11 所示，$\overline{I_0}$ 到 $\overline{I_7}$ 是编码器的 8 个输入端，$\overline{A_2}$、$\overline{A_1}$、$\overline{A_0}$ 为三位编码输出端，$\overline{EI}$、$\overline{EO}$、$\overline{GS}$ 为附加控制端，V_{CC} 为电源正极，GND 为电源负极。

图 9－10　74LS148 外形图

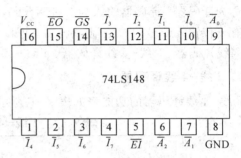

图 9－11　74LS148 引脚图

表 9－6 是 74LS148 优先编码器的逻辑功能表。

表 9－6　74LS148 优先编码器逻辑功能表

输　入									输　出				
$\overline{EI}$	$\overline{I_0}$	$\overline{I_1}$	$\overline{I_2}$	$\overline{I_3}$	$\overline{I_4}$	$\overline{I_5}$	$\overline{I_6}$	$\overline{I_7}$	$\overline{A_2}$	$\overline{A_1}$	$\overline{A_0}$	$\overline{EO}$	$\overline{GS}$
1	×	×	×	×	×	×	×	×	1	1	1	1	1
0	1	1	1	1	1	1	1	1	1	1	1	0	1
0	×	×	×	×	×	×	×	0	0	0	0	1	0
0	×	×	×	×	×	×	0	1	0	0	1	1	0
0	×	×	×	×	×	0	1	1	0	1	0	1	0
0	×	×	×	×	0	1	1	1	0	1	1	1	0
0	×	×	×	0	1	1	1	1	1	0	0	1	0
0	×	×	0	1	1	1	1	1	1	0	1	1	0
0	×	0	1	1	1	1	1	1	1	1	0	1	0
0	0	1	1	1	1	1	1	1	1	1	1	1	0

在 $\overline{EI}=0$ 时，电路处于正常工作状态，接收 $\overline{I_0} \sim \overline{I_7}$ 信号输入，输入信号为低电平有效，可以同时有多路信号输入，其中 $\overline{I_7}$ 的优先级最高，$\overline{I_0}$ 的优先级最低。当 $\overline{I_7}=0$ 时，无论其他输入端有无信号输入，输出端只给出 $\overline{I_7}$ 的编码，即 $\overline{A_2}\,\overline{A_1}\,\overline{A_0}$ 输出为 000。当 $\overline{I_7}=1$、$\overline{I_6}=0$ 时，无论其他输入端有无信号输入，只对 $\overline{I_6}$ 编码，$\overline{A_2}\,\overline{A_1}\,\overline{A_0}$ 为 001。其他输入情况下的输出，以此类推。

$\overline{EO}$ 为选通输出端，只有当所有的编码输入端都是高电平（即没有编码输入）且 $\overline{EI}=0$ 的情况下，$\overline{EO}$ 才为低电平，即 $\overline{EO}=0$；其他情况均为高电平。因此，$\overline{EO}$ 输出低电平信号表示"电路工作，但无编码输入"。

$\overline{GS}$ 为扩展输出端，只要任何一个编码输入端有低电平信号输入，且 $\overline{EI}=0$，$\overline{GS}$ 就为低电平，即 $\overline{GS}=0$。因此，$\overline{GS}$ 输出低电平信号，表示"电路工作，而且有编码输入"。

（二）译码器

译码是编码的逆过程，是将表示特定意义信息的二进制代码译出来。实现译码功能的电路称为译码器。译码器输入为二进制代码，输出为输入代码所对应的特定信息。

有 n 位输入信号的二进制译码器，可以输出 $N=2^n$ 个信号。常见的二进制译码器有 2 线–4 线译码器、3 线–8 线译码器、4 线–16 线译码器。

1. 2 线–4 线译码器

2 线–4 线译码器的功能表如表 9–7 所示。

表 9–7 2 线–4 线译码器功能表

输　入			输　出			
EI	A	B	$\overline{Y_0}$	$\overline{Y_1}$	$\overline{Y_2}$	$\overline{Y_3}$
1	×	×	1	1	1	1
0	0	0	0	1	1	1
0	0	1	1	0	1	1
0	1	0	1	1	0	1
0	1	1	1	1	1	0

根据表 9–7 写出各输出函数的已化简表达式为

$$\overline{Y_0}=\overline{\overline{EI}\,\overline{A}\,\overline{B}}, \quad \overline{Y_1}=\overline{\overline{EI}\,\overline{A}B}, \quad \overline{Y_2}=\overline{\overline{EI}A\,\overline{B}}, \quad \overline{Y_3}=\overline{\overline{EI}AB}$$

画出逻辑电路图，如图 9–12 所示。

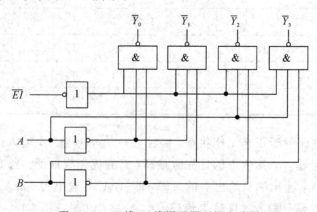

图 9–12 2 线–4 线译码器逻辑电路图

2. 3 线-8 线译码器

3 线-8 线译码器的输入为 3 位二进制代码，输出为 8 个互斥的信号，其真值表如表 9-8 所示。

表 9-8　3 线-8 线译码器功能表

A_2	A_1	A_0	Y_0	Y_1	Y_2	Y_3	Y_4	Y_5	Y_6	Y_7
0	0	0	1	0	0	0	0	0	0	0
0	0	1	0	1	0	0	0	0	0	0
0	1	0	0	0	1	0	0	0	0	0
0	1	1	0	0	0	1	0	0	0	0
1	0	0	0	0	0	0	1	0	0	0
1	0	1	0	0	0	0	0	1	0	0
1	1	0	0	0	0	0	0	0	1	0
1	1	1	0	0	0	0	0	0	0	1

根据表 9-8 写出各输出函数的已化简表达式，画出对应的逻辑电路图，如图 9-13 所示。

$$\begin{cases} Y_0=\overline{A_2}\,\overline{A_1}\,\overline{A_0} \\ Y_1=\overline{A_2}\,\overline{A_1}A_0 \\ Y_2=\overline{A_2}A_1\overline{A_0} \\ Y_3=\overline{A_2}A_1A_0 \\ Y_4=A_2\overline{A_1}\,\overline{A_0} \\ Y_5=A_2\overline{A_1}A_0 \\ Y_6=A_2A_1\overline{A_0} \\ Y_7=A_2A_1A_0 \end{cases}$$

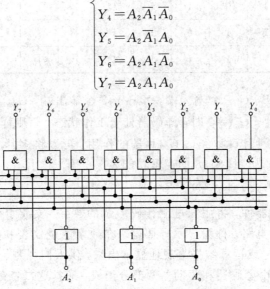

图 9-13　3 线-8 线译码器逻辑电路图

74LS138 是一款常用的 3 线-8 线集成译码控制器，其外形及引脚如图 9-14 和图 9-15 所示。

图 9-14 74LS138 外形

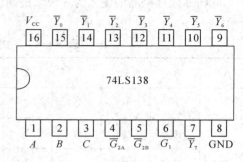

图 9-15 74LS138 引脚图

表 9-9 74LS138 逻辑功能表

输　入						输　出							
G_1	$\overline{G_{2A}}$	$\overline{G_{2B}}$	A	B	C	$\overline{Y_0}$	$\overline{Y_1}$	$\overline{Y_2}$	$\overline{Y_3}$	$\overline{Y_4}$	$\overline{Y_5}$	$\overline{Y_6}$	$\overline{Y_7}$
0	×	×	×	×	×	1	1	1	1	1	1	1	1
×	1	×	×	×	×	1	1	1	1	1	1	1	1
×	×	1	×	×	×	1	1	1	1	1	1	1	1
1	0	0	0	0	0	0	1	1	1	1	1	1	1
1	0	0	0	0	1	1	0	1	1	1	1	1	1
1	0	0	0	1	0	1	1	0	1	1	1	1	1
1	0	0	0	1	1	1	1	1	0	1	1	1	1
1	0	0	1	0	0	1	1	1	1	0	1	1	1
1	0	0	1	0	1	1	1	1	1	1	0	1	1
1	0	0	1	1	0	1	1	1	1	1	1	0	1
1	0	0	1	1	1	1	1	1	1	1	1	1	0

74LS138 具有 A、B、C 三个输入端，$\overline{Y_0}$~$\overline{Y_7}$ 8 个输出端，G_1、$\overline{G_{2A}}$、$\overline{G_{2B}}$ 三个片选使能端。只有当 $G_1=1$ 且 $\overline{G_{2A}}+\overline{G_{2B}}=0$ 时，译码器处于工作状态，否则译码器被封锁，所有的输出端都为高电平；同时利用 G_1、$\overline{G_{2A}}$、$\overline{G_{2B}}$ 片选的作用，可以将多片 74LS138 连接起来，扩展译码器功能。表 9-9 为 74LS138 的逻辑功能表。

3. 显示译码器

用来驱动各种显示器件，将用二进制代码表示的数字、文字、符号翻译成人们习惯的形式直观地显示出来的电路，称为显示译码器。在数字测量仪表和各种数字系统中，经常需要将数字、字母、符号或运算结果直观地显示出来，供人们观测、读取或监测系统的工作情况。显示译码器主要由译码器和驱动器两部分组成，通常这二者都集成在同一块芯片中，显示译码器的输入一般为二-十进制代码，其输出信号用以驱动显示器件，显示出十进制数字、符号等。

目前广泛使用的显示器件是发光二极管，称为七段数码管或 LED 数码管，其外形、结构、显示字形如图 9-16 所示。

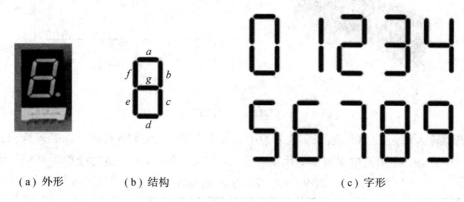

（a）外形　　　（b）结构　　　　　　　　　（c）字形

图 9-16　七段数码管的外形和结构

七段数码管是由 a、b、c、d、e、f、g 七段可发光的二极管拼合构成，根据需要，通过控制各段的亮或灭，就可以显示不同的字符或数字。

根据发光二极管在数码管内部的连接形式不同，可分为共阴极和共阳极两种，其结构如图 9-17 所示。将发光二极管的阴极连在一起接到电源负极，各段发光二极管的正极通过引脚引出的，称为共阴极数码管，此时阳极接高电平的二极管发光。若要显示数字"5"，则 a、c、d、f、g 端接高电平，b、e 端接低电平。将二极管的阳极连在一起接到电源正极，而各段发光二极管的负极通过引脚引出的，称为共阳极数码管，此时阴极接低电平的二极管发光，若要显示数字"5"，则 a、c、d、f、g 端接低电平，b、e 端接高电平。

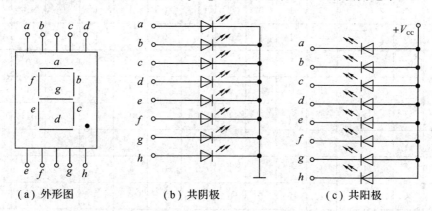

（a）外形图　　　　　（b）共阴极　　　　　　（c）共阳极

图 9-17　发光二极管外形图及共阴极和共阳极数码管内部结构

74LS48 芯片是一种常用的七段数码管译码器驱动器，其外形和引脚如图 9-18 所示。它有 A、B、C、D 四个输入，有 a、b、c、d、e、f、g 7 个输出端，有 $\overline{LT}$、$\overline{BI}/\overline{RBO}$、$\overline{RBI}$ 三个控制端，其中 $\overline{LT}$ 为灯测试输入端，用来检查数码管的各段能否正常显示；$\overline{RBI}$ 为灭零输入端，作用是把不希望显示的零熄灭。$\overline{BI}/\overline{RBO}$ 为灭灯输入/灭零输出端，当作为输入端使用时，为灭灯输入控制端 $\overline{BI}$；当作为输出端使用时，为灭零输出控制端 $\overline{RBO}$。

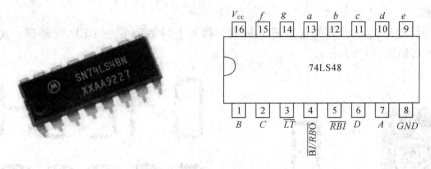

图 9-18　74LS48 芯片的外形和引脚

译码器输入端为 D、C、B、A，输入为要显示数字的 8421BCD 代码，译码器输出端为 a、b、c、d、e、f、g，输出高电平有效，代表要显示的字形，74LS48 逻辑功能如表 9-10 所示。

表 9-10　74LS48 逻辑功能表

十进制数	输入							输出							显示字形
	$\overline{LT}$	$\overline{RBI}$	$\overline{BI}/\overline{RBO}$	D	C	B	A	a	b	c	d	e	f	g	
0	1	1	1	0	0	0	0	1	1	1	1	1	1	0	0
1	1	×	1	0	0	0	1	0	1	1	0	0	0	0	1
2	1	×	1	0	0	1	0	1	1	0	1	1	0	1	2
3	1	×	1	0	0	1	1	1	1	1	1	0	0	1	3
4	1	×	1	0	1	0	0	0	1	1	0	0	1	1	4
5	1	×	1	0	1	0	1	1	0	1	1	0	1	1	5
6	1	×	1	0	1	1	0	1	0	1	1	1	1	1	6
7	1	×	1	0	1	1	1	1	1	1	0	0	0	0	7
8	1	×	1	1	0	0	0	1	1	1	1	1	1	1	8
9	1	×	1	1	0	0	1	1	1	1	0	0	1	1	9
10	1	×	1	1	0	1	0	0	0	0	1	1	0	1	c
11	1	×	1	1	0	1	1	0	0	1	1	0	0	1	⊐
12	1	×	1	1	1	0	0	0	1	0	0	0	1	1	U
13	1	×	1	1	1	0	1	1	0	0	1	0	1	1	⊏
14	1	×	1	1	1	1	0	0	0	0	1	1	1	1	七
15	1	×	1	1	1	1	1	0	0	0	0	0	0	0	全暗
灭灯	×	×	0	×	×	×	×	1	1	1	1	1	1	1	全暗
灭零	1	0	0	0	0	0	0	1	1	1	1	1	1	1	全暗
试灯	0	×	1	×	×	×	×	0	0	0	0	0	0	1	8

74LS48 与数码管的连接如图 9-19 所示。

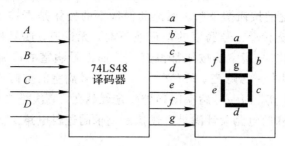

图 9-19　74LS48 译码器与数码管连接框图

四、知识拓展

下面列举一些常用的数字集成电路的管脚排列及逻辑符号，如图 9-20～图 9-25 所示。

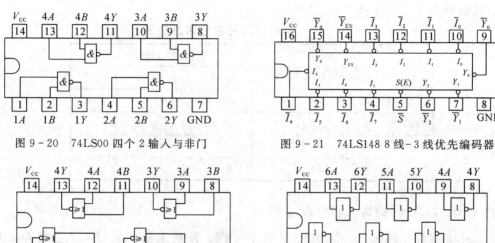

图 9-20　74LS00 四个 2 输入与非门

图 9-21　74LS148 8 线-3 线优先编码器

图 9-22　74LS02 四个 2 输入或非门

图 9-23　74LS04 六个反相器

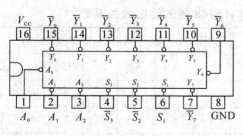

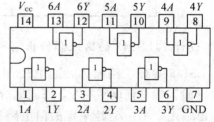

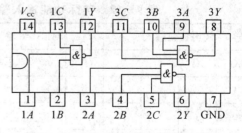

图 9-24　74LS138 3 线-8 线译码器

图 9-25　74LS10 三个 3 输入与非门

五、技能训练

1. 病房呼叫控制电路的设计(74LS148 优先编码器的应用)

某医院有一、二、三、四号病室 4 间，每室设有呼叫按钮，同时在护士值班室内对应地装有一号、二号、三号、四号 4 个指示灯。

现要求当一号病室的按钮按下时，无论其他病室的按钮是否按下，只有一号灯亮；当一号病室的按钮没有按下而二号病室的按钮按下时，无论三、四号病室的按钮是否按下，只有二号灯亮；当一、二号病室的按钮都没有按下而三号病室的按钮按下时，无论四号病室的按钮是否按下，只有三号灯亮；只有在一、二、三号病室的按钮均未按下而四号病室的按钮按下时，四号灯才亮，即一号病室按钮的优先级最高，其次是二号、三号、四号。现用优先编码器 74LS148 和门电路设计满足上述控制要求的逻辑电路。

1）问题分析

现将一、二、三、四号病室的按钮作为输入变量，分别用 X_1、X_2、X_3、X_4 表示，设定"1"表示按钮按下，"0"表示按钮未按下，一号、二号、三号、四号病室的指示灯作为输出变量分别用 L_1、L_2、L_3、L_4 来表示，设定"1"表示灯亮，"0"表示灯灭。

2）设计真值表

真值表如表 9-11 所示。

表 9-11　病房呼叫控制电路真值表

输入				输出			
X_1	X_2	X_3	X_4	L_1	L_2	L_3	L_4
1	×	×	×	1	0	0	0
0	1	×	×	0	1	0	0
0	0	1	×	0	0	1	0
0	0	0	1	0	0	0	1

3）设计 74LS148 的输入和输出

74LS148 共有 8 路输入，这里使用其中 4 路，分别是 $\overline{I_0}$、$\overline{I_1}$、$\overline{I_2}$、$\overline{I_3}$。另外，由于 74LS148 输入端是低电平有效，而问题分析中是"1"表示按钮按下，故输入时必须使用非门。输出端 $\overline{A_2}$、$\overline{A_1}$、$\overline{A_0}$ 经一定的门电路接到指示灯 L_1、L_2、L_3、L_4，由于实际输出只有 4 路，输出端只用到了 $\overline{A_1}$、$\overline{A_0}$，没有用 $\overline{A_2}$，控制端 $\overline{EI}$ 接低电平。

表 9-12　实际功能输入输出与 74LS148 输入输出的关系表

病房按钮输入				74LS148 输入				74LS148 输出			指示灯输出			
X_1	X_2	X_3	X_4	$\overline{I_3}$	$\overline{I_2}$	$\overline{I_1}$	$\overline{I_0}$	$\overline{A_2}$	$\overline{A_1}$	$\overline{A_0}$	L_1	L_2	L_3	L_4
1	×	×	×	0	×	×	×	1	0	0	1	0	0	0
0	1	×	×	1	0	×	×	1	0	1	0	1	0	0
0	0	1	×	1	1	0	×	1	1	0	0	0	1	0
0	0	0	1	1	1	1	0	1	1	1	0	0	0	1

输出表达式为

$$L_1 = A_1 \cdot A_0, \quad L_2 = A_1 \cdot \overline{A_0}, \quad L_3 = \overline{A_1} \cdot A_0, \quad L_4 = \overline{A_1} \cdot \overline{A_0}$$

4）设计逻辑电路图

根据以上分析和逻辑表达式，画出病房呼叫控制电路的逻辑图，如图 9 - 26 所示。

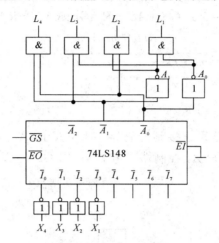

图 9 - 26　逻辑电路图

2. 交通信号灯监控电路设计（74LS138 译码器的应用）

现有一处交通信号灯，由红、黄、绿 3 盏灯组成，正常工作情况下，任何时刻必有一盏灯亮，而且只允许有一盏灯亮。当出现 2 盏或 2 盏以上灯亮的情况时，表示电路发生故障，此时要求发出故障报警信号，以提醒维护人员前去修理。现用译码器 74LS138 和门电路设计满足上述控制要求的逻辑电路。

1）问题分析

本设计的输入为红、黄、绿 3 盏灯的状态，分别用 R、A、G 表示，设定灯亮时为 1，不亮时为 0。故障信号的状态为输出变量，用 Z 表示，设定 Z 为 0 时，为正常工作状态；Z 为 1 时，为故障状态。

2）设计真值表

根据问题分析，设计真值表，如表 9 - 13 所示。

表 9 - 13　监控交通信号灯工作状态的真值表

输　入			输　出
R	A	G	Z
0	0	0	1
0	0	1	0
0	1	0	0
0	1	1	1
1	0	0	0
1	0	1	1
1	1	0	1
1	1	1	1

3）写出表达式

由真值表写出电路的逻辑表达式，并将其变换成 74LS138 集成芯片所需的表达式。

$$Z = \overline{R}\ \overline{A}\ \overline{G} + \overline{R}AG + R\overline{A}G + RA\overline{G} + RAG$$
$$= m_0 + m_3 + m_5 + m_6 + m_7$$
$$= \overline{\overline{m_0} \cdot \overline{m_3} \cdot \overline{m_5} \cdot \overline{m_6} \cdot \overline{m_7}}$$
$$= \overline{\overline{Y_0} \cdot \overline{Y_3} \cdot \overline{Y_5} \cdot \overline{Y_6} \cdot \overline{Y_7}}$$

4）画逻辑电路图

将输入信号 R、A、G 分别连接到译码器 74LS138 的 A_2、A_1、A_0 端，将 $\overline{Y_0}$、$\overline{Y_3}$、$\overline{Y_5}$、$\overline{Y_6}$、$\overline{Y_7}$ 经一个与非门作为输出 Z，控制端 G_1 接高电平，$\overline{G2A}$、$\overline{G2B}$ 接低电平，其逻辑电路如图 9-27 所示。

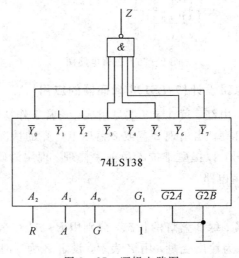

图 9-27　逻辑电路图

项 目 总 结

本项目介绍了组合逻辑电路的概念和特点，组合逻辑电路的分析方法，组合逻辑电路的设计方法和常用的组合逻辑电路。

组合逻辑电路某时刻的输出只取决于该时刻的输入，与电路的状态没有关系。组合逻辑电路的分析就是已知逻辑电路，通过写逻辑表达式、化简逻辑表达式、列真值表的过程确定逻辑电路的功能。组合逻辑电路的设计就是对于一个实际逻辑问题，设计实现其逻辑功能的最简逻辑电路，其过程为实际问题逻辑抽象、列真值表、写逻辑表达式并化简、绘制逻辑电路图。

常用的组合逻辑电路主要有编码器和译码器，编码器的功能是将对应的各种信息分别编上一组特定的二进制代码，其作用相当于给每个电话用户编上一个电话号码，编码器通常分普通编码器和优先编码器。译码器的功能是将某一组特定输入的二进制代码译成相应信息输出，其作用相当于拨一个电话号码接通某一用户的电话机。译码器通常分 2 线-4 线译码器、3 线 - 8 线译码器以及显示译码器。熟练掌握常用编码器和译码器的功能、作用、引脚，将极大地提高组合逻辑电路的设计能力。

思考与练习

一、填空题

1. 根据数字电路逻辑功能的不同，可以将数字电路分成（　　）和（　　）两大类。

2. 组合逻辑电路的主要特点是（　　　　　　　　　　　　　　　）。

3. 组合逻辑电路不具有（　　）功能。

4. 译码是编码的逆过程，即是将（　　　）代码所表示的信息还原为原来对应的数字或字符等信号的过程。能够实现（　　　　　　　　）的逻辑电路称为译码器。

5. 若在编码器中有 50 个编码对象，则要求输出二进制代码位数为（　　）位。

6. 3 线 - 8 线译码器 74LS138 处于译码状态时，当输入 $A_2A_1A_0 = 001$ 时，输出 $\overline{Y_7} \sim \overline{Y_0} = $（　　　　　　　　）。

二、单项选择题

1. 在 8421 编码中，表示数字 9 的 BCD 码是（　　）。

A. 1001　　　　　　　　　　　　B. 1100

C. 1111　　　　　　　　　　　　D. 1110

2. 4 位输入的二进制译码器，其输出应有（　　）位。

A. 16　　　　　　　　　　　　　B. 8

C. 4　　　　　　　　　　　　　D. 1

3. 一个译码器若有 100 个译码输出端，则译码输入端至少有（　　）个。

A. 5　　　　　　　　　　　　　B. 6

C. 7　　　　　　　　　　　　　D. 8

4. 译码器 74LS138 的使能端 $E_1\overline{E_2E_3}$ 取值为（　　）时，处于允许译码状态。

A. 011　　　　　　　　　　　　B. 100

C. 101　　　　　　　　　　　　D. 010

5. 8421BCD 编码器的逻辑功能是（　　）。

A. 将某种二进制代码转换成某种特定的输出状态

B. 将某种特定的输入信息转换成某种二进制代码

C. 将 0～9 十个数转换成二进制数

D. 将 0～9 十个数转换成用二进制形式表示的数码

三、综合题

1. 简述组合逻辑电路的分析和设计过程。

2. 什么叫编码、译码？编码器、译码器的功能是什么？

3. 对于共阴极和共阳极两种类型的数码管，分别在什么条件下，相应的二极管才能发光？

4. 分析图 9-28 和图 9-29 所示组合逻辑电路的功能。

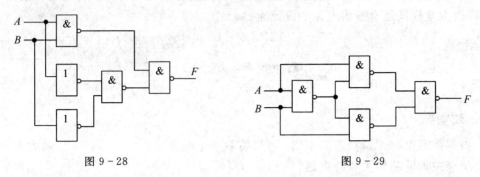

图 9-28   图 9-29

5. 分析图 9-30 所示组合逻辑电路的功能并列出真值表。

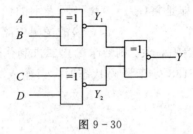

图 9-30

6. 设计一个三输入的判偶逻辑电路(当输入 1 的个数为 0 个或偶数个时,输出为 1)。

7. 用与非门设计一个组合逻辑电路,完成如下功能:现由三名裁判(包括一名裁判长)裁决举重比赛,只有当三个裁判(包括裁判长)或裁判长和一个裁判认为杠铃已举起并符合标准时,按下按键使灯亮(或铃响),表示此次举重成功,否则表示举重失败。

项目 10　触发器与时序逻辑电路

在数字系统中，为了能实现按一定程序进行运算，需要电路具有"记忆"功能。但是，在门电路及其组成的组合逻辑电路中，输出状态完全由当时的输入状态决定，而与原来的状态无关，不具有"记忆"功能。而触发器及其组成的时序逻辑电路就具有"记忆"功能，它的输出状态不仅取决于当时的输入变量状态，还与电路当时的状态有关，即具有"记忆"功能。

任务 10.1　触　发　器

一、任务引入

在智力竞赛中，参赛者通过抢先按动按钮，取得答题权。图 10-1 就是由 4 个 D 触发器和 2 个"与非"门、1 个"非"门等组成的 4 人抢答电路。

抢答前，主持人按下复位按钮 SB，4 个 D 触发器全部清 0，4 个发光二极管均不亮，"与非"门 G_1 输出为 0，三极管截止，扬声器不发声。同时，G_2 输出为 1，时钟信号 CP 经 G_3 送入触发器的时钟控制端。此时，抢答按钮 SB_1～SB_4 未被按下，均为低电平，4 个 D 触发器输入的全是 0，保持 0 状态不变。时钟信号 CP 可用 555 定时器组成多谐振荡器的输出。

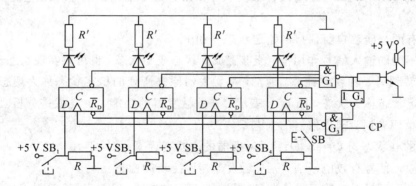

图 10-1　四人抢答器

当抢答按钮 SB_1～SB_4 中有一个被按下时，相应的 D 触发器输出为 1，相应的发光二极管亮，同时与非门 G_1 输出为 1，使扬声器响，表示抢答成功；另外 G_1 输出经 G_2 反相后输入与非门 G_3，无论时钟信号 CP 是否有信号来，G_3 输出均为 1，封锁时钟信号 CP，此时各触发器的时钟控制端均为 1；如果再有按钮被按下，就不起作用了，触发器的状态也不会改变。抢答完毕，复位清零，准备下次抢答。

本任务主要介绍 RS 触发器、主从 JK 触发器、同步 D 触发器、T 触发器。

二、教学目标

 知识目标

☆ 理解各种触发器的组成、工作原理；

☆ 掌握触发器的逻辑功能；

☆ 掌握描述触发器逻辑功能的方法；

☆ 了解特性方程（或状态方程）、状态转换真值表、状态转换图和时序图的区别。

 技能目标

☆ 能够进行触发器逻辑功能的分析；

☆ 能够将 JK 触发器改接成 D 触发器或 T 触发器。

素质目标

☆ 培养学生独立思考、勇于探索的精神和能力；

☆ 培养学生的创新精神和独立解决问题的能力。

三、相关知识

在复杂的数字电路中，要连续进行各种复杂的运算和控制，就需要将曾经输入过的信号以及运算结果暂时保存起来，以便与新的输入信号进一步运算，共同确定电路新的输出状态。这样，就需要数字电路中包含具有记忆功能的电路单元。触发器就是具有记忆一位二进制代码的基本单元，它是构成计数器、寄存器等数字电路的基本单元电路，主要有以下特点：

（1）具有两个能够自行保持的稳定状态 0 和 1；

（2）在不同的输入信号作用下，能够置成 0 状态或 1 状态，也可以实现状态转换，即从一种稳态翻转到另一种新的稳态。通常，将触发器原来所处的稳定状态称为现态，用 Q^n 表示；新的稳定状态称为次态，用 Q^{n+1} 表示。分析触发器的功能，主要就是分析当输入信号为某一种取值组合时，输出信号的次态 Q^{n+1} 的值。

触发器的 0 状态为 $Q=0$，$\overline{Q}=1$；触发器的 1 状态为 $Q=1$，$\overline{Q}=0$

（3）当输入信号有效电平消失后，触发器能保持新的稳态。

触发器按照逻辑功能的不同分为 RS 触发器、JK 触发器、T 触发器、D 触发器等；按照存储数据的原理不同分为静态触发器和动态触发器；按照触发方式的不同分为电平触发器和边沿触发器；按照结构不同可分为基本触发器、同步触发器、主从型触发器和边沿触发器。

（一）RS 触发器

1. 基本 RS 触发器

基本 RS 触发器是由两个与非门首尾交叉相连组合而成的，其逻辑图和逻辑符号如图 10-2 所示。

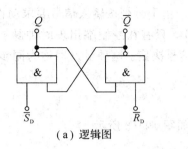
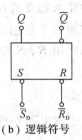

（a）逻辑图   （b）逻辑符号

图 10-2   基本 RS 触发器的逻辑图和逻辑符号

其中 $\overline{R}_D$、$\overline{S}_D$ 为触发器的两个输入端，小圆圈表明低电平有效，即只有输入信号为低电平 0 时，才能触发电路；为高电平 1 时，对电路无影响。Q、$\overline{Q}$ 为两个互补的输出端，其电平总是一高一低互补输出，通常规定 Q 端的输出状态为触发器的状态。

1）逻辑功能分析

用 Q^n 表示触发器当前的输出状态——现态，用 Q^{n+1} 表示触发器发生变化后的状态——次态。

（1）当 $\overline{R}=\overline{S}=1$ 时，触发器保持原状态不变（即 $Q^{n+1}=Q^n$），这就是触发器的记忆功能。

（2）当 $\overline{R}=0$、$\overline{S}=1$ 时，触发器置 0（即 $Q^{n+1}=0$），又称复位。因此将 $\overline{R}$ 端叫做置 0 端，又称复位端。

（3）当 $\overline{R}=1$、$\overline{S}=0$ 时，触发器置 1（即 $Q^{n+1}=1$），又称置位。因此将 $\overline{S}$ 端叫做置 1 端，又称置位端。

（4）当 $\overline{R}=\overline{S}=0$ 时，触发器状态不定（即 Q^{n+1} 不定），两个与非门输出都为"1"，不能实现 Q 和 $\overline{Q}$ 状态相反的逻辑要求，并且当两个输入信号负脉冲同时撤去（回到 1）后，触发器状态将不能确定是 1 还是 0。因此，触发器在正常工作时，不允许出现 $\overline{R}$ 和 $\overline{S}$ 同时为 0 的情况，这是基本 RS 触发器的约束条件。

2）逻辑功能描述

通过对基本 RS 触发器逻辑功能的分析，可得出基本 RS 触发器的逻辑功能表，如表 10-1 所示。

表 10-1   基本 RS 触发器的逻辑功能表

输　入		输　出	
$\overline{R}$	$\overline{S}$	Q^{n+1}	说　明
0	0	×	不定态（不允许）
0	1	0	置 0
1	0	1	置 1
1	1	Q^n	保持原态

2. 同步 RS 触发器

由于基本 RS 触发器的状态翻转是受输入信号直接控制的，因此其抗干扰能力较差。

而在实际应用中，常常要求触发器在某一指定时刻按输入信号要求动作。因此，除 R、S 两个输入端外，还需在增加一个控制端 CP。只有在控制端出现时钟脉冲时，触发器才动作。至于触发器的状态，仍然由 R、S 端的信号决定。这种触发器称为同步 RS 触发器，又称时钟控制 RS 触发器。

1）符号及电路组成

同步 RS 触发器的逻辑电路和符号如图 10-3 所示。

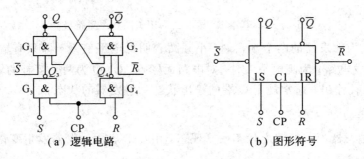

（a）逻辑电路　　　　　　　　（b）图形符号

图 10-3　同步 RS 触发器

2）工作原理

当 CP＝0 时，G_3、G_4 控制门被封锁，无论 R、S 端信号如何变化，$Q_3 = Q_4 = 1$，这时触发器保持原状态不变；当 CP＝1 时，即 CP 脉冲的上升沿到来后，G_3、G_4 门打开，Q_3、Q_4 状态由 R、S 决定，即：

（1）当 $R = S = 0$ 时，$Q^{n+1} = Q^n$，保持原状态。

（2）当 $R = 0$，$S = 1$ 时，$Q^{n+1} = 1$，置 1。

（3）当 $R = 1$、$S = 0$ 时，$Q^{n+1} = 0$，置 0。

（4）当 $R = S = 1$ 时，Q^{n+1} 不定，即不确定状态。

3）逻辑功能表

同步 RS 触发器的逻辑功能表如表 10-2 所示。

表 10-2　同步 RS 触发器的逻辑功能表

输　入			输　出	
CP	R	S	Q^{n+1}	说　明
0	×	×	Q^n	保持原态
1	0	0	Q^n	保持原态
1	0	1	1	置 1
1	1	0	0	置 0
1	1	1	×	不定状态

（二）主从型 JK 触发器

主从型 JK 触发器由两个同步 RS 触发器串联而成，分别称为主触发器和从触发器，其逻辑电路和符号如图 10-4 所示。时钟脉冲先使主触发器翻转,而后使从触发器翻转,这就是"主从型"的由来。其中 J、K 是信号输入端,代替原先同步 RS 触发器的 R、S 输入端。

1. 电路组成及逻辑符号

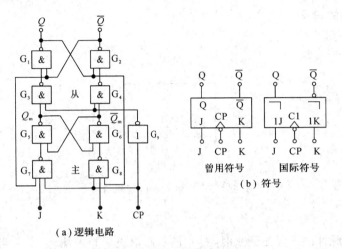

（a）逻辑电路

图 10-4　主从型 JK 触发器

2. 工作原理

（1）$J=0$、$K=0$ 时,在 CP 脉冲下降沿到来时,触发器保持原来的状态不变,触发器具有保持功能,即 $Q^{n+1}=Q^n$。

（2）$J=0$、$K=1$ 时,无论触发器的初始状态是 0 还是 1,在 CP 脉冲下降沿到来时,触发器的状态均为 0 态,具有置 0 功能,即 $Q^{n+1}=0$。

（3）$J=1$、$K=0$ 时,无论触发器的初始状态是 0 还是 1,在 CP 脉冲下降沿到来时,触发器的状态均为 1 态,具有置 1 功能,即 $Q^{n+1}=1$。

（4）$J=1$、$K=1$ 时,在 CP 脉冲下降沿到来时,触发器的状态发生翻转,具有计数翻转功能,即 $Q^{n+1}=\overline{Q^n}$。

在 CP 脉冲下降沿没有到来时,无论 J、K 端输入任何值,触发器都保持原来输入状态不变,即 $Q^{n+1}=Q^n$。

3. JK 触发器的真值表

JK 触发器的逻辑功能表如表 10-3 所示。

表 10-3　JK 触发器的逻辑功能表

输　入		输　出	功 能 说 明
J	K	Q^{n+1}	
0	0	Q^n	保持原状态
0	1	0	置 0
1	0	1	置 1
1	1	$\overline{Q^n}$	计数

(三)同步 D 触发器

与同步 RS 触发器相比，同步 D 触发器有一个触发信号输入端 D 和一个同步信号输入端 CP，其逻辑符号如图 10-5 所示。

1. D 触发器的符号

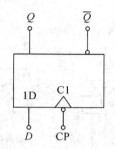

图 10-5 D 触发器的逻辑符号

2. 工作原理

（1）当有 CP 脉冲的下降沿到来时，Q^{n+1} 的状态取决于 D 的输入，即：当 $D=0$ 且 CP 脉冲的下降沿到来时，$Q^{n+1}=0$（置 0）；当 $D=1$ 且 CP 脉冲的下降沿到来时，$Q^{n+1}=1$（置 1）。

（2）在无 CP 脉冲的下降沿到来时，$Q^{n+1}=Q^n$（保持原态）。

综上分析，在时钟 CP 下降沿到来后，D 触发器的状态与其输入端 D 的状态相同，即 $Q^{n+1}=D$。

3. 真值表及逻辑功能

D 触发器的逻辑功能如表 10-4 所示。

表 10-4 D 触发器的逻辑功能表

输　入	输　出
D	Q^{n+1}
0	0
1	1

(四)T 触发器

T 触发器又称受控翻转型触发器，其特点为：$T=0$ 时，触发器在 CP 下降沿脉冲触发后，状态保持不变；$T=1$ 时，触发器在 CP 下降沿脉冲触发后，状态发生改变。T 触发器的逻辑符号如图 10-6 所示，表 10-5 为其逻辑功能表。

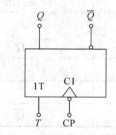

图 10-6 T 触发器的逻辑符号

表 10－5　T 触发器逻辑功能表

T	Q^n	Q^{n+1}	功　能
0	0	0	$Q^{n+1}=Q^n$　保持
0	1	1	
1	0	1	$Q^{n+1}=\overline{Q^n}$　翻转
1	1	0	

　　T 触发器通常由 JK 触发器或 D 触发器转换而来，分别如图 10－7 和图 10－8 所示。

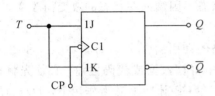

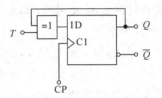

图 10－7　JK 触发器构成的 T 触发器　　　　图 10－8　D 触发器构成的 T 触发器

四、知识拓展

1. 触发器的触发方式

　　触发方式是研究触发器翻转时刻与时钟脉冲间的关系的。在各类触发器中，存在电平触发方式、主从触发方式、边沿触发方式三种触发方式。

　　1）电平触发方式

　　电平触发方式分为高电平触发方式（在时钟脉冲 CP＝1 期间翻转）和低电平触发方式（在时钟脉冲 CP＝0 期间翻转）两种。

　　电平触发方式结构简单，触发速度快。在时钟信号有效电平期间（CP＝1 或 CP＝0），触发器总是处于可翻转状态，输入信号的变化都会引起触发器状态的变化。在时钟信号无效电平期间，触发器状态保持不变。因此，在时钟信号有效电平宽度较宽时，触发器会连续不停地翻转。如果要求每来一个 CP 脉冲触发器就翻转一次的话，则对时钟脉冲有效电平的宽度要求极为苛刻，所以实际应用中并不广泛。

　　前面介绍的可控 RS 触发器就属于高电平触发方式。

　　2）主从触发方式

　　主从触发方式由两个同步触发器级联而成，分别为主触发器和从触发器，其特点是：两个同步触发器工作在 CP 的不同时段，因此，输入状态的变化不会直接影响主从触发器的输出。但是主从触发方式存在一次翻转特性，触发器通常只能在 CP 下降沿时刻状态发生翻转，而在 CP 其他时刻保持状态不变。一次翻转特性有利有弊，利在于克服了空翻现象，弊是带来了抗干扰能力差的问题。

　　3）边沿触发方式

　　边沿触发方式的特点是：触发器只是在时钟跳转时刻发生翻转，而在 CP＝1 或 CP＝0

期间，输入端的任何变化都不影响输出。

如果翻转发生在上升沿就叫"前边沿触发或正边沿触发"，如果翻转发生在下降沿就叫"后边沿触发或负边沿触发"。

在应用触发器时，要特别注意触发形式，否则很容易造成整个数字系统工作不正常。由于边沿触发抗干扰能力强，且不存在空翻，所以应用较广泛。

2. 74LS175 集成触发器介绍

74LS175 是四 D 集成触发器，其内部具有四个独立的 D 触发器，四个触发器的输入端分别为 $1D$、$2D$、$3D$、$4D$，输出端相应为 $1Q$、$1\overline{Q}$，$2Q$、$2\overline{Q}$，$3Q$、$3\overline{Q}$，$4Q$、$4\overline{Q}$。四 D 触发器具有共同的时钟端 CP 和共同的清除端 R_D，这种 D 触发器又称寄存器，它可以寄存数据。当 CP 脉冲没有来到时，D 触发器输出端的状态不因输入端状态的改变而改变，起到寄存原来数据的作用。

一个 4 位的集成寄存器 74LS175 的逻辑电路图和引脚图分别如图 10-9 和图 10-10 所示，其中，R_D 是异步清零控制端。在往寄存器中寄存数据或代码之前，必须先将寄存器清零，否则有可能出错。$1D\sim4D$ 是数据输入端，在 CP 脉冲上升沿作用下，$1D\sim4D$ 端的数据被并行地存入寄存器。输出数据可以并行从 $1Q\sim4Q$ 端引出，也可以并行从 $1\overline{Q}\sim4\overline{Q}$ 端引出反码输出。表 10-6 为 74LS175 的功能表。

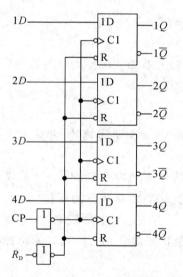

图 10-9　74LS175 逻辑电路图

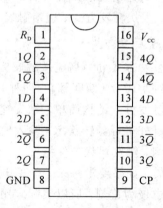

图 10-10　74LS175 引脚

表 10-6　74LS175 功能表

输　　入						输　　出			
R_D	CP	$1D$	$2D$	$3D$	$4D$	$1Q$	$2Q$	$3Q$	$4Q$
L	×	×	×	×	×	L	L	L	L
H	↑	$1D$	$2D$	$3D$	$4D$	$1D$	$2D$	$3D$	$4D$
H	H	×	×	×	×	保持			
H	L	×	×	×	×	保持			

五、技能训练

1. 防越位电子保护器电路

在机加工过程中，有许多靠电动机驱动的设备装置。从安全的角度出发，常有防越位的要求。比如机床工作时，不允许操作人员的手等部位进入某些空间区域，不然会发生危险。

图 10-11 所示就是防越位电子保护器的电路原理图，它由光敏传感器、双稳态触发器、晶体管开关、继电器等部件组成，主要是利用触发器的特点来工作。下面简要说明该电路的工作过程。

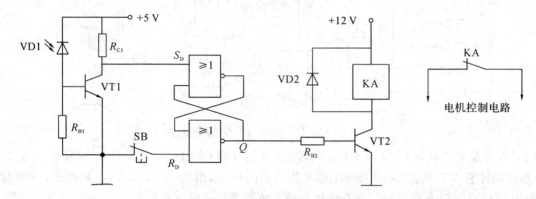

图 10-11　防越位电子保护器电路

普通二极管在反向电压作用时处于截止状态，只能流过微弱的反向电流。光电二极管在设计和制作时应尽量使 PN 结的面积相对较大，以便接收入射光。光电二极管是在反向电压作用下工作的，没有光照时，反向电流极其微弱，叫暗电流；有光照时，反向电流迅速增大到几十微安，称为光电流。光的强度越大，反向电流也越大。光的变化会引起光电二极管电流变化，这样就可以把光信号转换成电信号，成为光电传感器件。

机床正常工作时，如果有遮光物体越位，就会遮住传感器光电二极管 VD1 的光线，使晶体管 VT1 截止，信号 S_D 为高电平；由两个或非门构成的基本 RS 触发器被置 1，使晶体管 VT2 饱和导通；中间继电器 KA 的线圈得电而断开串接在电机控制回路的动断触点，从而使电机停转。当遮光物体移去后，VT1 饱和导通，S_D 为低电平，但由于基本 RS 触发器反馈线的信号耦合作用，触发器依然被置 1，VT2 依然导通，所以电机仍然是停转的。如果要使机床重新工作，可以按一下重新启动按钮 SB，这样 Q 端被置 0，VT2 截止，使中间继电器 KA 的线圈失电而恢复电机工作。电路图中 VD2 作为继电器线圈的续流二极管。

2. 抢答判决器电路(由 74LS175 实现)

图 10-12 所示为抢答判决器的电路原理图，这类判决器可用于电视台等场合举办问答式竞赛时的抢答与判决。电路由四 D 集成触发器 TTL74LS175 及辅助电路组成，可供 4 位(4 组)人员比赛用。图中 S1～S4 是 4 位(4 组)参赛者使用的抢答按钮，判决由声、光(喇叭、指示灯)明示。

电路工作过程分析如下：

比赛开始前，系统先复位。按下复位按钮 S0，清零端 $\overline{R_D}=0$，使触发器输出 $Q1$～$Q4$ 均

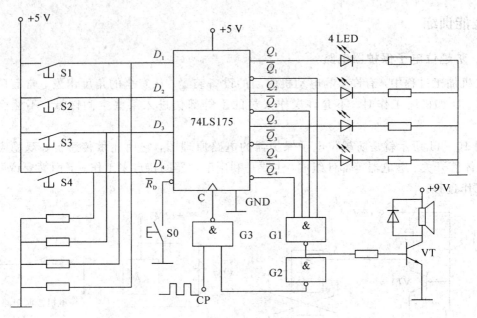

图 10-12 抢答判决器电路

为 0，所有发光二极管 LED 都不亮。同时，由于与非门 Gl 四个输入都为 1，它输出 0 信号，一是使晶体管 VT 截止，喇叭不响；二是使与非门 G2 输出为 1，与非门 G3 被打开，时钟脉冲 CP 可以进入触发器 C 端，为系统接收输入抢答信号做好准备。

比赛开始后，任何一个抢答按钮被按下，系统都会作出声光判决。比如 S3 首先被按下，则相应触发器的输出 Q3＝1，相应的发光二极管亮。同时 Gl 输出变为 1，使 VT 饱和导通，喇叭鸣响；同时使 G2 输出为 0，封锁 G3 门，时钟脉冲便不能进入触发器。由于没有时钟脉冲 CP，因此再接着按其他按钮都不起作用，触发器维持原有状态。

一轮抢答判决完毕，可重新复位。

任务 10.2 时序逻辑电路

一、任务引入

在许多场合需要测量旋转部件的转速，如电机转速、机动车车速等。转速多以十进制数制显示。图 10-13 所示是测量电动机转速的数字转速测量系统示意图。

电机每转一周，光线透过圆盘上的小孔照射光电元件一次，光电元件产生一个电脉冲，光电元件每秒发出的脉冲个数就是电机的转速。光电元件产生的电脉冲信号较弱，且不够规则，必须放大、整形后，才能作为计数器的计数脉冲。脉冲发生器产生一个脉冲宽度为 1 秒的矩形脉冲，去控制门电路，让"门"打开 1 秒钟。在这 1 秒钟内，来自整形电路的脉冲可以经过门电路进入计数器。根据转速范围，采用 4 位十进制计数器，计数器以 8421 码输出，经过译码器后，再接数字显示器，显示电机转速。

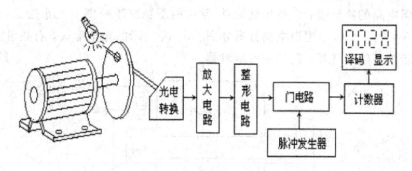

图 10-13　数字转速测量系统示意图

本任务主要介绍时序逻辑电路的基本知识，寄存器和计数器的特点、分类及工作过程。

二、教学目标

 知识目标

☆ 了解时序逻辑电路的特点，掌握时序逻辑电路的分析方法；

☆ 掌握寄存器的特点、分类及工作过程；

☆ 掌握计数器的特点、分类及工作过程。

 技能目标

☆ 能够进行时序逻辑电路的分析和设计；

☆ 能够用集成电路搭建简单的寄存器电路和计数器电路。

素质目标

☆ 培养学生独立思考、勇于探索的精神和能力；

☆ 培养学生的创新精神和独立解决问题的能力。

三、相关知识

（一）时序逻辑电路

1. 基本概念

时序逻辑电路简称为时序电路。这类逻辑电路在任何时刻的输出状态不仅取决于当时的输入信号，而且还与电路的原状态有关。

时序电路的基本结构如图 10-14 所示，它由组合电路和存储电路两部分组成，而且存储电路是必不可少的。图中的 X 代表输入信号，Z 代表输出信号，D 代表存储电路输入信号，Q 代表存储电路输出信号。存储电路的输出状态反馈到组合电路的输入端，与输入信号一起，共同决定组合电路的输出。

时序逻辑电路的特点是：含有记忆元件（常用的是触发器），具有反馈通道。

注意：不是每一个时序逻辑电路都有如图 10-14 所示的完整形式，有些可能没有组合电路部分或者没有输入变量，但必须有触发器。

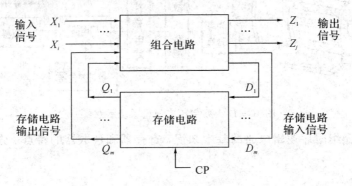

图 10-14　时序逻辑电路框图

2. 时序逻辑电路的分类

根据触发器状态更新与时钟脉冲 CP 是否同步，可以将时序逻辑电路分为同步时序逻辑电路和异步时序逻辑电路两大类。

在同步时序逻辑电路中，所有触发器的状态在同一时钟脉冲 CP 的协调控制下同步变化。

在异步时序逻辑电路中，只有部分触发器的时钟输入端与系统时钟脉冲源 CP 相连，这部分触发器状态的变化与系统时钟脉冲同步，而其他触发器状态的变化往往滞后于这部分触发器。

同步时序逻辑电路的工作速度明显高于异步电路，但电路复杂。

3. 时序逻辑电路的一般分析步骤

时序逻辑电路的分析是根据已知的逻辑电路图，找出电路状态和输出信号在输入信号和时钟脉冲信号作用下的变化规律，确定电路的逻辑功能。

对时序逻辑电路进行分析的一般步骤是：列写各触发器驱动方程和电路输出方程→写出各触发器的状态方程→列出电路的状态转换表→画出状态转换图和时序图→电路逻辑功能的分析确定。

（二）寄存器

能够暂存数码（或指令代码）的数字部件称为寄存器，常用于接收、传递数码和指令等信息，暂时存放参与运算的数据和结果。由于每个触发器只有两个稳定状态，故只可以存放 1 位二进制数码。若要存放 N 位二进制数，就需要 N 个触发器。

把数据存放在寄存器中有串行和并行两种方式。串行就是数码从输入端逐位输入到寄存器中，并行就是各位数码分别从对应位的输入端同时输入到寄存器中。把数据从寄存器中取出也有串行和并行两种方式，串行就是被取出数据从一个输出端逐位取出，并行就是被取出数据从对应位同时输出。

寄存器根据功能可分为数码寄存器和移位寄存器两大类。

1. 数码寄存器

具有接收数码和清除原有数码功能的寄存器称为数码寄存器。图 10－15 所示为由 D 触发器组成的 4 位数码寄存器，在存数指令（CP 脉冲上升沿）的作用下，可将预先加在各 D 触发器输入端的数码存入相应的触发器中，并可从各触发器的 Q 端同时输出，所以称其为并行输入、并行输出的寄存器。

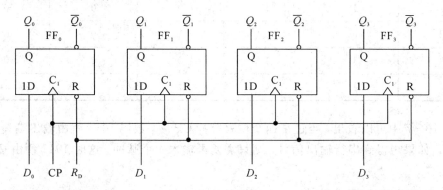

图 10－15 4 位数码寄存器

数码寄存器的特点是：

（1）存入新数码时能将寄存器中的原始数码自动清除，即只需要输入一个接收脉冲，就可将数码存入寄存器中。

（2）接收数码时，各位数码同时输入，而各位输出的数码也同时取出，即并行输入、并行输出。

（3）寄存数据之前，应在 R_D 端对输入负脉冲清零。

2. 移位寄存器

在进行算术运算和逻辑运算时，常需要将某些数码向左或向右移位，这种具有存放数码和使数码具有左右移位功能的寄存器称为移位寄存器。移位寄存器分为单向移位寄存器和双向移位寄存器。

1）单向移位寄存器

由 D 触发器构成的 4 位右移寄存器如图 10－16 所示，其中 CR 为清零端。左边触发器的输出端接至相邻右边触发器的输入端，输入数据由最左边触发器 FF_0 的输入端 D_0 接入。

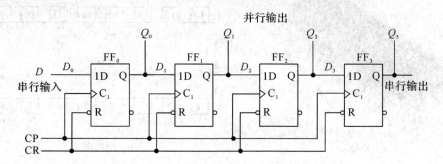

图 10－16 D 触发器组成的 4 位右移寄存器

右向移位寄存器的状态表如表 10－7 所示。

表 10-7　右向移位寄存器的状态表

移位脉冲 CP	输入数据	移位寄存器中的数码			
		Q_0	Q_1	Q_2	Q_3
0		0	0	0	0
1	1	1	0	0	0
2	0	0	1	0	0
3	1	1	0	1	0
4	1	1	1	0	1

从表 10-7 中可以看出，当过来四个位移脉冲 CP 后，数码 1011 就由输出端 $Q_3Q_2Q_1Q_0$ 并行输出。如果想得到串行输出信号，则只需要再输入 4 个脉冲，这时 1011 便由 Q_3 端依次输出。

2）双向移位寄存器

若将右移移位寄存器和左移移位寄存器组合在一起，在控制电路的控制下，就构成双向移位寄存器。

3. 集成寄存器

随着集成技术的发展，目前可将多个寄存器做在一个集成芯片上，形成寄存器堆，用以存放多位数码。

在实际应用中，通常不采用由单个触发器和逻辑门电路组成触发器，而是直接选用集成电路寄存器芯片。74LS194 就是一款具有左移、右移、清零、数据并入、数据并出、数据串入和数据串出等多种功能的集成双向移位寄存器。

图 10-17 所示为 74LS194 双向 4 位移位寄存器的外形与引脚图，图中 $D_0D_1D_2D_3$ 为数据并行输入端，$Q_0Q_1Q_2Q_3$ 为数据并行输出端，S_1、S_0 为工作方式控制端，D_{SR} 为数据右移串行输入端，D_{SL} 为数据左移串行输入端，$\overline{MR}$ 为异步清零端（寄存器工作时 $\overline{MR}$ 为高电平），CLK 为脉冲输入端。

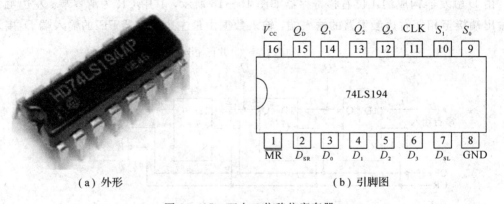

（a）外形　　　　　　　　　　　　　（b）引脚图

图 10-17　双向 4 位移位寄存器

表 10-8 所示为 74LS194 双向 4 位移位寄存器逻辑功能表。

表 10 - 8　74LS194 双向移位寄存器逻辑功能表

输入				逻辑功能
CLK	$\overline{MR}$	S_1	S_0	
×	0	×	×	清零，$Q_3 Q_2 Q_1 Q_0 = 0000$
×	1	0	0	保持，$Q_3 Q_2 Q_1 Q_0$ 状态不变
↑	1	0	1	右移：$D_{SR} \rightarrow Q_0 \rightarrow Q_1 \rightarrow Q_2 \rightarrow Q_3$
↑	1	1	0	左移：$D_{SL} \rightarrow Q_3 \rightarrow Q_2 \rightarrow Q_1 \rightarrow Q_0$
↑	1	1	1	并行输入：$Q_3 Q_2 Q_1 Q_0 = D_3 D_2 D_1 D_0$

（1）当 $S_1 S_0 = 00$ 时，不论有无 CLK 到来，寄存器保持原态不变。

（2）当 $S_1 S_0 = 01$ 时，在 CLK 的上升沿作用下，实现右移（上移）功能，数据从 D_{SR} 端串行输入寄存器，流向是 $D_{SR} \rightarrow Q_0 \rightarrow Q_1 \rightarrow Q_2 \rightarrow Q_3$。

（3）当 $S_1 S_0 = 10$ 时，在 CLK 的上升沿作用下，实现左移（下移）功能，数据从 D_{SL} 端串行输入寄存器，流向是 $D_{SL} \rightarrow Q_3 \rightarrow Q_2 \rightarrow Q_1 \rightarrow Q_0$。

（4）当 $S_1 S_0 = 11$ 时，在 CLK 的上升沿作用下，实现并行输入功能，数据从 $D_0 D_1 D_2 D_3$ 端并行输入寄存器，即 $Q_3 Q_2 Q_1 Q_0 = D_3 D_2 D_1 D_0$。

（三）计数器

1. 功能与分类

计数器通常由若干个基本逻辑单元触发器和相应的逻辑门组成。基本功能就是对输入脉冲的个数进行计数，同时还可以用作定时、分频、信号产生以及数字运算等方面，是数字系统中应用最广泛的时序逻辑部件之一。

（1）根据计数器计数脉冲的输入方式不同，可将计数器分为同步计数器和异步计数器；如果计数器的全部触发器共用同一个时钟脉冲，而且这个脉冲就是计数输入脉冲，则为同步计数器；如果计数器中只有部分触发器的时钟脉冲是计数输入脉冲，其他触发器的时钟脉冲由另外一部分触发器的输出信号提供，则为异步触发器。

（2）根据计数进制的不同，可分为二进制计数器、十进制计数器和任意进制计数器。

（3）根据计数中计数的增减不同，可分为加法计数器、减法计数器和可逆计数器。在控制信号作用下，既可以进行加法计数又可以进行减法计数的计数器，称为可逆计数器。

2. 二进制计数器

二进制计数器是计数器中最基本、最简单的电路。计数脉冲加到最低位触发器的 CP 端，其他各级触发器由相邻低位触发器的输出状态变化来触发。

1）异步二进制加法计数器

所谓异步计数器，是指计数脉冲并不引到所有触发器的时钟脉冲输入端，有的触发器的时钟脉冲输入端是其他触发器的输出，因此触发器不是同时动作的。

图 10 - 18 是利用 3 个下降沿触发的 JK 触发器构成的异步 3 位二进制加法计数器，JK 触发器的 J、K 输入端均接高电平，具有 T' 触发器的功能。计数脉冲 CP 加至最低位触发器 FF$_0$ 的时钟端，低位触发器的 Q 端依次接到相邻高位触发器的时钟端，因此它是一个异步计数器。

从逻辑图可以看出，CP脉冲从低位触发器 FF_0 的时钟脉冲端输入，FF_0 在每个计数脉冲的下降沿翻转；FF_0 的输出 Q_0 接到 FF_1 的 CP 端，FF_1 在 Q_0 由 1 变为 0 时翻转。同理，FF_2 在 Q_1 由 1 变为 0 时翻转，按照计数器翻转规律，可得出它的工作波形图如图 10 - 19 所示，状态转换表如表 10 - 9 所示。

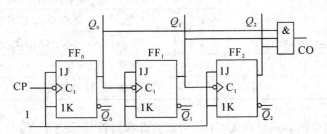

图 10 - 18   由 JK 触发器构成的异步 3 位二进制加法计数器

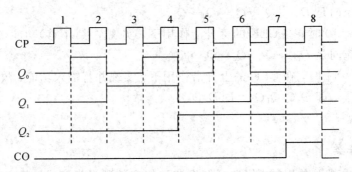

图 10 - 19   由 JK 触发器构成的异步 3 位二进制加法计数器波形图

表 10 - 9   3 位二进制加法计数器的状态转换表

计数脉冲 CP 序号		计数器状态			进位 CO
		Q_2	Q_1	Q_0	
	0	0	0	0	0
↓	1	0	0	1	0
↓	2	0	1	0	0
↓	3	0	1	1	0
↓	4	1	0	0	0
↓	5	1	0	1	0
↓	6	1	1	0	0
↓	7	1	1	1	1
↓	8	0	0	0	0

2）同步二进制加法计数器

所谓同步计数器是指计数脉冲引到所有触发器的时钟脉冲输入端，使应翻转的触发器在外接的 CP 脉冲作用下同时翻转，大大减少了进位时间，计数速度快。

图 10 - 20 和图 10 - 21 所示分别为四位二进制同步加法计数器的逻辑图和波形图，表

10-10 为其状态表。

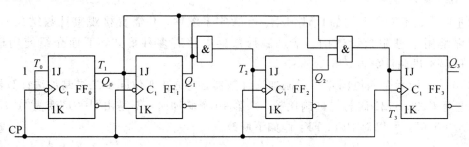

图 10-20 四位二制进同步加法计数器逻辑图

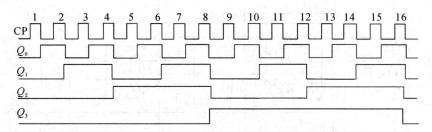

图 10-21 四位二进制同步加法计数器波形图

表 10-10 四位二进制加法计数器状态表

输入 CP 脉冲个数	输出二进制数				相应的十进制
	Q_3	Q_2	Q_1	Q_0	
0	0	0	0	0	0
1	0	0	0	1	1
2	0	0	1	0	2
3	0	0	1	1	3
4	0	1	0	0	4
5	0	1	0	1	5
6	0	1	1	0	6
7	0	1	1	1	7
8	1	0	0	0	8
9	1	0	0	1	9
10	1	0	1	0	10
11	1	0	1	1	11
12	1	1	0	0	12
13	1	1	0	1	13
14	1	1	1	0	14
15	1	1	1	1	15
16	0	0	0	0	0

3. 十进制计数器

二进制计数不符合人们的日常习惯。在数字系统中，凡需直接观察计数结果的地方，差不多都是用十进制数计数的。十进制计数器电路有多种形式，下面介绍使用最多的8421BCD码十进制计数器。

图 10-22 所示是四位同步十进制加法计数器，它是在四位同步二进制加法计数器的基础上改进而来的。8421码与二进制比较，来第 10 个脉冲时，不是由"1001"变为"1010"，而是应回到"0000"，所以对 FF_1、FF_3 作如下修改。

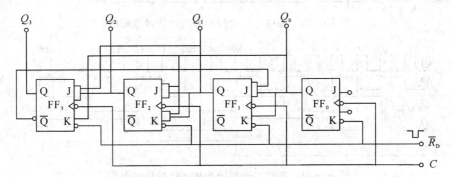

图 10-22　四位同步十进制加法计数器

对于触发器 FF_1，当 $Q_0=1$ 时来一个计数脉冲翻转一次，但在 $Q_3=1$ 时不得翻转，故 $J_1=Q_0\overline{Q_3}$，$K_1=Q_0$；对于触发器 FF_3，当 $Q_0=Q_1=Q_2=1$ 时来一个计数脉冲才翻转一次，并在第 10 个脉冲时应由"1"翻转为"0"，故 $J_3=Q_0Q_1Q_2$，$K_3=Q_0$。

根据上述思路，修改得到了逻辑图 10-22，其工作波形图如图 10-23 所示。

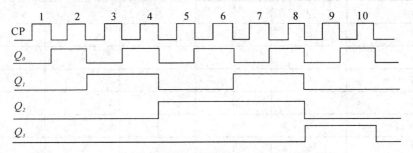

图 10-23　四位同步十进制加法计数器波形图

四、知识拓展

集成计数器

常用集成计数器分为二进制计数器(含同步计数器、异步计数器、加减计数器和可逆计数器)和非二进制计数器(含同步计数器、异步计数器、加减计数器和可逆计数器)。下面以集成二进制同步计数器 74LS161 为例，介绍集成计数器。

74LS161 是四位二进制可预置同步计数器。由于它采用 4 个主从型 JK 触发器作为记忆单元，故又称为四位二进制同步计数器，其集成芯片管脚如图 10-24 所示。

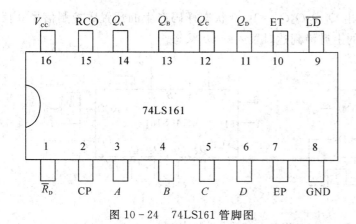

图 10-24　74LS161 管脚图

管脚符号说明：

V_{CC}：电源正端，接 +5 V

R_D：异步置零（复位）端

CP：时钟脉冲

$\overline{LD}$：预置数控制端

A、B、C、D：数据输入端

Q_A、Q_B、Q_C、Q_D：输出端

RCO：进位输出端

EP 和 ET：计数控制端

表 10-11　74LS161 逻辑功能表

输　　　入									输　　出			
$\overline{R_D}$	$\overline{LD}$	ET	EP	CP	A	B	C	D	Q_A	Q_B	Q_C	Q_D
0	×	×	×	×	×	×	×	×	置零：$Q_D Q_C Q_B Q_A = 0000$			
1	0	×	×	↑	a	b	c	d	预置数：$Q_D Q_C Q_B Q_A = dcba$			
1	1	1	1	↑	×	×	×	×	计　数			
1	1	0	×	×	×	×	×	×	保　持			
1	1	×	0	×	×	×	×	×	保　持			

74LS161 计数器的逻辑功能见表 10-11，简述如下：

（1）异步清 0 功能：当 $\overline{R_D}$ = 0 时，不论有无时钟脉冲信号 CP 和其他输入信号，计数器被清 0，即 $Q_D Q_C Q_B Q_A = 0000$。

（2）同步并行置数功能：当 $\overline{R_D}$ = 1、$\overline{LD}$ = 0 时，在输入时钟脉冲 CP 上升沿到来时，并行输入端的数据 D、C、B、A 被置入计数器，即 $Q_D Q_C Q_B Q_A = DCBA$。

（3）计数功能：当 EP = ET = 1、且 $\overline{R_D}$ = $\overline{LD}$ = 1 时，对 CP 端输入脉冲信号，进行二进制加法计数。当输入到第 15 个脉冲后，$Q_D Q_C Q_B Q_A = 1111$，使进位输出端产生一个进位信号 RCO = 1；当计数脉冲大于 16 时，需要两块 74LS161 级联。

（4）保持功能：当 EP、ET 任意端为 0，$\overline{R_D}$ = $\overline{LD}$ = 1 时，无论有无 CP 脉冲，计数器状态均保持不变。

五、技能训练

用反馈置数法使 74LS161 构成九进制计数器

反馈置数法适用于具有预置数功能的集成计数器。对于具有同步预置数功能的计数器而言，在其计数过程中，可以将它输出的任何一个状态通过译码，产生一个预置数控制信号反馈至预置数控制端，在下一个 CP 脉冲作用后，计数器就会把预置数输入端 A、B、C、D 的状态置入。预置数控制信号消失后，计数器就从被置入的状态开始重新计数。

图 10-25(a)的接法是把输出 $Q_D Q_C Q_B Q_A = 1000$ 状态译码产生的预置数控制信号 0 反馈至 LD 端，在下一个 CP 脉冲的上升沿到达时置入 0000 状态。

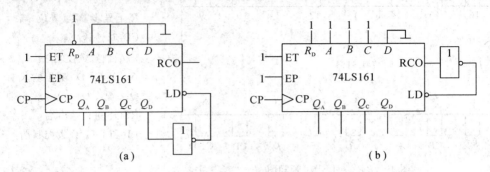

图 10-25　由 74LS161 构成的九进制计数器

图 10-25(b)所示为采用 74LS161 计数到 1111 状态时产生的进位信号预置起始值的方法来构成九进制计数器。首先把预置数据输入端置成 0111 状态，然后使该电路从 0111 状态开始加 1 计数，输入第 8 个 CP 脉冲后到达 1111 状态，此时 RCO=1，LD=0；在第 9 个 CP 脉冲作用后，$Q_D Q_C Q_B Q_A$ 被置成 0111 状态，同时使 RCO=0、LD=1，新的计数周期又从 0111 开始。用类似的方法可以得到其他进制的计数器。

项 目 总 结

本项目介绍了常用触发器的电路、工作原理、符号和功能等，介绍了时序逻辑电路的含义和特点，在此基础上又介绍了寄存器、计数器等常用时序逻辑电路的工作原理和使用方法。

触发器是构成时序逻辑电路的基础，其种类很多，常用的触发器有 RS 触发器、JK 触发器、D 触发器和 T 触发器等。

基本 RS 触发器结构简单，是构成各种性能更加完善的触发器的基础，但存在直接控制的缺点，且输出状态不定；同步 RS 触发器是在基本 RS 触发器基础上加入控制门和 CP 脉冲信号，其抗干扰能力比基本 RS 触发器高，但存在空翻现象。JK 触发器和 D 触发器具有计数功能且不会产生空翻现象，应用灵活方便。

任意时刻的稳定输出不仅取决于该时刻的输入，而且还与电路原来状态有关的电路称为时序逻辑电路，简称时序电路。时序逻辑电路具有记忆功能，构成时序电路的基本单元是触发器。

寄存器和计数器是常用的时序逻辑电路。寄存器按其功能特点分为数码寄存器和移位寄存器，数码寄存器用来存放二进制代码；移位寄存器除了存储二进制代码外，还具有移位功能。

计数器按触发信号可分为同步式计数器和异步式计数器，按计数规律可分为加法计数器、减法计数器和可逆计数器，按数制不同可分为二进制计数器、十进制计数器和 N 进制计数器等。

思考与练习

一、填空题

1. 触发器是数字电路中（　　　　）（a. 有记忆 b. 非记忆）的基本逻辑单元。

2. 在外加输入信号作用下，触发器可从一种稳定状态转换为另一种稳定状态，信号终止，稳态（　　　　）（a. 不能保持下去 b. 仍能保持下去）。

3. 集成触发器按功能分为（　　　）、（　　　）、（　　　）、T 触发器。

4. 时序逻辑电路一般由（　　　）和（　　　）组成。

5. 十进制计数器至少由（　　　）个触发器组成。

6. 可以用 D 触发器转换成其他逻辑功能触发器，令（　　　　），即转换成 T 触发器。

7. 寄存器存放数据的方式有（　　　）和（　　　），取出数据的方式有（　　　）和（　　　）。

8. 寄存器分为（　　　）寄存器和（　　　）寄存器。

二、单项选择题

1. $Q=1$，$\overline{Q}=0$，称为触发器的（　　）。

　A. 1 态　　　　　　　B. 0 态　　　　　　　C. 稳态　　　　　　　D. 暂稳态

2. 一个触发器可记录一位二进制代码，它有（　　）个稳态。

　A. 0　　　　　　　　B. 1　　　　　　　　C. 2　　　　　　　　D. 3

3. 存储 8 位二进制信息要（　　）个触发器。

　A. 2　　　　　　　　B. 4　　　　　　　　C. 8　　　　　　　　D. 16

4. 对于 T 触发器，若原态 $Q^n=0$，欲使新态 $Q^{n+1}=1$，应使输入 $T=$（　　）。

　A. 0　　　　　　　　B. 1　　　　　　　　C. Q　　　　　　　D. 以上都不对

5. 对于 D 触发器，欲使 $Q^{n+1}=Q^n$，应使输入 $D=$（　　）。

　A. 0　　　　　　　　B. 1　　　　　　　　C. Q　　　　　　　D. $\overline{Q}$

6. 对于 JK 触发器（特性方程 $Q^{n+1}=J\overline{Q^n}+\overline{K}Q^n$），若 $J=K$，则可完成（　　）触发器的逻辑功能。

　A. RS　　　　　　　B. D　　　　　　　　C. T　　　　　　　　D. T'

7. 欲使 JK 触发器（特性方程 $Q^{n+1}=J\overline{Q^n}+\overline{K}Q^n$）按 $Q^{n+1}=\overline{Q^n}$ 工作，可使 JK 触发器的输入端（　　）。

　A. $J=K=0$　　　　B. $J=1$，$K=Q$　　　C. $J=K=\overline{Q}$　　　D. $J=Q$，$K=0$

8. 欲使 JK 触发器（特性方程 $Q^{n+1}=J\overline{Q^n}+\overline{K}Q^n$）按 $Q^{n+1}=1$ 工作，可使 JK 触发器的输入端（　　）。

　A. $J=K=1$　　　　B. $J=K=0$　　　　C. $J=K=Q$　　　　D. $J=\overline{Q}$，$K=0$

9. 描述触发器逻辑功能的方法没有（　　）。

　A. 状态转换真值表　　　　　　　　B. 特性方程
　C. 状态转换图　　　　　　　　　　D. 触发脉冲信号

10. 为实现将 JK 触发器转换为 D 触发器，应使（   ）。

A. $J=D, K=\overline{D}$　　　B. $K=D, J=\overline{D}$　　　C. $J=K=D$　　　D. $J=K=\overline{D}$

11. D 触发器是一种（   ）稳态电路。

A. 无　　　　　　　B. 单　　　　　　　C. 双　　　　　　　D. 多

12. 集成同步二进制计数器 74LS161 不具有（   ）功能。

A. 置数　　　　　　B. 保持　　　　　　C. 清零　　　　　　D. 锁存

三、综合题

1. 基本 RS 触发器如图 10-26 所示，试画出 Q 对应的 $\overline{R}$ 和 $\overline{S}$ 的波形（设 Q 的初态为 0）。

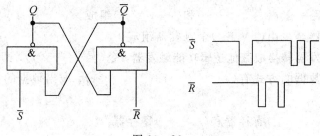

图 10-26

2. 同步 RS 触发器（CP＝1 时 R 和 S 信号有效且等同于基本 RS 触发器）如图 10-27 所示，试画出 Q 对应的 R 和 S 的波形（设 Q 的初态为 0）。

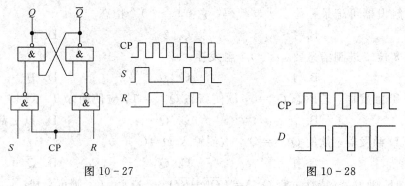

图 10-27　　　　　　　　　　　　　　　　图 10-28

3. 已知 CP、D 的波形如图 10-28 所示，试画出高电平有效和上升沿有效时 D 触发器 Q 的波形（设 Q 的初态为 0）。

4. 设图 10-29 中触发器的初态均为 0，试画出对应 A、B 的 X、Y 的波形。

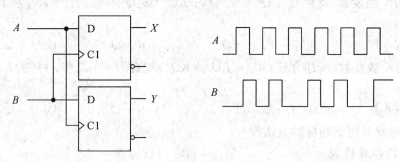

图 10-29

5. 电路如图 10 - 30(a)所示，输入 CP、A、B 的波形如图(b)所示，试画出 Q 和 $\overline{Q}$ 端的输出波形。设触发器的初始状态为 $Q=0$。

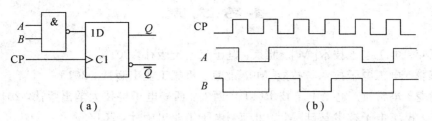

图 10 - 30

6. 下降沿触发的边沿 JK 触发器的输入 CP、J、K 和 $\overline{R}_D$ 端的波形如图 10 - 31 所示（$Q^{n+1}=J\,\overline{Q^n}+\overline{K}Q^n$），$\overline{R}_D$ 为异步置 0 端，低电平有效。试画出输出 Q 端的波形，设触发器的初始状态 $Q=0$，且 $\overline{S}_D=1$。

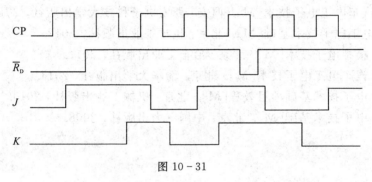

图 10 - 31

参 考 文 献

[1] 芮延年. 电工电子技术[M]. 北京：电子工业出版社，2013.

[2] 坚葆林. 电工电子技术与技能[M]. 北京：机械工业出版社，2015.

[3] 雷建龙，冯常奇. 电工电子技术[M]. 西安：西安电子科技大学出版社，2012.

[4] 吴宇. 电工电子技术基础[M]. 北京：电子工业出版社，2014.

[5] 徐超明，张铭生. 电子技术项目教程[M]. 北京：北京大学出版社，2012.

[6] 赵立燕. 电工电子技术基础[M]. 北京：清华大学出版社，北京交通大学出版
     社，2015.

[7] 徐旻. 电子技术及技能训练[M]. 北京：电子工业出版社，2011.

[8] 吴文民. 汽车电工电子技术[M]. 西安：西安电子科技大学出版社，2016.

[9] 申凤琴. 电工电子技术基础[M]. 北京：机械工业出版社，2012.

[10] 苏咏梅. 模拟电子技术[M]. 北京：冶金工业出版社，2014.

[11] 李子云. 汽车电工电子技术[M]. 北京：清华大学出版社，2014.

[12] 李秀玲. 电子技术基础项目教程[M]. 北京：机械工业出版社，2010.

[13] 郑晓峰. 电子技术基础[M]. 北京：中国电力出版社，2008.